中国城市科学研究系列报告

中国城市科学研究会　主编

中国建筑节能年度发展研究报告 2025

（城镇住宅专题）

清华大学建筑节能研究中心　著

THUBERC

中国建筑工业出版社

图书在版编目(CIP)数据

中国建筑节能年度发展研究报告. 2025：城镇住宅
专题 / 清华大学建筑节能研究中心著. -- 北京：中国
建筑工业出版社，2025. 7. --（中国城市科学研究系列
报告）. -- ISBN 978-7-112-31418-8

Ⅰ. TU111.4

中国国家版本馆 CIP 数据核字第 202584CV06 号

责任编辑：齐庆梅　武　洲
责任校对：张惠雯

中国城市科学研究系列报告
中国城市科学研究会　主编

中国建筑节能年度发展研究报告 2025
（城镇住宅专题）
清华大学建筑节能研究中心　著

*

中国建筑工业出版社出版、发行（北京海淀三里河路 9 号）
各地新华书店、建筑书店经销
北京红光制版公司制版
建工社（河北）印刷有限公司印刷

*

开本：787 毫米×1092 毫米　1/16　印张：17¼　字数：316 千字
2025 年 7 月第一版　　2025 年 7 月第一次印刷
定价：**88.00** 元
ISBN 978-7-112-31418-8
（45300）

本书顾问委员会

主任：仇保兴

委员：（以姓氏拼音排序）

陈宜明　韩爱兴　何建坤　胡静林

赖　明　倪维斗　王庆一　吴德绳

武　涌　徐锭明　寻寰中　赵家荣

周大地

本 书 作 者

清华大学建筑节能研究中心

江亿、胡姗（第1章、第8章）

杨子艺、王正华、张洋（第1章）

胡姗（2.1）

燕达（2.2、2.3、3.1、4.4、6.1、6.2、7.1）

康旭源（2.2、3.1、6.2）

刘效辰（3.1）

刘晓华（3.2、3.3、4.1、4.2、4.3）

张吉（3.2、3.3）

刘硕、李浩（4.1、4.2、4.3）

刘效辰、苏智寒（第5章）

郑东梅（6.1、6.2）

王宝龙、石文星（7.4）

许瑛、范钰杰、任孝朋（7.5）

李晓锋（7.6、7.7、7.8）

特邀作者

中国建筑技术中心	周辉（2.1、2.2、2.3）
东华大学	钱明杨（2.3、4.4、8.5）
中国建筑科学研究院有限公司	邓琴琴、孙立新、杨寒羽（2.4、7.3）
珠海格力电器股份有限公司	刘华、熊建国、袁帆（6.3）
珠海格力电器股份有限公司	刘华、熊建国、赵柏扬（6.4）
北京建筑大学	安晶晶（7.1、第8章）
重庆大学	冯驰，职远，高姗（7.2）
清华同衡规划设计研究院有限公司	李严（7.6、7.7、7.8）
深圳市建筑科学研究院股份有限公司	郝斌（第8章）
中国葛洲坝集团第一工程有限公司	何辉煌（8.3）
中国标准化研究院	夏玉娟，李鹏程，蔺昊欣（第9章）

统稿

胡姗

序

这本《中国建筑节能年度发展研究报告 2025（城镇住宅专题）》出版之时，正是国际形势巨变之际。特朗普就任首日就退出《巴黎协定》，气候变化和碳减排在美国一下子成为不能再谈论的政治禁区。接着阿根廷等一些国家也要相继退出。能源革命和低碳发展的风声似乎变了？我们是否也要重新考虑一下未来发展方向？实际上，美国已经是世界上最大的石油天然气生产国和出口国，发展石油天然气产业对短期内重振美国经济可能有一定作用。这是特朗普之所以试图调转风向，重新记起石油天然气的原因。然而，气候变化是客观存在，能源转型又是人类实现能源的可持续发展、彻底解决长期困扰我们的能源安全问题的必由之路。化石能源一定要被可再生能源所取代，所以能源转型应该是人类文明发展的必经之路。那么，能源转型对中国来说呢？与美国不同，我国的石油天然气长期依靠进口，是世界上最大的油气进口国。多年来我国石油的对外依存度一直在 70％ 以上，天然气的对外依存度目前也超过了 40％。动荡的国际形势，使我们必须思考能源安全问题。如果我们的零碳能源能够满足自身需要，彻底摆脱对进口油气的依赖，我们的能源安全水平就可以得到极大的提升，我们就可以踏踏实实地建设我们的祖国，发展我们的经济，为人民提供更美好的生活，同时也才更好地履行我们的国际主义义务。

从人类文明发展看，以能源结构转型为目标的能源革命在 21 世纪内一定会完成。实现能源转型的利器是风光电装备、储能电池、电动汽车、热泵。这些又恰好在我国处于飞速发展之中。目前我国在这些领域的主要技术都处在世界领先水平，产能、产量也在世界上遥遥领先。如果国际形势缓和，这些产品很快将成为我国最主要的出口产品。因此，与美国依赖油气出口来振兴经济不同，出口新能源装备、支持全球的能源转型将成为我国未来主要的经济增长点之一。而这又与全世界人民的利益一致，与人类文明发展的方向一致。

因此，我国要举起缓解气候变化、加速能源零碳转型的大旗。能源转型是我们难得遇到的历史机遇。中华民族追求伟大复兴，如果沿着西方走过的道路追赶，将是一条漫长的路。而能源革命却可以使我们在转型中一下子进入领先地位，从而实现我们现代化强国之梦。这需要依靠勤奋和创新的中国人民，依靠中央精准和科学的战略决策。万事俱备且东风已起，需要我们在这条战线上发力啦！

居住建筑是能源转型的重要阵地之一。城镇居住建筑的屋顶和周边零星空地是发展光伏发电的重要资源，在小区停车场日益增多的电动私家车则是建设新型电力系统所依赖的重要的储能资源，而居住建筑中日益增多的各类电器又可以成为能参与电力调峰的柔性用电器具。怎样把这些资源充分挖掘、调动起来，使建筑在为人类提供生活空间的基础上，同时还具有"产能""储能"和"调能"的功能，再加上节约用能，"产、储、消、调"四位一体将是新的零碳能源系统赋予建筑的新使命。

此外，居住建筑的炊事、生活热水制备，以及分散壁挂炉供暖又使用了大量天然气。天然气是化石能源，燃烧后也会排放二氧化碳。并且，其本身也属于温室气体，非燃烧的泄漏对气候变化的影响更大。全面电气化，取消居住建筑的燃气供应，实现"气改电"，尽管目前还存在很大争论，但从长远看，其必然是居住建筑必须完成的又一任务。

"产、储、消、调""气改电"难以在一户住宅中实现，也很难对一栋建筑实现。屋顶光伏、停车场的"一位一桩"、全面的"气改电"等应该是面对作为一个整体的住宅小区来实施。我国城市居住建筑经过这些年的变化和调整，基本上已形成以住宅小区为基本单元的模式。而小区的文化建设、设施建设和运行管理水平又在很大程度上决定小区居民的生活感受。当物质条件已基本满足居民需求时，居住环境、文化生活和设施便捷将在很大程度上决定居民生活的幸福感。为此，住房和城乡建设部提出建"好房子"，建"好小区"和建"好社区"，以满足人民对美好生活的追求。这里的"建"就不再仅仅是提高硬件的建造水平和质量，而更多的是创新发展更适合的管理模式和运行机制，把二十多年来我们在城市建成的这些住宅小区真正运营好、改造好，使其适应能源转型的需要，更使其能够为居住者提供舒适便捷的环境、文明向上的气氛、适老宜童的服务，使居民在物质生活和精神生活中都真正切实感受到幸福。这就需要小区管理体制的创新，要使其成为组织城市居民的基本单元，使居民恢复"依赖感"。从三十年前依托单位制社会管理的模式转为依附于居住小区。小区的硬件系统，包括电力、供暖、燃气、给水、排水、停车、垃圾、绿化、清洁、安保等，目前都是按照其性质分别由小区物业或社会上的专业公司运行管理，九龙治水，群龙无首。这不仅导致专业之间的协调经常出现问题，而且对未来小区光伏的安装、管理与收益分配，充电桩的安装、管控与维护等新的需求更不适应，由于找不到适宜的方式去推动这些新设施的建设而使得组织管理模式成为推动新能源设施建设所面临的最大难题。住房改革初期建造的很多商品房现在也已经到了大修和功能提升改造的时候，怎样有效推行建筑的维修与改造工作，也逐步显露出小区管理体制和机制中的问题。北方地区居住建筑的计量与收费方式的改革也已经困扰我们多年。如果以居住小区为基本单元，小区可以获得城市区域供热热网提供的热量，也可以获得各类热泵，甚至燃气锅炉提供的热量，这就可以打破垄断，按照市场方式在竞争环境下、在不同时间段得到供热所需要的不同来源的热量，从而各个小区内就可以根据居民意愿分别采取不同的收费计量方式。而地方政府为供热支付的财政补贴，也可以直接专门面对低收入小区，彻底扭转目前"大把撒胡椒面"的状态。这就可以结束为供热计量收费方式而持续了二十余年的争论。为此，需要根据目前的实际状况，提出新的小区组织形式和运行管理模式。不是"头疼医头、脚痛医脚"，而是通过体制机制创新，全面解决上述诸方面问题。城市居民 70% 以上的时间生活在小区中，通过创新的机制全面解决居民的文化、体育服务问题，适老与育童问题，建筑的维修改造问题，各类硬件设施系统的建设和运管问题，以及相应的成本核算与收费机制问题，使居民生活在美满的环境中，这应该是满足人民对美好生活追求要开展的最重要的工作。

进入 21 世纪的二十多年来，高速发展的城镇化和城市建设是社会和经济发展的主题。现在大规模的房屋和基础设施建设已初步完成，城市建设领域的中心工作应该从新建建筑转至既有建筑的维修、改造、运行和管理。从运行管理的特点出发，我们所面对的城市住宅建筑问题也从一栋单独的居住建筑扩展到一个居住小区。无论是管理模式的变化，还是装光伏、装充电桩，都一定是以小区作为基本单元来分析研究，来实施与实践。

针对上述讨论，本书列出我们对这些问题的认识并尝试提出解决问题的初步方案。研究问题的重点从以往的新建建筑转为既有建筑的维护改造和管理，面对的基本单元由单栋住宅建筑扩展至居住小区。所讨论的内容大多在以往的《中国建筑节能年度发展研究报告》系列中很少涉及。这包括在能源革命与"双碳"目标下我们对小区硬件系统的新认识，也包括几年的社会调查和实践使我们对居住小区管理的新看法。这些内容都还属于肤浅的认识，需要进一步探讨和实践。本书的主要意义是提出这些问题，而不是给出解决问题的答案。真心期待社会各界更关心这些问题，群策群力，共同探讨，找到社区和小区运行管理的中国模式，实现社区和小区的可持续发展，为老百姓提供美好生活的基础条件。

今年，这本以城镇住宅为专题的报告主要由燕达教授领导的团队完成，并得到清华大学建筑节能研究中心各相关团队的大力配合，更有很多其他单位的外援团队的大力支持。在此向为本书作出贡献的各位作者表示感谢。为了中国建筑节能和低碳发展这一伟大事业使我们走到一起。还需要感谢持续跟踪和阅读这套报告的读者。读者对这套书的关注是我们写作的最大动力。没有你们的支持，我们不可能持续走过这18年的著书历程。能源革命和"双碳"目标为中国建筑节能事业提出了更高的要求和新的希望，这就需要我们共同努力奋斗，共同谱写建筑节能低碳新篇章！

江亿

2025 年 3 月 8 日于清华园

目　　录

第1章　中国建筑能耗与温室气体排放 ······· 1

1.1　中国建筑领域基本现状 ······· 1

1.2　中国建筑领域能源消耗和温室气体排放的界定 ······· 4

1.3　中国建筑领域能源消耗 ······· 10

1.4　中国建筑领域温室气体排放 ······· 22

1.5　全球建筑领域能源消耗与温室气体排放 ······· 33

第2章　城镇住宅建筑用能现状 ······· 44

2.1　城镇住宅建筑现状与发展 ······· 44

2.2　城镇住宅建筑用电 ······· 51

2.3　城镇住宅建筑用气 ······· 54

2.4　城镇住宅既有建筑改造 ······· 62

第3章　全面电气化和城镇住宅用电方式的转变 ······· 69

3.1　能源革命背景下的城镇住宅建筑发展理念 ······· 69

3.2　负荷侧自律式响应调节参与电力系统源荷互动 ······· 72

3.3　电力动态碳排放责任因子及其在住宅建筑中的应用 ······· 77

第4章　城镇住宅未来发展的柔性资源潜力 ······· 84

4.1　全面电气化可行性分析 ······· 84

4.2　城市住宅小区光伏利用 ······· 88

4.3　住宅建筑柔性用能资源调节潜力 ······· 98

4.4　住宅建筑用电行为节能潜力分析 ┄┄┄┄┄┄┄┄┄┄┄┄┄ 100

第5章　住宅小区充电桩系统 ┄┄┄┄┄┄┄┄┄┄┄┄┄┄┄┄┄ 109

5.1　电动汽车与住宅建筑能源互动背景 ┄┄┄┄┄┄┄┄┄┄┄ 109

5.2　住宅场景互动潜力及充电桩系统 ┄┄┄┄┄┄┄┄┄┄┄┄ 113

5.3　住宅场景充电桩建设及管理模式 ┄┄┄┄┄┄┄┄┄┄┄┄ 119

第6章　建筑电气化技术 ┄┄┄┄┄┄┄┄┄┄┄┄┄┄┄┄┄┄┄ 124

6.1　电炊事设备 ┄┄┄┄┄┄┄┄┄┄┄┄┄┄┄┄┄┄┄┄┄┄┄ 124

6.2　电热水器设备及其柔性调蓄技术 ┄┄┄┄┄┄┄┄┄┄┄┄ 128

6.3　蓄能多联机技术 ┄┄┄┄┄┄┄┄┄┄┄┄┄┄┄┄┄┄┄┄ 131

6.4　空气源热泵地板供暖技术 ┄┄┄┄┄┄┄┄┄┄┄┄┄┄┄ 136

第7章　城镇住宅室内环境营造技术 ┄┄┄┄┄┄┄┄┄┄┄┄┄ 143

7.1　城镇住宅建筑环境需求 ┄┄┄┄┄┄┄┄┄┄┄┄┄┄┄┄┄ 143

7.2　新型智能围护结构的发展 ┄┄┄┄┄┄┄┄┄┄┄┄┄┄┄ 148

7.3　既有居住建筑改造 ┄┄┄┄┄┄┄┄┄┄┄┄┄┄┄┄┄┄┄ 156

7.4　高效热泵设备与末端 ┄┄┄┄┄┄┄┄┄┄┄┄┄┄┄┄┄┄ 161

7.5　城镇住宅室内空气质量 ┄┄┄┄┄┄┄┄┄┄┄┄┄┄┄┄┄ 171

7.6　城镇住宅自然通风设计优化 ┄┄┄┄┄┄┄┄┄┄┄┄┄┄ 183

7.7　城镇住宅空调室外机风路短路问题分析 ┄┄┄┄┄┄┄┄ 206

7.8　城镇住宅空气源热泵供热冷岛问题分析 ┄┄┄┄┄┄┄┄ 218

第8章　未来城镇社区的治理模式 ┄┄┄┄┄┄┄┄┄┄┄┄┄┄ 234

8.1　我国城镇居住模式的变迁 ┄┄┄┄┄┄┄┄┄┄┄┄┄┄┄ 234

8.2　我国居住小区管理面临挑战 ┄┄┄┄┄┄┄┄┄┄┄┄┄┄ 236

8.3　小区治理制度现状及问题 ┄┄┄┄┄┄┄┄┄┄┄┄┄┄┄ 240

8.4　未来住宅小区治理模式展望 ┄┄┄┄┄┄┄┄┄┄┄┄┄┄ 245

8.5　分布式光伏在住宅小区中的应用模式 ┄┄┄┄┄┄┄┄┄ 247

第 9 章　城镇住宅建筑的政策标准 ·· 253

9.1　整体概况 ··· 253

9.2　主要终端用能产品能效提升情况 ····································· 254

9.3　展望 ··· 261

第1章 中国建筑能耗与温室气体排放

1.1 中国建筑领域基本现状

1.1.1 城乡人口

近年来,我国城镇化高速发展。2023年,我国城镇人口达到9.33亿人,农村人口4.77亿人,城镇化率从2001年的37.7%增长到2023年的66.2%,如图1-1所示。

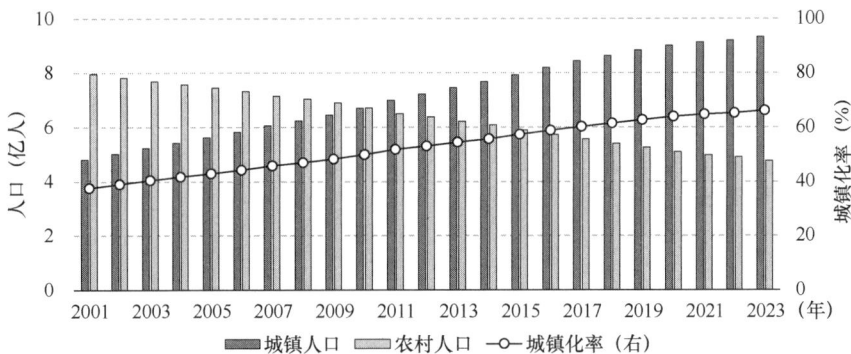

图 1-1 中国逐年人口发展(2001~2023年)

我国城镇化率逐年增长但增速逐步放缓,人口的流动方向从就近的城乡人口迁移转向更大范围的城市间人口迁移。根据相关研究,我国省域人口流动,总体格局依然呈现"西部向东部、北方向南方"流动,但近几年出现中西部省会、中心城市人口增加的现象。中西部省份及其省会城市近年在人口流动、经济增长上的变化,体现了中国区域经济开始向更加协调的方向迈进。

城镇的开发模式也随着人口流动和城市发展逐步从增量扩张型转向品质提升型。根据中国宏观经济研究院国土开发与地区研究所的相关研究,对于典型国家,城镇化率达到60%后,城市整体框架基本确立,主要基础设施基本建成,城镇开发模式将转向"增量扩张、存量更新并重"模式。2021年8月，住房和城乡建设部关于在实施城市更新行动中防止大拆大建问题的通知中强调，城市更新应转变城市开发建设模式，坚持"留改拆"并举、以保留利用提升为主，加强修缮改造，补齐城市短板，注重提升功能，增强城市活力。同时严格控制大拆大建现象，原则上城市更新单元（片区）或项目内拆除建筑面积不应大于现状总建筑面积的20%；原则上城市更新单元（片区）或项目内拆建比不应大于2。从城镇化持续发展的角度看，城市如何在实现自身更新的同时避免大拆大建，应引起足够的重视。

1.1.2 建筑面积

快速城镇化带动建筑业持续发展，我国建筑业规模不断扩大。从2007年到2023年，我国建筑营造速度增长迅速，城乡建筑面积大幅增加。分阶段来看2007年至2014年，我国的民用建筑竣工面积快速增长，2014年至今民用建筑竣工面积则逐年缓慢下降。其中城镇住宅和公共建筑的竣工面积由2014年的36亿 m^2 左右，缓慢回落至2023年的31亿 m^2（图1-2），2023年城镇住宅竣工面积较2022年下降约10%。伴随着开工和施工规模的变化，城镇住宅及公共建筑的拆除面积从2007年的7亿 m^2 快速增长至2018年的16亿 m^2，后缓慢下降至2023年的12亿 m^2 左右。

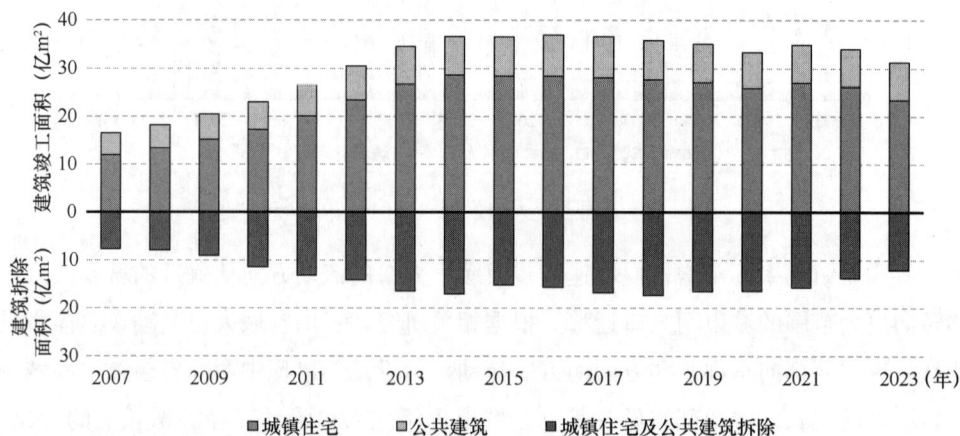

图1-2 我国城镇建筑竣工量和拆除量（2007～2023年）

2023年我国的民用建筑竣工面积中住宅建筑约占78%，非住宅建筑约占22%。根据建筑功能的差别，可以将公共建筑分为办公、酒店、商场、医院、学校以及其他等类型，2001年到2023年期间每年主要的竣工类型均以办公、商场及学校为主，2023 年三者竣工面积合计在公共建筑中的占比约 66％，其中商场占比 30％，办公建筑占比 17％，学校占比 19％。在其余类型中，医院和酒店的占比较小，分别占 6％和 3％（图 1-3）。

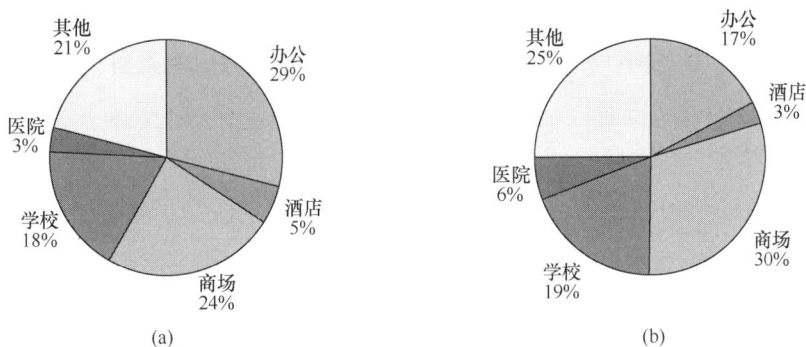

图 1-3　各类公共建筑竣工面积占比（2001 年，2023 年）

（a）2001 年；（b）2023 年

数据来源：《中国建筑业统计年鉴 2023》。

每年大量建筑的竣工使得我国建筑面积的存量不断高速增长见图 1-4。2023 年我国建筑面积总量约 716 亿 m^2，其中：城镇住宅建筑面积为 331 亿 m^2，农村住宅建筑面积 224 亿 m^2，公共建筑面积 161 亿 m^2。

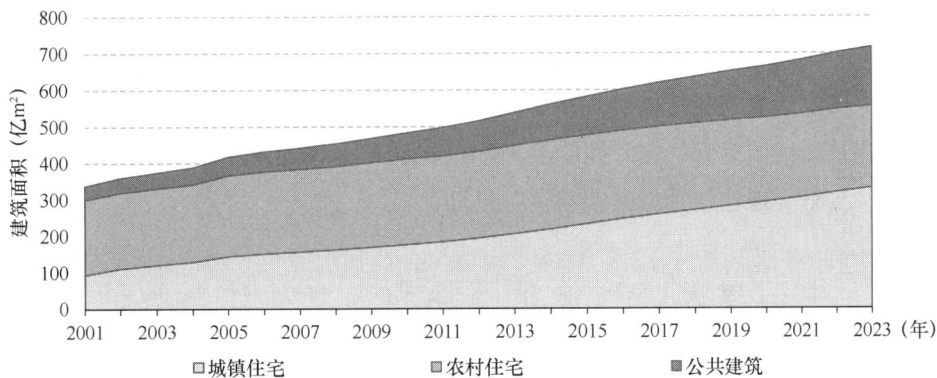

图 1-4　中国总建筑面积增长趋势（2001～2023 年）

数据来源：清华大学建筑节能研究中心 CBEEM 模型估算结果，模型竣工面积输入为《中国建筑业统计年鉴 2023》建筑业企业统计口径下数据。

对比我国与世界其他国家的人均建筑面积水平，见图 1-5，可以发现我国的人均住宅面积已经接近发达国家水平，但人均公共建筑面积与一些发达国家相比还相对处在低位。在我国既有公共建筑中，人均办公建筑面积已经较为合理，但人均商场、医院、学校的面积还相对较低。随着电子商务的快速发展，商场的规模很难继续增长，但医院、学校等公共服务类建筑的规模还存在增长空间，因此可能是下一阶段我国新增公共建筑的主要分项。此外，其他建筑中包括交通枢纽、文体建筑以及社区活动场所等，预计在未来也将成为主要发展的公共建筑类型。

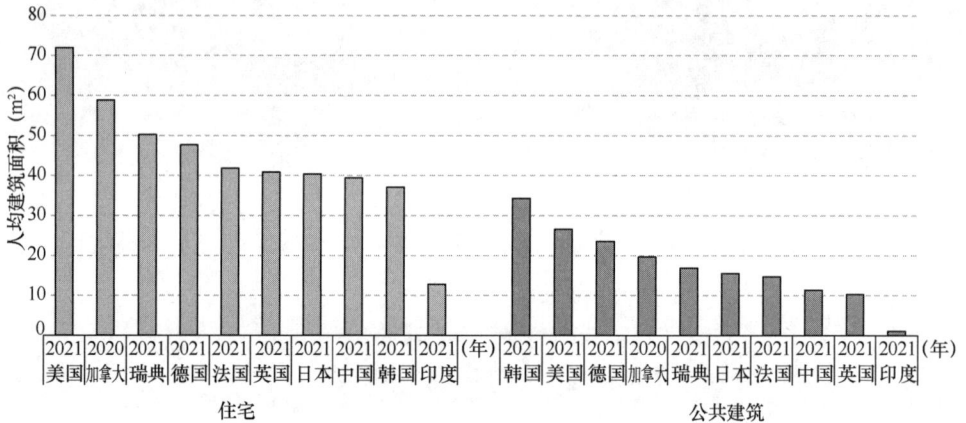

图 1-5　中外人均建筑面积对比

　　总体来看，我国的人均建筑拥有量已经基本饱和，城镇化建设速度也已经放缓，建设领域的重点已经开始由新建建筑转向既有建筑的维修改造。因此，下阶段应更加关注我国既有建筑的运行能耗和碳排放情况，一方面通过既有建筑的优化改造满足人民生活方式变迁以及对建筑功能提升的需求，另一方面通过节能改造来实现既有建筑的结构提升、热工性能改善，在满足人民日益增长的对美好生活的需求前提下，尽早实现建筑领域的"双碳"目标。

1.2　中国建筑领域能源消耗和温室气体排放的界定

1.2.1　建筑生命期的界定

　　建筑的全生命周期主要包括建材生产阶段（A1-A3）、建材运输与建筑建造阶段（A4-A5）、建筑运行使用阶段（B）以及建筑拆除阶段（C），如图 1-6 所示。一般来说，分析建筑的隐含能耗和碳排放，涉及图 1-6 中除了建筑运行 B6 以外的所有阶段。建筑领域的用能和排放涉及建筑的不同阶段，但绝大部分用能和温室气体排放都是发生在建筑的建造（A1-A5）和运行（B6）这两个阶段。大量针对建筑的全生命周期案例研究表明，建筑的运行阶段是建筑全生命期内碳排放最主要的产生阶段，约占建筑全生命期碳排放的 70%；其次是建材的生产阶段，约占建筑全生命期碳排放的 20%；建材运输和房屋建造过程约占 3%，维护修缮过程约占 5%，拆除处理过程约占 2%[4][5][6]，如图 1-7 所示。

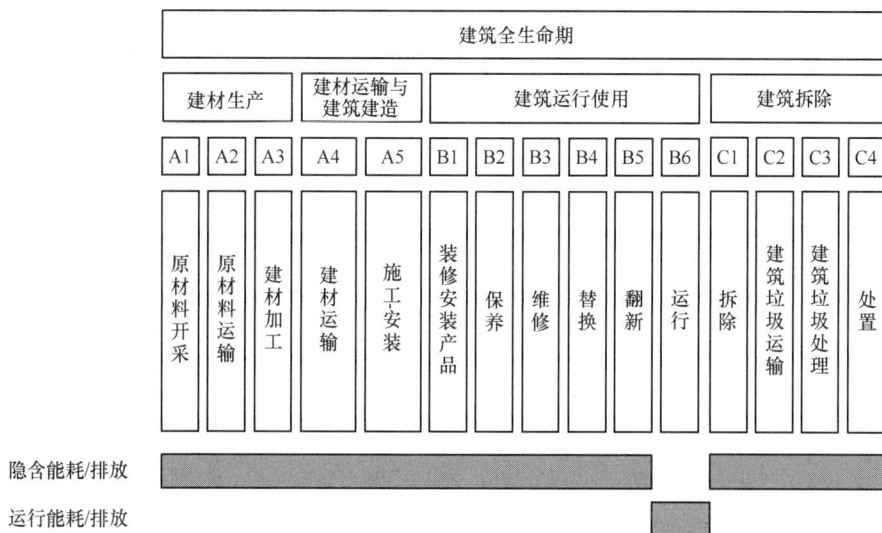

图 1-6　建筑全生命期示意图

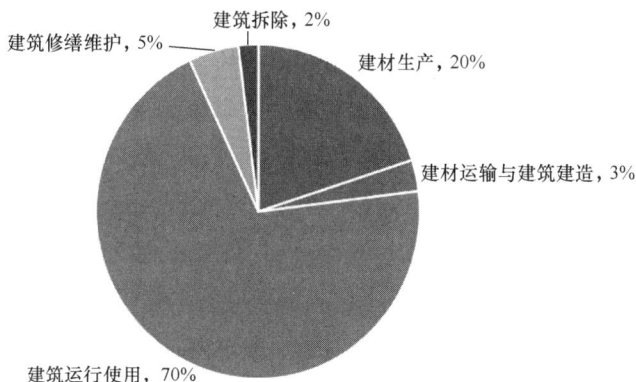

图 1-7　建筑全生命周期各阶段碳排放占比示意

1.2.2　建筑领域能耗的核算方法

建筑领域的能耗涉及建筑的不同阶段，本书对建筑隐含能耗和建筑运行能耗分别进行分析。建筑隐含能耗指的是建筑建造所导致的从原材料开采、建材生产、运输以及现场施工所产生的能源消耗，也包括建筑在拆除阶段的能源消耗。在我国的统计口径中，民用建筑的建造与生产用建筑（非民用建筑）建造、基础设施建造一起，归到建筑业中，统一归为建筑业相关的隐含能耗。本书基于清华大学建筑节能研究中心的中国建筑建造能耗和排放模型，提供了中国建筑业建造隐含能耗和中国民用建筑建造隐含能耗两个口径的分析数据，详见 1.3.2 节。

本书所关注的建筑运行能耗指的是民用建筑的运行能源消耗，包括住宅、办公建筑、学校、商场、宾馆、交通枢纽、文体娱乐设施等非工业建筑内，为居住者或使用者提供供暖、通风、空调、照明、炊事、生活热水，以及其他为了实现建筑的各项服务功能所产生的能源消耗。完全服务于工业生产过程的建筑，其运行能耗与工业生产能耗很难区分，无论是冶金厂房还是集成电路或药品生产厂房，其通风、空调、净化用能都占到生产用能中的很大比例，但这些用能很难计入建筑用能。因此本书不涉及这些服务于生产过程的建筑，其研究对象仅限于民用建筑。

基于对我国民用建筑运行能耗的长期研究，考虑我国南北地区冬季供暖方式的差别、城乡建筑形式和生活方式的差别，以及居住建筑和公共建筑人员活动及用能设备的差别，本书将我国的建筑用能分为四大类，分别是：北方城镇供暖用能、城镇住宅用能（不包括北方地区的供暖）、公共建筑用能（不包括北方地区的供暖），以及农村住宅用能，详细定义如下。

1. 北方城镇供暖用能

北方城镇供暖用能指的是采取集中供暖方式的省、自治区和直辖市的冬季供暖能耗，包括各种形式的集中供暖和分散采暖。地域涵盖北京、天津、河北、山西、内蒙古、辽宁、吉林、黑龙江、山东、河南、陕西、甘肃、青海、宁夏、新疆的全部城镇地区，以及四川的一部分。西藏、川西、贵州部分地区等，冬季寒冷，也需要供暖，但由于当地的能源状况与北方地区完全不同，其问题和特点也很不相同，需要单独考虑。将北方城镇供暖部分用能单独计算的原因是，北方城镇地区的供暖多为集中供暖，包括大量的城市级别热网与小区级别热网。与其他建筑用能以楼栋或者以户为单位不同，这部分供暖用能在很大程度上与供暖系统的结构形式和运行方式有关，并且其实际用能数值也是按照供暖系统来统一统计核算，所以把这部分建筑用能作为单独一类，与其他建筑用能区别对待。目前的供暖系统按热源系统形式及规模分类，可分为大中规模燃煤热电联产、大中规模燃气热电联产、小规模燃煤热电联产、小规模燃气热电联产、大型燃煤锅炉、大型燃气锅炉、区域燃煤锅炉、区域燃气锅炉、热泵集中供暖、核电及工业余热等集中供暖方式，以及户式燃气炉、户式燃煤炉、空调热泵分散供暖和直接电加热等分户供暖方式。使用的能源种类主要包括燃煤、燃气和电力。本书所述一次能源消耗，也就是包含热源处的一次能源消耗或电力的消耗，以及服务于供热系统的各类设备（风机、水泵）的电力消耗。这些能耗又可以划分为热源和热力站的转换损失、管网的热损失和输配能耗，以及最终建筑的得热量。

2. 城镇住宅用能（不包括北方城镇供暖用能）

城镇住宅用能指的是除了北方地区的供暖能耗外，城镇住宅所消耗的能源。在终端用能途径上，包括家用电器、空调、照明、炊事、生活热水，以及夏热冬冷地区的省、自治区和直辖市的冬季供暖能耗。城镇住宅使用的主要商品能源种类是电力、燃煤、天然气、液化石油气和城市煤气等。夏热冬冷地区的冬季供暖绝大部分为分散形式，热源方式包括空气源热泵、直接电加热等针对建筑空间的供暖方式，以及炭火盆、电热毯、电手炉等各种形式的局部加热方式，这些能耗都归入此类。

3. 商业及公共建筑用能（不包括北方地区供暖用能）

这里的商业及公共建筑指人们进行各种公共活动的建筑，包含办公建筑、商业建筑、旅游建筑、科教文卫建筑、通信建筑，以及交通运输类建筑，既包括城镇地区的公共建筑，也包含农村地区的公共建筑。2014 年之前《中国建筑节能年度发展研究报告》在公共建筑分项中仅考虑了城镇地区公共建筑，而未考虑农村地区的公共建筑，农村公共建筑从用能特点、节能理念和技术途径各方面与城镇公共建筑有较大的相似之处，因此从 2015 年起将农村公共建筑也统计入公共建筑用能一项，统称为公共建筑用能。除了北方地区的供暖能耗外，建筑内由于各种活动而产生的能耗，包括空调、照明、插座、电梯、炊事、各种服务设施，以及夏热冬冷地区城镇公共建筑的冬季供暖能耗。公共建筑使用的商品能源种类是电力、燃气、燃油和燃煤等。

4. 农村住宅用能

农村住宅用能指的是农村家庭生活所消耗的能源，包括炊事、供暖、降温、照明、热水、家电等。农村住宅使用的主要能源种类是电力、燃煤、液化石油气、燃气和生物质能（秸秆、薪柴）等。其中的生物质能部分能耗没有纳入国家能源宏观统计，但是农村住宅用能的重要部分，本书将其单独列出。

本书中尽可能单独统计核算电力消耗和其他类型能源的实际消耗，当必须把二者合并时，将所有能源转换为一次能源进行加合，即按照每年的全国平均火力供电煤耗把电力消耗量换算为用标准煤表示的一次能耗。对于建筑运行导致的对于热电联产方式的集中供热热源，根据《民用建筑能耗标准》GB/T 51161—2016 的规定，根据输出的电力和热量的㶲值来分摊输入的燃料。本书在计算热量㶲折算系数时统一采用环境温度 0℃，供/回水温度为 110℃/50℃，热量的折算系数是 0.22。

1.2.3　建筑领域碳排放的核算方法

2020 年，我国明确提出我国二氧化碳排放力争于 2030 年前达到峰值，努力争取 2060 年前实现碳中和。2020 年国务院印发《2030 年前碳达峰行动方案》，明确指出要开展城乡建设碳达峰行动。因此，需要对城乡建设领域相关的碳排放进行科学界定和定量核算，以指导建筑领域碳达峰、碳中和技术路径的选择和工作方案的制订。科学的建筑领域碳排放核算方法是建筑领域实现低碳的基础，其核算结果应使与要求的减排行动相一致，这样才可以根据定量的碳排放数据确定减碳工作目标，考核工作业绩，制定相关决策。

在核算建筑碳排放的时候，一般有清单法与全生命周期法核算方法两类方法（图 1-8）。全生命周期方法关注的是单个建筑从原材料挖掘、建材生产、建材运输、建筑建造、建筑运行、建筑修缮和报废所有过程中的碳排放，其单位是一个建筑全生命周期的累计量（例如 70 年累计碳排放），其核算结果得到的是每座建筑在生命期内的累计碳排放总量，单位为吨二氧化碳。这种方法适用于对单项建筑或单个项目设计过程的碳排放计算，并对其用采用不同的减碳措施进行定量对比和方案的优化选择。

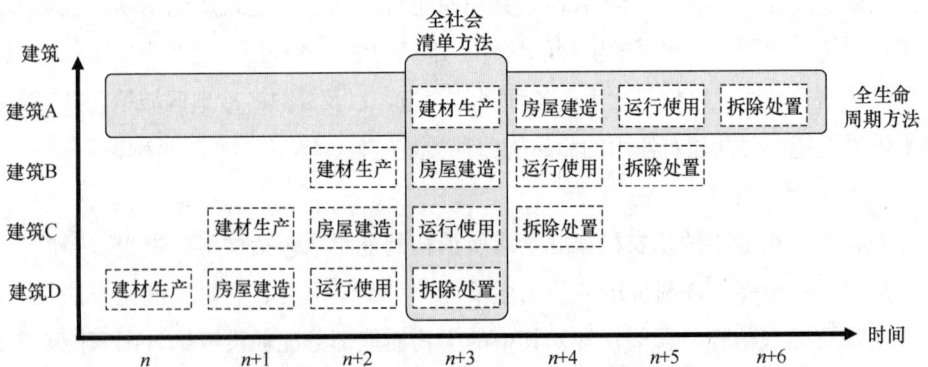

图 1-8　清单法与全生命周期法核算建筑碳排放的差别

而全社会清单方法则关注的是全社会当年的碳排放，分别统计当年全社会由于建筑的建材生产、运输、建造、拆除等阶段产生的建筑隐含碳排放，以及当年全社会由于建筑运行产生的建筑运行碳排放，其核算结果得到的是全社会当年建筑相关碳排放，单位是碳排放/年，这种方法适用于对全社会当年的碳排放进行拆分，了解当年全社会排放的主要来源，并对应设计全社会及建筑领域的减碳技术路径。

两种方法虽然都考虑了建材生产、建筑建造、建筑运行等各个阶段的能耗及排放，但其关注点和适用领域有很大的不同。全生命周期法主要适用于单项技术、单个新建建筑的案例研究，对研究对象进行全生命周期碳排放的综合分析，以帮助优化平衡建筑围护结构、分析机电系统投入增加导致间接碳排放量增加和这些投入导致运行碳排放量减少之间的平衡关系，从而优化各节能减碳措施。例如分析建筑外保温增厚所增加的隐含碳和其带来的建筑减碳效果之间的关系，以确定最优的建筑外保温厚度。

而清单法主要用于对整个建筑领域，某地区、国家建筑相关碳排放的宏观分析，其分析的是上述各个领域、地区当年在建材制造、建筑运行等各方面的排放情况，其目的在于认清当前全行业、全社会建筑相关能耗及碳排放的分布现状，识别建筑减碳应重点关注的领域及采取的措施，指导建筑减碳路径及政策的制定。

根据清单法核算建筑领域的碳排放时，主要考虑每年的建筑隐含碳排放和建筑运行碳排放，分别对其排放现状和趋势、碳达峰和碳中和的目标、减排关键技术、减排路径与政策措施，进行分析和讨论。

建筑隐含碳排放包括民用建筑的建材生产、运输、现场施工，以及拆除所导致的碳排放。在我国的统计口径中，民用建筑与生产用建筑（非民用建筑）建造、基础设施建造一起，归到建筑业中，统一归为建筑业建造相关的隐含碳排放。本书基于清华大学建筑节能研究中心的中国建筑建造能耗和排放模型，提供了中国建筑业建造隐含碳排放和中国民用建筑建造隐含碳排放两个口径的分析数据，详见 1.4.2 节。

建筑运行碳排放主要包括建筑在运行过程中由于化石燃料直接燃烧和间接使用非化石能源所造成的碳排放，主要包括三类：

（1）直接碳排放：主要包括直接通过燃烧方式使用燃煤、燃油和燃气这些化石能源，在建筑中直接排放的二氧化碳。计算方法是根据燃料的种类及其不同的碳排放因子，计算可得到碳排放量。

（2）电力间接碳排放：指的是从外界输入到建筑内的电力，其在生产过程中所产生的碳排放。计算方法是根据建筑所使用的外部电力总量，乘以电网中电力的平均碳排放因子，建筑自身的光伏发电和用电不纳入统计。

（3）热力间接碳排放：指的是北方城镇地区集中供热导致的间接碳排放，北方城镇地区的集中供暖系统采用热电联产或集中燃煤燃气锅炉提供热源，其中：燃煤燃气锅炉排放的二氧化碳完全归入建筑热力间接碳排放，热电联产电厂的碳排放按照其产出的电力和热力的㶲来分摊。本书在计算热量㶲折算系数时统一采用环境温度为0℃，供/回水温度为110℃/50℃，热量的折算系数是0.22，也就是，取输出热量的22％作为等效电力，与输出的电力共同分摊电厂排放的二氧化碳总量。

除了碳排放以外，建筑运行过程中也会产生非二氧化碳类温室气体排放，主要指的是由于建筑中制冷热泵设备的制冷剂泄漏所造成的温室气体效应，折合为二氧化碳当量进行表示。这部分碳排放的分析详见1.4.3节。本书采用清华大学建筑节能研究中心建立的中国建筑能耗和排放模型（China Building Energy and Emission Model，简称CBEEM）对中国建筑领域的各类排放进行计算和分析，详见1.4节。

1.3 中国建筑领域能源消耗

1.3.1 建筑运行能耗

本章的建筑能耗数据来源于清华大学建筑节能研究中心建立的中国建筑能耗和排放模型（China Building Energy and Emission Model，CBEEM）的研究结果。分析我国建筑能耗和碳排放的发展状况，2023年中国建筑运行的商品能耗为11.7亿tce，约占全国能源消费总量的20％，建筑商品能耗和生物质能共计12.2亿tce（其中生物质能耗约0.5亿tce），具体如表1-1所示。从2010年到2023年，建筑能耗总量及其中电力消耗量均大幅增长，见图1-9。受到疫情影响，各项社会活动放缓，2020年建筑用电量增幅较2019年放缓，但2021年后随着生产生活恢复正常，建筑用电量有较大回升，2023年全社会的建筑用电量超过2.5万亿kWh，约占全社会用电量9.224万亿kWh的27％。

2023年中国建筑运行能耗   表1-1

用能分类	宏观参数 （面积或户数）	用电量 （亿kWh）	燃料用量 （亿tce）	商品能耗 （亿tce）	一次能耗强度
北方城镇供暖	173亿m²	812	1.98	2.22	13kgce/m²
城镇住宅 （不含北方地区供暖）	331亿m²	6731	0.95	2.98	785kgce/户

续表

用能分类	宏观参数 (面积或人口)	用电量 (亿 kWh)	燃料用量 (亿 tce)	商品能耗 (亿 tce)	一次能耗强度
公共建筑 (不含北方地区供暖)	161 亿 m²	13902	0.28	4.48	27.9kgce/m²
农村住宅	224 亿 m²	3603	0.89	1.97	1083kgce/户
合计	14.1 亿人 716 亿 m²	25048	4.10	11.7	—

注：表中商品能耗是采用发电煤耗法将电力、热力和燃料统一折合为一次能源，采用标准煤作为单位表示，其中电力按照每年的全国平均火力供电煤耗折算为用标煤表示的一次能耗，2023 年的折算系数为 302gce/kWh。表中用电量专指建筑用能中的实际用电量。

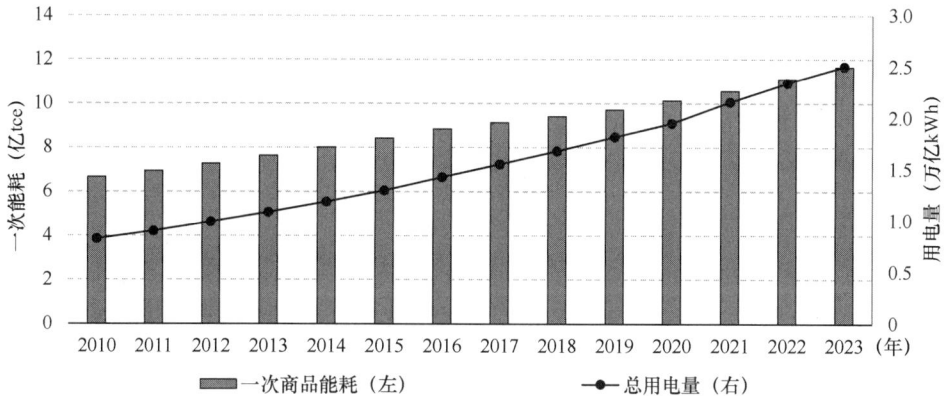

图 1-9 中国建筑运行折合的一次能耗总量和总用电量（2010～2023 年）

近年来，我国全社会用电量呈现持续增长态势。2000～2010 年，全社会用电量经历了飞速增长，年均增速高达 12%。此后，用电量增速逐渐放缓，2010 年以后年增长率稳定在 7% 左右。2020～2023 年，全社会用电量增长趋势呈现出"台阶状"特征：期间经历了两次增长放缓（2020～2022 年）以及两次回弹（2021～2023 年）。2020 年，受疫情的影响，全社会用电量仅增长了 2855 亿 kWh，增速降至 4%。其中，第二产业用电量增速略有下降，城乡居民生活用电保持平稳增长态势，而第三产业用电受到的冲击最为显著，年均增长率从 15% 左右大幅降至 2%。2021 年，全社会用电量迎来显著回弹，增长了 8081 亿 kWh，增速提升至 11%。此次用电量的回弹主要得益于第二产业和第三产业的复苏，第二产业和第三产业的用电增速均超过了 2020 年之前的水平，分别达到 10% 和 18%。2022 年，全社会用电量增长了 3244 亿 kWh，增速回归至 4%。此时，第二产业和第三产业的用电量增速再度放缓，而城乡居民生活用电则迎来了快速增长。随着居家时间的延长以及居家办公、在线教育等生活方式的普及，2022年城乡居民生活用电量增速显著提升至14%。2023年，全社会用电量实现了第二次回弹，全社会用电量达到9.224万亿kWh，增长了5866亿kWh，同比增长6.7%。其中，第三产业对总用电量增长的贡献最为突出，第三产业用电增长了1837亿kWh，同比增长17%。

总体而言，在2020～2023年全社会用电量的增量中，第二产业贡献了约2/3，而第三产业和城乡居民生活用电合计贡献了约1/3。在建筑用电方面，其增长约占全社会用电增量的30%，其中公共建筑用电增量贡献约16%，城镇和农村住宅用电增量各贡献了约7%。近年来，公共建筑的用电增速高于城镇和农村住宅，这主要是受到商业活动的繁荣、数据中心的扩张以及数字化需求的驱动。随着复工复产的推进以及数据中心、5G基站建设等数字化需求的激增，公共建筑用电量的年均增速达到了10%～15%。与此同时，随着人民生活水平的提升以及居民生活领域电气化水平的逐步提高，城镇住宅用电量呈现出稳定的增长态势，年均增速为5%～10%。2020～2023年，城镇住宅用电量的波动增长还受到2021～2023年夏季气温连续创历史新高、有降温需求的拉动的影响。2020年后，农村住宅用电量增长量突增，超过城镇住宅，这主要得益于农村电网改造的推进以及家电下乡、清洁供暖等政策的实施。

将四部分建筑能耗的规模、强度和总量表示在图1-10中的四个方块中，横向表示建筑面积，纵向表示单位平方米建筑能耗强度，四个方块的面积即是建筑能耗的总量。从建筑面积来看，城镇住宅和农村住宅的面积最大，北方城镇供暖面积约占建筑面积总量的1/4，公共建筑面积仅占建筑面积总量的1/5，但从能耗强度来看，公共建筑和北方城镇供暖能耗强度又是四个分项中较高的。因此，从用能总量来看，基本呈现"四分天下"的态势，四类用能各占建筑能耗的1/4左右。近年来，随着公共建筑规模的增长及平均能耗强度的增长，公共建筑的能耗已经成为中国建筑能耗中比例最大的一部分。

2013～2023年，四个用能分项总量和强度逐年变化如图1-11所示，从各类能耗总量和强度来看，主要有以下特点：

北方城镇供暖强度较大，但随着新建节能标准的提升和热源效率的大幅提升，近年来持续下降，其总能耗也基本稳定，不再增长。

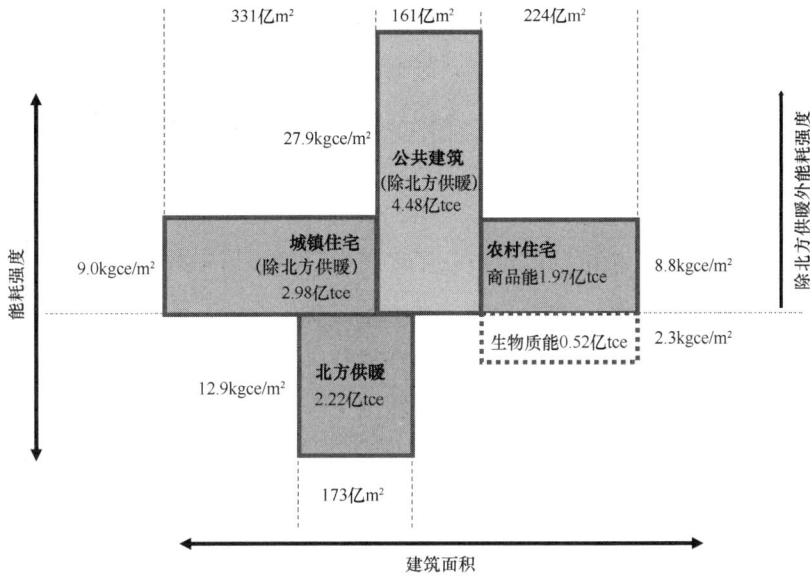

图 1-10　中国建筑运行能耗（2023 年）

注：采用发电煤耗法将电力、热力和燃料统一折合为一次能源，采用标准煤作
为单位表示，电力按照每年的全国平均火力供电煤耗折算为用标煤表示的
一次能耗，2023 年的折算系数为 302gce/kWh。

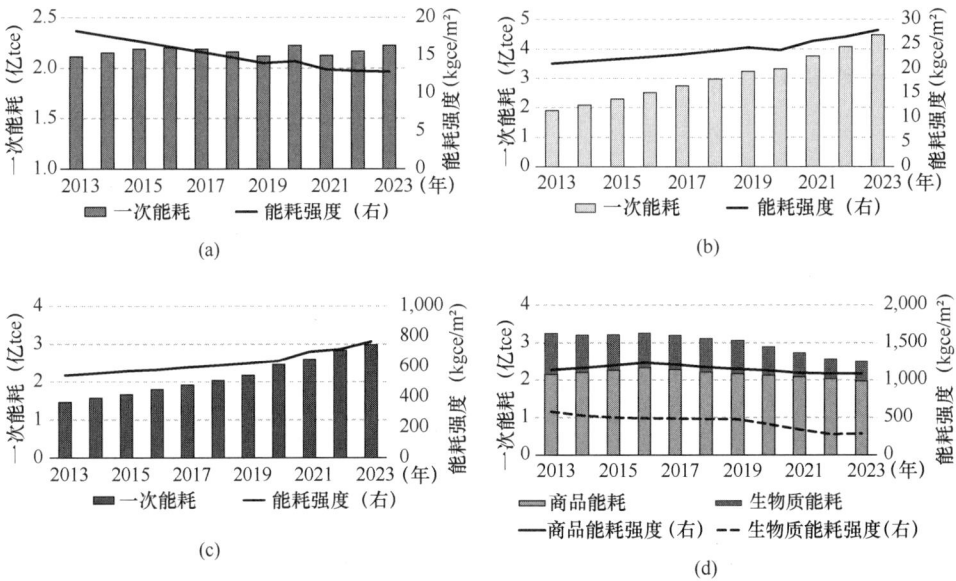

图 1-11　建筑用能四个用能分项总量和强度逐年变化（2013～2023 年）

（a）北方城镇供暖；（b）公共建筑；（c）城镇住宅；（d）农村住宅

公共建筑单位面积能耗强度持续增长，各类公共建筑终端用能需求（如空调、设备、照明等）的增长，是建筑能耗强度增长的主要原因，尤其是近年来许多城市新建的一些大体量并应用大规模集中系统的建筑，能耗强度大大高出同类建筑。随着公共建筑规模的增长，其能耗总量仍处于增长阶段。

城镇住宅户均能耗强度增长，这是由于生活热水、空调、家电等用能需求增加，夏热冬冷地区冬季供暖问题也引起了广泛的讨论；由于节能灯具的推广，住宅中照明能耗没有明显增长，炊事能耗强度也基本维持不变。随着城镇化的进一步推进和城镇住宅规模的增长，其能耗总量仍在增长。

农村住宅的总用能和商品能在近几年逐渐下降，一方面是农村人口和户数在缓慢减少；另一方面随着清洁供暖的推进，北方农村供暖的能源结构发生较大变化，由原来的散煤取暖转变为效率更高的天然气和空气源热泵供暖，同时生物质能使用量持续减少，因此农村住宅总用能和用能强度在近年来均呈缓慢下降趋势。由于农村各类家用电器普及程度增加和北方清洁取暖"煤改电"等原因，用电量近年来提升显著。

1. 北方城镇供暖

2023年北方城镇供暖能耗为2.22亿tce，占全国建筑总能耗的19%。2003～2023年，北方城镇建筑供暖面积从67亿 m^2 增长到173亿 m^2，增加了近2倍，而能耗总量增加不到1倍，能耗总量的增长明显低于建筑面积的增长，体现了节能工作取得的显著成绩——平均的单位面积供暖能耗从2003年的26.7kgce/m^2，降低到2023年的12.9kgce/m^2，降幅明显。具体说来，能耗强度降低的主要原因包括建筑保温水平提高使得需热量降低，以及高效热源方式占比提高和运行管理水平提升。北方城镇供暖能耗总量已经于2017年前后达峰，近年来已呈现出逐年下降的趋势。由于气候原因每年供暖期时长会有所不同，因此北方城镇供暖总能耗出现小幅波动。根据《中国城镇供热发展报告2023》发布的统计数据，2020～2021供暖期有84%的城市出现延长供暖情况，2021～2022供暖期有86%的城市出现延长供暖情况。

建筑围护结构保温水平逐步提高。近年来，住房和城乡建设部通过多种途径提高建筑保温水平，包括：建立覆盖不同气候区、不同建筑类型的建筑节能设计标准体系、从2004年底开始的节能专项审查工作，以及"十三五"期间开展的既有居住建筑改造。"十三五"期间，我国严寒、寒冷地区城镇新建居住建筑的节能设计标准已经提升至"75%节能标准"，累计建设完成超低、近零能耗建筑面积近0.1亿 m^2，完成既有居住建筑节能改造面积 5.14 亿 m²、公共建筑节能改造面积 1.85 亿 m²。这三方面工作使得我国建筑的保温水平整体大大提高，起到了降低建筑实际需热量的作用。

热源结构优化和热源效率的显著提升。近年来高效热电联产的比例逐步提高，逐步替代锅炉，根据 2013 年、2016 年和 2020 年三次城镇供热调研结果，北方城镇地区供热热源中热电联产的比例分别为 42%、48% 和 55%。燃气锅炉取代燃煤锅炉，从 2013 年到 2020 年燃煤锅炉的占比从 42% 降低到 13%，而燃气锅炉的比例从 12% 增加到 22%。与此同时，各类新型热源不断发展，工业余热、核电余热、地源热泵和生物质等供暖占比上升。近年来供暖系统效率提高显著，使得各种形式的集中供暖系统效率得以整体提高。关于我国北方城镇供暖现状和发展趋势的详细讨论见《中国建筑节能年度发展研究报告 2023（城市能源系统专题）》。

2. 城镇住宅（不含北方供暖）

2023 年城镇住宅能耗（不含北方供暖）为 2.98 亿 tce，占建筑总商品能耗的 26%，其中电力消耗 6731 亿 kWh。随着我国经济社会发展，居民生活水平不断提升，2003～2023 年城镇住宅能耗年平均增长率高达 7%，2023 年各终端用电量增长至 2003 年的近 5 倍。

从用能的分项来看，炊事、家电和照明是中国城镇住宅除北方集中供暖外耗能比例最大的三个分项，由于我国已经采取了各项提升炊事燃烧效率、家电和照明效率的政策和相应的重点工程，所以这三项终端能耗的增长趋势已经得到了有效的控制，近年来的能耗总量年增长率均比较低。一方面，对于家用电器、照明和炊事能耗，最主要的节能方向是提高用能效率和尽量降低待机能耗，例如节能灯的普及对于住宅照明节能的成效显著；对于家用电器中长时间待机或者反复加热所造成的电力消耗，需要通过加强能效标准和行为节能来降低，例如饮水机和马桶圈的待机都会造成能量大量浪费，应该提升生产标准，提升饮水机的保温水平、通过智能控制降低马桶圈待机电耗等，避免这些装置待机的能耗大量浪费。对于一些会改变居民生活方式的电器，例如衣物烘干机等，不应该从政策层面给予鼓励或补贴，而是要警惕这类高能耗电器的大量普及造成的能耗跃增。另一方面，夏热冬冷地区冬季供暖、夏季空调以及生活热水能耗虽然目前所占比例不高，户均能耗均处于较低的水平，但增长速度十分快，夏热冬冷地区供暖能耗的年平均增长率更是高达 50% 以上，因此，这三项终端用能的节能应该是我国城镇住宅下阶段节能的重点工作，具体方向应该是避免在住宅建筑中大面积使用集中系统，提倡目前分散式系统，同时提高各类分散式设备的能效标准，在室内服务水平提高的同时避免能耗的剧增。关于我国城镇住宅节能减排路径的详细讨论见本书第 2 章。

3. 公共建筑（不含北方供暖）

2023 年全国公共建筑面积约为 161 亿 m^2，公共建筑总能耗（不含北方供暖）为 4.48 亿 tce，占建筑总能耗的 38%，其中电力消耗为 1.39 万亿 kWh。公共建筑总面积的增加、大体量公共建筑占比的增长，以及用能需求的增长等因素导致了公共建筑单位面积能耗从 2003 年的 18.3kgce/m^2 增长到 2023 年的 27.9kgce/m^2 以上，能耗强度增长迅速，同时能耗总量增幅显著。

2020 年由于受到疫情影响，各类公共建筑的运行时长和运行强度都受到疫情相关管制措施的影响，全国公共建筑的平均能耗强度出现了小幅下降，2021 年后公共建筑运行用能增长速度回升。2001 年以来，公共建筑竣工面积接近 80 亿 m^2，约占当前公共建筑保有量的 79%，即 3/4 的公共建筑是在 2001 年后新建的。这一增长一方面是由于近年来大量商业办公楼、商业综合体等商业建筑的新建，另一方面是由于我国全面建设小康社会、提升公共服务的推进，相关基础设施需逐渐完善，公共服务性质的公共建筑，如学校、医院、体育场馆等的规模的增加。近年来，在新增的公共建筑中，学校和医院建筑的占比在逐步增大，2022 年新增的医院学校建筑规模超过新增的办公和酒店建筑。

在公共建筑面积迅速增长的同时，大体量公共建筑占比也显著增长。尤其是近年来竣工的公共建筑很多属于大体量、采用中央空调的高档商业建筑，其单位面积电耗都在 100kWh/m^2 以上，相比以往电耗在 60kWh/m^2 左右的小体量学校、办公楼和小商店，随着这些新建的高能耗公共建筑在公共建筑总量中的比例持续提高，公共建筑平均电耗就会持续增加。这一部分建筑由于建筑体量和形式约束导致的空调、通风、照明和电梯等用能强度远高于普通公共建筑，这就是我国公共建筑能耗强度持续增长的重要原因。关于我国公共建筑节能低碳技术路径的详细讨论见《中国建筑节能年度发展研究报告 2022（公共建筑专题）》。

4. 农村住宅

2023 年农村住宅的商品能耗为 1.97 亿 tce，占全国当年建筑总能耗的 17%，其中电力消耗为 3603 亿 kWh，此外，农村生物质能（秸秆、薪柴）的消耗约折合 0.5 亿 tce。随着城镇化的发展，2003~2023 年农村人口从 8.0 亿人减少到 5 亿人，而农村住宅建筑的规模已经基本稳定在 230 亿 m^2 左右，并在近年开始缓慢下降。

随着农村电力普及率的提高、农村收入水平的提高，以及农村家电数量和使用的增加，农村户均电耗呈快速增长趋势。例如，2001 年全国农村居民平均空调器拥有台数仅为 16 台/百户，2023 年已经增长至 106 台/百户，不仅带来空调用电量的增长，也导致了夏季农村用电负荷尖峰的增长。随着北方地区"煤改电"工作的开展和推进，北方地区冬季供暖用电量和用电尖峰也出现了显著增长。由于农村住宅用能中供暖能耗占了一半以上，而近年来随着清洁供暖的大力推进，农村供暖用能结构发生较大变化，从原先大量低效率的传统散煤炉转变为高效率的天然气炉和空气源热泵供暖形式，因此供暖能耗强度在近几年持续下降，农村总商品能用能强度也在下降。同时，越来越多的生物质能被商品能源替代，自北方清洁取暖行动开展以来，试点城市从 2017 年主要针对京津冀城市，2018 年推广到"2＋26"城市，到 2022 年已经逐步覆盖汾渭平原和北方其他城市，工作效果显著，导致近几年农村散烧生物质消耗量迅速下降

国家能源局、国务院扶贫办于 2014 年印发《关于实施光伏扶贫工程工作方案》，提出在农村发展光伏产业，作为脱贫的重要手段。如何充分利用农村地区各种可再生资源丰富的优势，建立以屋顶光伏为基础的新型能源系统，在满足农村生活、生产和交通用能的同时，还实现向电网的净电力输出，在实现农村生活水平提高的同时全面取消化石燃料和生物质燃料的使用。这不仅可根治化石燃料和生物质燃料燃烧带来的环境污染、碳排放等问题，还可以使生产和输出零碳能源成为农村的又一项重要经济活动，也为我国能源系统可持续发展起到重要贡献，也是乡村振兴战略的重要内容。

近年来随着我国东部地区的雾霾治理工作和清洁取暖工作的深入展开，各级政府和相关企业投入巨大资金增加农村供电容量、铺设燃气管网、将原来的户用小型燃煤锅炉改为低污染形式，农村地区的用电量和用气量出现了大幅增长。农村地区能源结构的调整将彻底改变目前农村的用能方式，促进农村的现代化进程。利用好这一机遇，科学规划，实现农村能源供给侧和消费侧的革命，建立以可再生能源为主的新的农村生活用能系统，将对实现我国当前的能源革命起到重要作用。关于我国农村住宅节能低碳技术路径的讨论详见《中国建筑节能年度发展研究报告2024》。

1.3.2　建筑建造隐含能耗

20 年来我国城镇化进程不断推进，也使得民用建筑隐含能耗成为全社会总能源消耗中的重要组成部分。大规模建设活动的开展使用大量建材，建材的生产进而导致大量能源消耗和碳排放的产生，是我国能源消耗和碳排放持续增长的一个重要

原因。

　　根据清华大学建筑节能研究中心的估算结果，2023 年中国民用建筑建造能耗为 4.6 亿 tce，占全国总能耗的 8%。当前中国民用建筑建造能耗已于 2016 年左右达峰，总能耗先从 2004 年的 2.4 亿 tce 快速增长 2016 年的 5.8 亿 tce，进而随着近年来民用建筑总竣工面积整体趋稳并缓慢下降，逐渐下降至 2023 年的 4.6 亿 tce，如图 1-12 所示。在 2023 年民用建筑建造能耗中，城镇住宅、农村住宅、公共建筑占比分别为 69%、5% 和 26%。

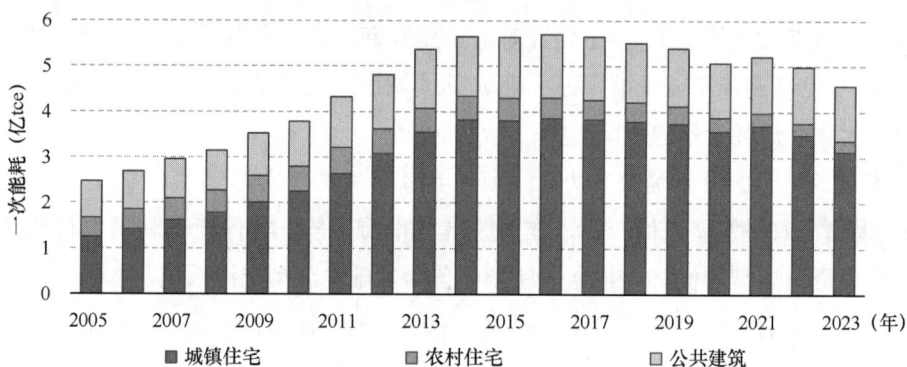

图 1-12　中国民用建筑建造能耗（2005～2023 年）
数据来源：清华大学建筑节能研究中心估算。仅包含民用建筑建造❶。

　　实际上，建筑业不仅包括民用建筑建造，还包括生产性建筑建造和基础设施建设，例如公路、铁路、大坝等的建设。建筑业建造能耗主要包括各类建筑建造与基础设施建设的能耗。根据清华大学建筑节能研究中心的估算结果❷，2023 年中国建筑业建造能耗为 14.5 亿 tce，占全社会一次能源消耗的百分比高达 25%。2004～2023 年，中国建筑业建造能耗从接近 4 亿 tce 增长到 14.5 亿 tce，如图 1-13 所示。建材生产的能耗是建筑业建造能耗的最主要组成部分，其中钢铁和水泥的生产能耗占到建筑业建造总能耗的 80% 以上。

---

❶　建筑竣工面积的数据来源为"《中国建筑业统计年鉴 2023》建筑业企业统计口径"下的数据。
❷　估算方法见《中国建筑节能年度发展研究报告 2019》附录。

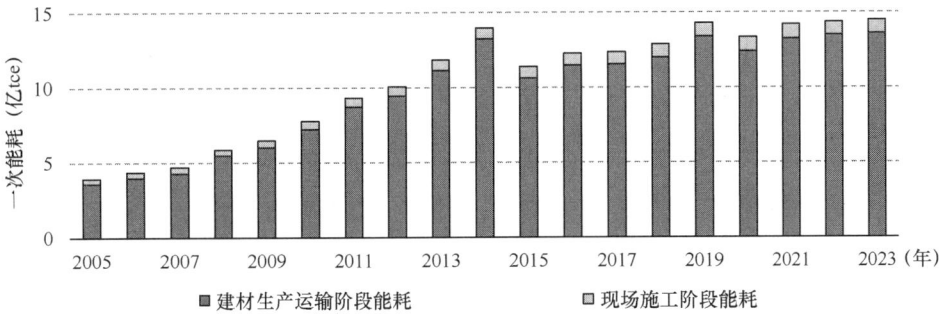

图 1-13　中国建筑业建造能耗（2004～2023 年）❶

数据来源：清华大学建筑节能研究中心估算。建筑业，包含民用建筑建造，生产性建筑和基础设施建造。

我国快速城镇化的建造需求不仅直接带动能耗的增长，还决定了我国以钢铁、水泥等传统重化工业为主的工业结构，这也是导致我国目前单位工业增加值能耗高的重要原因。2017 年中国制造业单位增加值能耗为 6.4tce/万元（2010 年 USD 不变价），而在主要发达国家中，法国、德国、日本、英国制造业单位增加值能耗均低于 2tce/万元（2010 年 USD 不变价），美国、韩国制造业单位增加值能耗相对较高，分别为 3.1tce/万元（2010 年 USD 不变价）和 4.5tce/万元（2010 年 USD 不变价），但也低于中国目前的水平见图 1-14。

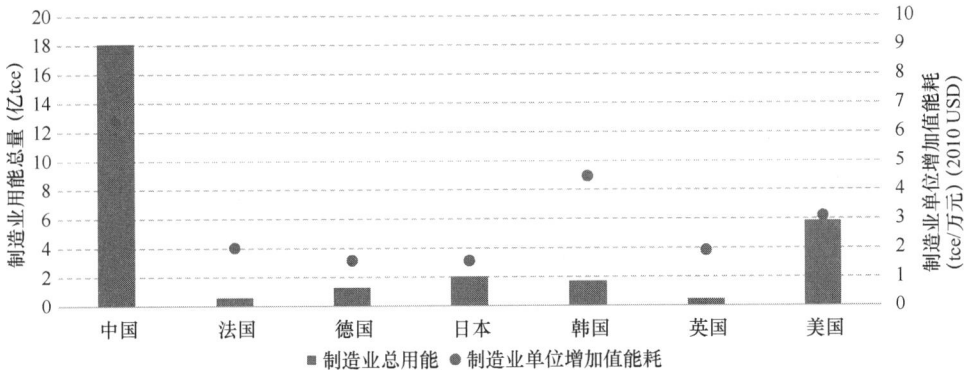

图 1-14　制造业用能总量及单位增加值能耗对比❷

---

❶　建材用量数据来自《中国建筑业统计年鉴 2023》。

❷　各国制造业用能数据来源于 IEA world energy balance 数据库，并按照中国能源平衡表口径进行折算，将能源行业自用能、高炉用能、化工行业化石燃料非能源使用等计入工业能源消费，能耗总量采用电热当量法折算；制造业增加值数据来自世界银行数据库。

中国及部分发达国家制造业用能结构对比（2017 年）如图 1-15 所示，2017 年中国钢铁、有色、建材三大行业用能占到制造业总用能的 54％，而其他发达国家中，除日本占比较高达 38％之外，法国、德国、韩国占比在 27％左右，仅为中国的一半，而英国、美国的占比分别为 18％和 11％，不足中国的 1/3。

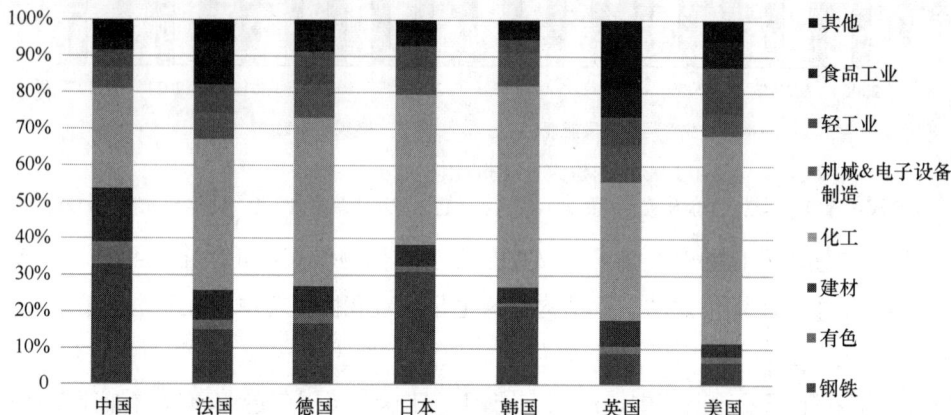

图 1-15   中国及部分发达国家制造业用能结构对比（2017 年）❶

中国制造业子行业单位增加值能耗对比（2017 年）如图 1-16 所示，钢铁、有色、建材等传统重工业的单位增加值能耗远高于机电设备制造（包括通用设备制造、专用设备制造、汽车制造、计算机通信设备制造等行业），同时也显著高于轻工业、食品工业。

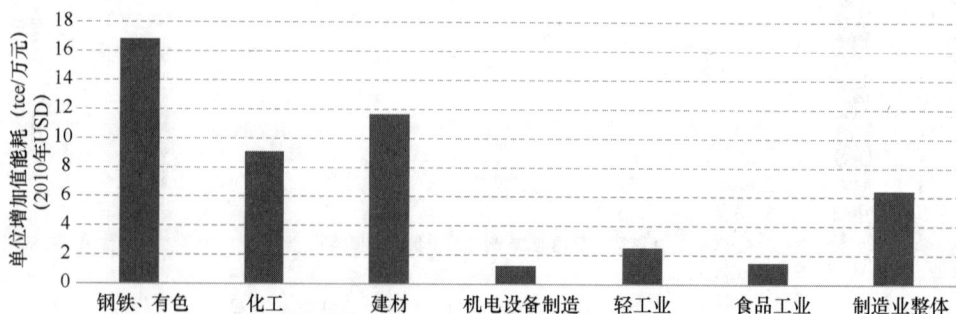

图 1-16   中国制造业子行业单位增加值能耗对比（2017 年）❷

---

❶ 各国制造业能耗结构来自 IEA world energy balance 数据库，并按照中国能源平衡表口径进行折算。
❷ 数据来源：国家统计局，《中国统计年鉴 2018》。

大规模的建设活动是导致上述工业结构状况的重要原因。2023 年我国由于建筑业用材生产所造成的工业用能约 13.6 亿 tce，从 2012 年到 2023 年，建筑业相关用材生产能耗在工业总能耗中的比重均在 40% 左右。我国快速城镇化造成的大量建筑用材需求，是导致我国钢铁、建材、化工等传统重工业占比高的重要原因，中国建筑业用材生产能耗如图 1-17 所示。

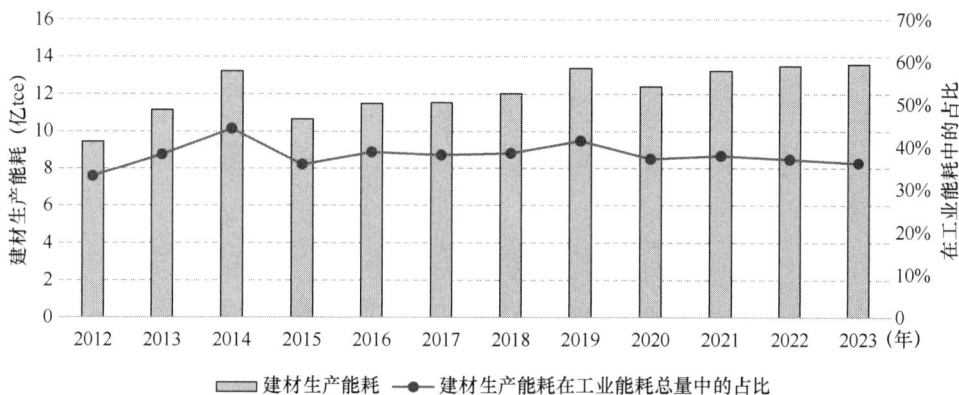

图 1-17　中国建筑业用材生产能耗❶

目前，我国城镇化和基础设施建设已初步完成，今后大规模建设的现状将发生转变。2023 年我国城镇地区的住宅面积是 36m²/人❷，已经接近亚洲发达国家日本和韩国的水平，但仍然远低于美国水平。我国在城镇化过程中已经逐渐形成了以小区公寓式住宅为主的城镇居住模式，因此不会达到美国以独栋别墅为主模式下的人均住宅面积水平。而从城市形态来看，我国高密集度大城市的发展模式使公共建筑空间利用效率高，从而也无必要按照欧美的人均公共建筑规模发展。在未来，只要不"大拆大建"，维持建筑寿命，由城市建设和基础设施建设拉动的钢铁、建材等高能耗产业也就很难再像以往那样持续增长。因此，在接下来的城镇化过程中，避免大拆大建，发展建筑延寿技术，加强房屋和基础设施的修缮，维持建筑寿命对于我国产业结构转型和用能总量的控制具有重要意义。

❶　建筑业用材这里主要考虑了钢材、水泥、铝材、玻璃、建筑陶瓷五类。
❷　根据 CBEEM 计算结果。

1.4   中国建筑领域温室气体排放

1.4.1   建筑运行相关的二氧化碳排放

建筑能源需求总量的增长、建筑用能效率的提升、建筑用能种类的调整以及能源供应结构的调整都会影响建筑运行相关的二氧化碳排放。建筑运行阶段消耗的能源种类主要以电、煤、天然气为主，其中：城镇住宅和公共建筑这两类建筑中超过65％的能源均为电，以间接二氧化碳排放为主，北方城镇中消耗的热电联产热力也会带来一定的间接二氧化碳排放；而对于北方供暖和农村住宅这两类建筑用能，燃煤和燃气的比例高于电，在北方供暖分项中用煤和天然气的比例约为89％，农村住宅中用化石能源的比例约为48％，这会导致大量的直接二氧化碳排放。另外，随着我国电力结构中零碳电力比例的提升，我国平均度电碳排放因子❶显著下降，2023 年度电碳排放因子为 540gCO₂/kWh；而电力在建筑运行能源消耗中比例也不断提升，这两方面都显著地促进了建筑运行用能的低碳化发展。

根据 CBEEM 的分析结果，2023 年我国建筑运行过程中的碳排放总量为 22 亿 tCO₂，折合人均建筑运行碳排放指标为 1.58tCO₂/人，折合单位面积平均建筑运行碳排放指标为 31kg CO₂/m²。总碳排放中，直接碳排放 4.2 亿 tCO₂，占比 19％，电力相关间接碳排放 13.5 亿 tCO₂，占比 61％，热力相关间接碳排放 4.5 亿 tCO₂，占比 20％，见图 1-18。

1. 直接碳排放

2023 年建筑直接碳排放为 4.2 亿 tCO₂，其中城乡炊事的直接排放约 1.5 亿 tCO₂，分户燃气燃煤供暖❷排放约 1.9 亿 tCO₂，其余还有 0.8 亿 tCO₂ 是天然气用于热水、蒸汽锅炉、吸收式制冷及其他造成的直接排放。在直接排放中，农村导致的排放占一半以上。

近年来随着农村地区大力推进"煤改电""煤改气"和清洁供暖，我国建筑领域的直接碳排放已经在 2015 年左右达峰，目前处于缓慢下降阶段。只要在新建建筑中，

---

❶   全国平均度电碳排放因子参考中国电力联合会编著《中国电力年度发展报告 2023》。
❷   指的是城乡住宅建筑中安装的燃气燃煤供暖锅炉，公共建筑中安装的燃煤燃气锅炉，这些燃料直接在建筑中燃烧，导致的碳排放归为建筑的直接碳排放。

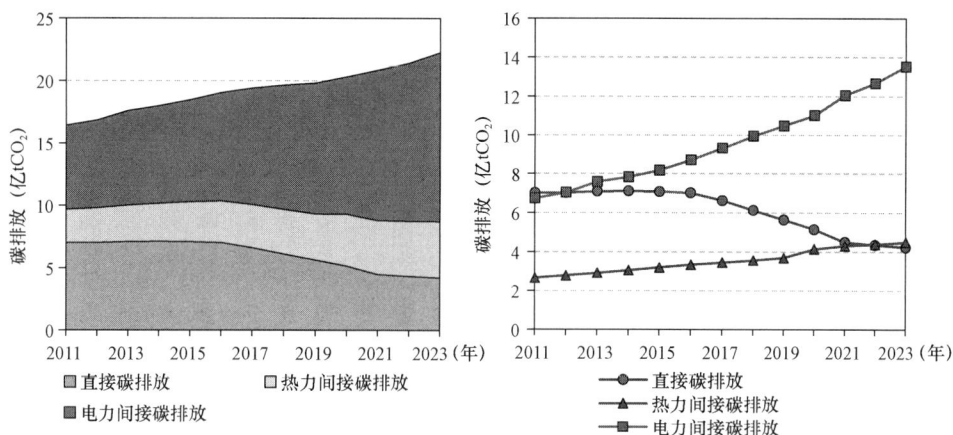

图 1-18 建筑运行相关二氧化碳排放量（2023 年）

持续推进电气化转型，建筑领域的直接碳排放就会持续下降，不会出现新的峰值。

建筑领域直接碳排放实现零排放的关键在于推进"电气化"的时间点和力度，预计在 2040～2045 年期间可实现建筑直接碳排放的归零。分析表明，电气化转型在 80% 的情况不会增加运行费用，并且可在 5 年左右通过降低运行费用而回收设备初投资。因此，推行建筑电气化主要的障碍不是经济成本，而是用能理念认识转变以及炊事文化转变。加大公众对于电气化实现建筑零碳的宣传，在各类新建和既有建筑中推广"气改电"，是实现建筑运行直接碳排放归零的最重要途径。

2. 电力间接碳排放

2023 年我国建筑运行用电量为 2.5 万亿 kWh，电力间接碳排放为 13.5 亿 tCO_2。目前我国建筑领域人均用电量是美国、加拿大的 1/6，是法国、日本等的 1/3 左右，单位面积建筑用电量为美国、加拿大的 1/3。生活方式和建筑运行方式的差异，是造成我国与发达国家用电强度差异的最主要原因之一。

近年来建筑用电量增长造成的碳排放增加，超过了电力碳排放因子下降造成的碳排放降低，建筑用电间接碳排放将持续增长，尚未达峰。发达国家，美国、日本、韩等在历史上都出现过经济发展后建筑能耗高速增长的阶段。例如美国和日本，20 世纪 50～60 年代，经历了 15～20 年，单位建筑面积能耗就翻了一番，如图 1-19 所示。之后尽管遭遇能源危机，通过各种节能减排工作的努力，但也只是保证单位建筑面积的能耗强度不再上涨。在这个过程中，建筑的室内服务标准大幅度提升，生活方式也产生了翻天覆地的变化，例如：冬季室内温度、空调系统和照明系统的运行方式、新风量的增长等，导致建筑能耗经历了总量和强度同步显著增加，最终成为建筑、工业、交通这三个领域中能源消耗量最大的部分，人均建筑能耗强度也在世界各国的排名中位居前列。吸取经验教训，我国应该维持绿色节约的生活方式和建筑使用方式，避免出现美、日等发达国家历史上在经济高速增长期之后出现的建筑用能剧增现象。在 2060 年，我国建筑面积达到 750 亿 m² 时，建筑用电量 4.2 万亿 kWh，即可满足我国人民对于美好生活的需求和建筑用能。在此基础上，推广"光储直柔"新型电力系统，当每年灵活用电导致实际电力消耗中"绿电"比例上升，建筑用电导致的间接碳排放降低量，大于建筑总规模和建筑用电强度增长所造成的建筑电力间接碳排放增长量时，我国建筑用电间接碳排放可实现达峰。通过全面推广"光储直柔"配电方式和各种灵活用电方式，可以使建筑用电的零碳目标先于全国电力系统零碳目标的实现。

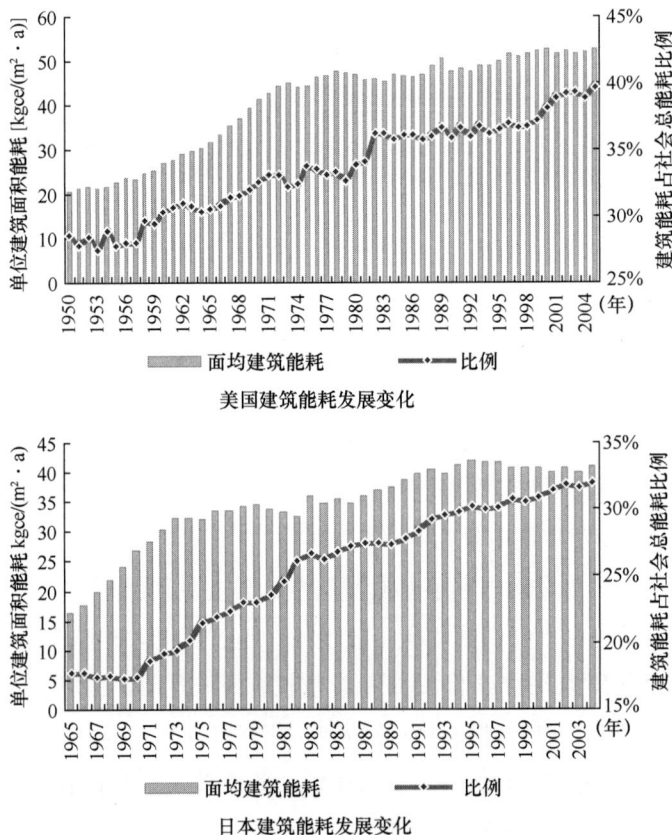

图 1-19   美国、日本的建筑能耗增长历史

3. 热力间接碳排放

2023 年我国北方供暖建筑面积 173 亿 m²，建筑运行热力的间接碳排放为 4.5

亿 tCO_2。近年北方地区集中供暖面积和供暖热需求持续增长，但单位平方米的供热能耗强度和碳排放强度持续下降，北方供暖热力间接碳排放总量呈缓慢增长趋势。进一步加强既有建筑节能改造，充分挖掘各种低品位余热资源，淘汰散烧燃煤锅炉，可以在 2025 年左右实现建筑运行使用热力的间接碳排放的达峰。之后随电力部门对剩余火电的零排放改造（CCUS 和生物质燃料替代）的逐步完成，可与电力系统同步实现建筑热力间接碳排放的归零。

为了实现这一目标，要持续严抓新建建筑的标准提升和既有建筑的节能改造，使北方建筑冬季供暖平均热耗从目前的 $0.37GJ/m^2$ 降低到 $0.25GJ/m^2$ 以下，从而减少需热量。2020~2035 年期间：主要通过集中供热系统末端改造以降低回水温度，从而有效回收热电厂余热和工业低品位余热。通过现有热源供热能力的挖潜，来满足建筑供暖需热量的增加。对北方沿海核电进行热电联产改造，为我国北方沿海法线 200km 以内地区提供热源。2035 年起：配合电力系统火电关停的时间表，同步建设跨季节蓄热工程来解决关停火电厂造成的热源功率减少。至 2045 年：依靠跨季节蓄热工程，收集核电全年余热、调峰火电全年余热、集中风电光电基地弃风弃光的余热以及各类工业排放的低品位余热全年排放的热量。这样可在电力系统实现零碳排放的同时实现建筑热力间接碳排放的零排放。

热力碳排放的科学核算是促进热力减排的关键科学基础，目前中国城镇供热协会和中国制冷学会已经联合发布团体标准《供热碳排放核算和碳排放责任分摊方法》（T/CDHA 20—2024），规定了集中供热系统利用各种能源进行热量制备和热量输送过程的碳排放核算方法，以及热源、热网、热用户之间的碳排放责任分摊方法。该标准自 2025 年 2 月 1 日起实施，将有力推动我国热力碳排放的统计计量、数据完善及减排工作。

考虑建筑用能的四个分项，将四部分建筑碳排放的规模、强度和总量表示在图 1-20 的方块图中，横向表示建筑面积，纵向表示四单位平方米碳排放强度，四个方块的面积即是碳排放总量，四个分项的碳排放总量增长如图 1-21 所示。可以发现四个分项的碳排放呈现与能耗不尽相同的特点：公共建筑由于建筑能耗强度最高，所以单位建筑面积的碳排放强度也最高，2023 年碳排放强度为 $49.7kgCO_2/m^2$，随着公共建筑用能总量和强度的稳步增长，这部分碳排放的总量仍处于上升阶段；而北方供暖分项由于大量燃煤，碳排放强度仅次于公共建筑，2023 年碳排放强度为 $29.0kg\ CO_2/m^2$，由于需热量的增长与供热效率提升、能源结构转换的速度基本一致，这部分碳排放已达峰，近年来稳定在 5 亿 tCO_2 左右，受天气影

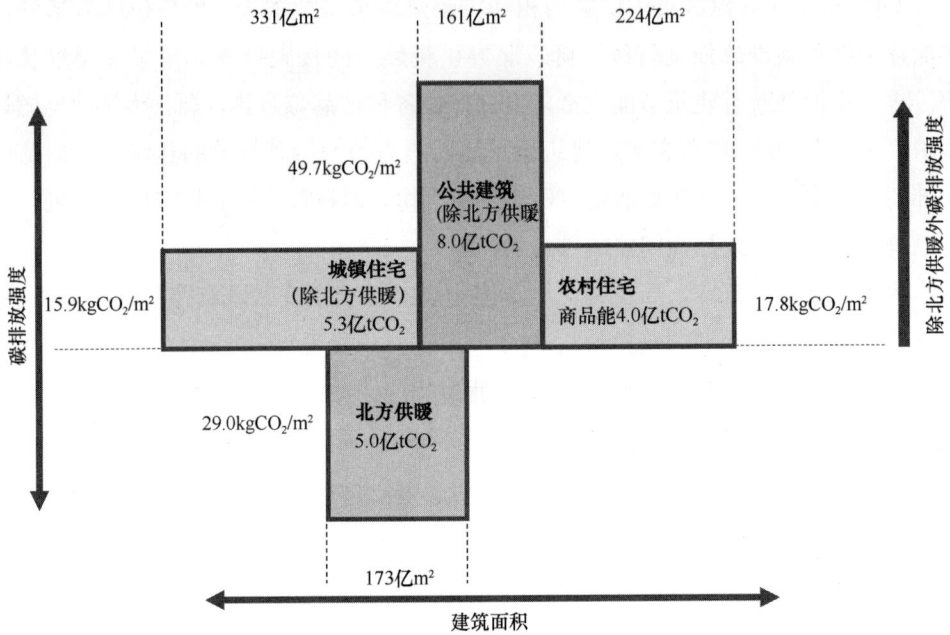

331亿m²　　161亿m²　　224亿m²

49.7kgCO₂/m²

公共建筑
(除北方供暖)
8.0亿tCO₂

城镇住宅
(除北方供暖)
5.3亿tCO₂

农村住宅
商品能4.0亿tCO₂

15.9kgCO₂/m²　　　　　　　　　　17.8kgCO₂/m²

碳排放强度

除北方供暖外碳排放强度

29.0kgCO₂/m²

北方供暖
5.0亿tCO₂

173亿m²

建筑面积

图 1-20　中国建筑运行相关二氧化碳排放量（2023 年）

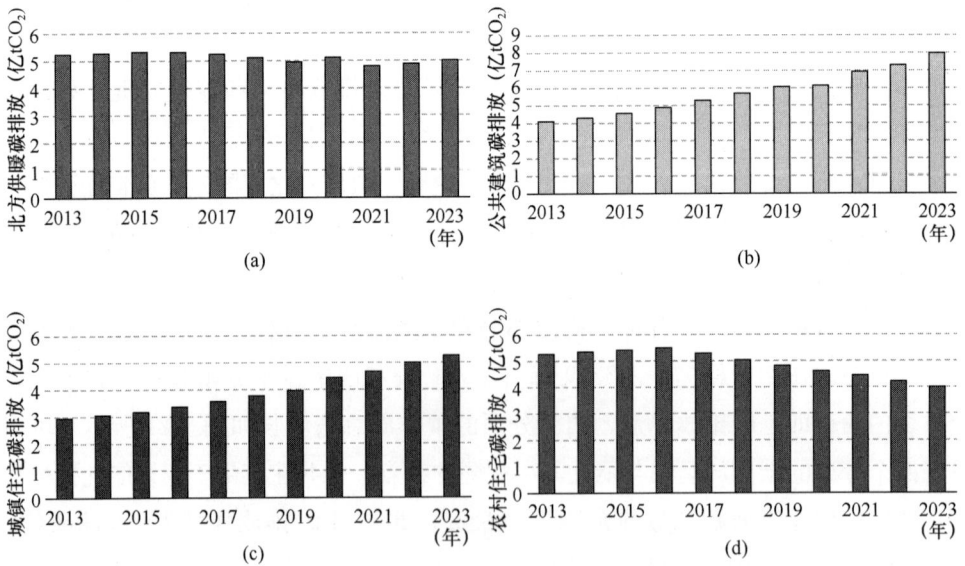

(a)

(b)

(c)

(d)

图 1-21　建筑各分项的碳排放（2013～2023 年）

（a）北方城镇供暖；（b）公共建筑；（c）城镇住宅；（c）农村住宅

响，供暖能耗出现小幅波动。由于疫情原因，2019—2020 供暖期各地均出现不同程度的延长供暖情况，根据《中国城镇供热发展报告 2022》发布的统计数据，2020 供暖季热源单位面积耗热量为 $0.378GJ/m^2$，而 2019 年是 $0.349GJ/m^2$，2021 年是 $0.367GJ/m^2$，因此 2020 年北方城镇供暖能耗出现小幅回弹现象。2022 年供暖能耗高是因为本供暖季延长供暖率上升，为近三年最高，集中供热建筑面积的增长速度大于单位平方米供热能耗的降低速度，因此能耗也出现小幅回弹现象。农村住宅和城镇住宅虽然单位平方米的一次能耗强度相差不大，但农村住宅由于电气化水平低，燃煤比例高，所以单位平方米的碳排放强度高于城镇住宅：农村住宅单位建筑面积的碳排放强度为 $17.8kgCO_2/m^2$，由于农村地区的"煤改电""煤改气"，农村住宅的碳排放总量已经达峰并在近年来逐年下降；而城镇住宅单位建筑面积的碳排放强度为 $15.9kgCO_2/m^2$，随着用电量的增长而缓慢增长。

1.4.2 建筑建造隐含二氧化碳排放

随着我国城镇化进程不断推进，民用建筑建造能耗也迅速增长。建筑与基础设施的建造不仅消耗大量能源，还会导致大量二氧化碳排放。其中，除能源消耗所导致的二氧化碳排放之外，水泥的生产过程排放❶也是重要组成部分。

2023 年我国民用建筑建造相关的碳排放总量约为 14 亿 tCO_2，主要包括建筑所消耗建材的生产运输用能碳排放（76%）、水泥生产工艺过程碳排放（21%）和建造过程中用能碳排放（3%），见图 1-22。尽管这部分碳排放是被计入工业和交通

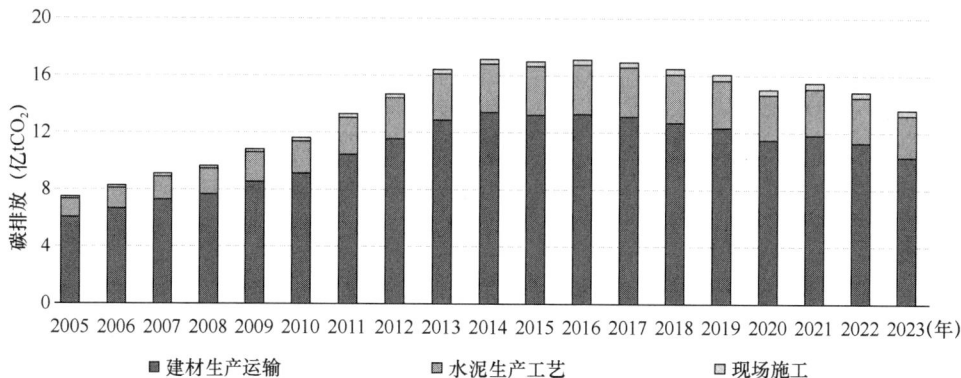

图 1-22 中国民用建筑建造碳排放（2004～2023 年）❷

数据来源：清华大学建筑节能研究中心估算。仅包含民用建筑建造。

---

❶ 指水泥生产过程中除燃烧外的化学反应所产生的碳排放。

❷ 更新了水泥生产工艺排放因子。

领域，但其排放是由建筑领域的需求拉动，所以建筑领域也应承担这部分碳排放责任，并通过减少需求为减排做贡献。随着我国大规模建设期过去，每年新建建筑规模减小，民用建筑建造碳排放已于2016年达峰，近年呈逐年缓慢下降的趋势。

实际上，由于我国仍处于城镇化建设阶段，除民用建筑建造外还有各项基础设施的建造，2023年我国建筑业建造相关的碳排放总量约42亿tCO_2，约为我国碳排放总量的1/3，见图1-23。其中，民用建筑建造的碳排放占我国建筑业建造相关碳排放的约32%。

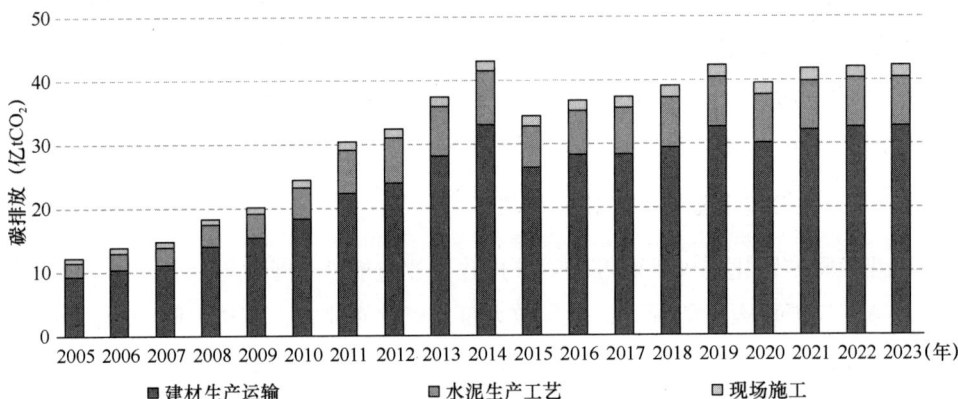

图 1-23   中国建筑业建造二氧化碳排放（2004～2023 年）

数据来源：清华大学建筑节能研究中心估算。建筑业，包含民用建筑建造，生产性建筑和基础设施建造。

为了尽早实现建筑建造相关碳排放的零排放，首先应该合理控制建筑总量规模，减少过量建设，避免大拆大建。从我国建筑面积的总量和人均指标来看，目前已经基本满足城乡居住和生产生活需要。到2060年，我国人均住宅面积$40m^2$/人，人均公共建筑面积$15.5m^2$/人，建筑面积总量达到750亿m^2，即可满足未来城乡人口的生产生活需要。为了实现我国建筑建造相关的碳排放责任的零排放，需要对建筑的建造速度和总量规模进行合理的规划。

与此同时，我国的建设行业将由大规模新建转入既有建筑的维护与功能提升。从图1-2我国城镇建筑竣工量和拆除量可以发现：2000年初期年竣工量远大于年拆除量，由此形成建筑总量的净增长，满足对建筑的刚性需求；而近几年，尽管每年的城镇住宅和公共建筑竣工面积仍然维持在30亿～40亿m^2，但每年拆除的建筑面积也已经达到将近20亿m^2。这也表明我国房屋建造已经从增加房屋供给以满足刚需转为拆旧盖新以改善建筑性能和功能提升的需要，"大拆大建"已成为建筑业的主要模式。然而根据统计，拆除的建筑平均寿命仅为三十几年，远没有达到建筑结构寿命。大拆大建的主要目的是提升建筑性能和功能，优化土地利用。其背后巨大的驱动力为高额的土地价格。然而，如果持续这样的大拆大建，就会使建造房屋不再是一段历史时期的行为而成为持续的产业。那么由此导致的对钢铁、建材的旺盛需求也就将持续下去，钢铁和建材的生产也就将持续地旺盛下去，由此形成的碳排放就很难降下来了。实际上，与大拆大建相比，建筑的加固、维修和改造也可以满足功能提升的需要，但如果不涉及结构主体，就不需要大量钢材水泥，由此导致的碳排放要远小于大拆大建。改变既有建筑改造和升级换代模式，由大拆大建改为维修和改造，可以大幅度降低建材的需求量，从而也就减少建材生产过程的碳排放。建筑产业应实行转型，从造新房转为修旧房。这一转型将大大减少房屋建设对钢铁、水泥等建材的大量需求，从而实现这些行业的减排和转型。

基于未来民用建筑总量规划的目标，考虑合理的建设速度，由"大拆大建"逐渐转型至"以修代拆，精细修缮"，可以实现我国建造业的平稳着陆，民用建筑建造相关碳排放可逐渐降低至 2 亿 t CO_2。再进一步通过新型建材、新型结构体系技术的应用，有望于 2050 年实现建筑建造的零排放。

1.4.3　建筑领域非二氧化碳温室气体排放

除二氧化碳外，建筑中制冷空调热泵产品所使用的含氟制冷剂也是导致全球温升的温室气体。因此，制冷空调热泵产品的制冷剂泄漏带来的非二氧化碳温室气体排放也是建筑碳排放的重要组成部分。我国建筑领域非二氧化碳气体排放主要来自家用空调器、冷水/热水机组、多联机和单元式空调中含氟制冷剂的排放。现阶段我国常用含氟制冷剂主要包括 HCFCs 和 HFCs 两类，主要是 R22、R134a、R32 和 R410A 等，具体种类见表 1-2。HFCs 类物质由于其臭氧损耗潜值为零的特点，曾被认为是理想的臭氧层损耗物质 HCFCs 的替代品，但其全球变暖潜能值（GWP，Global Warming Potential）较高，也就是说单位质量 HFCs 产生的温室效应是相同质量二氧化碳量的几百甚至上千倍，具体见表 1-3，因此，也是建筑领域最主要的非二氧化碳温室气体排放。

基于清华大学建筑节能研究中心 CBEEM 模型估算结果，2019 年中国建筑空调制冷所造成的制冷剂泄漏相当于排放约 1.1 亿 tCO_{2-eq}，2020 年排放约 1.3 亿 tCO_{2-eq}，约占我国建筑运行所导致的二氧化碳排放总量的 6%，主要来自家用空调器的维修、拆解过程和商用空调的拆解过程。

我国现阶段常用 HCFCs 和 HFCs 制冷剂　　　　　　表 1-2

制冷领域	HCFCs	HFCs	其他
房间空调器	HCFC-22	R410A、R32	—
单元/多联式空调机	HCFC-22	R410A、R32、R407C	—
冷水机组/热泵	HCFC-22	R410A、R134a、R407C	—
热泵热水机	HCFC-22	R134a、R410A、R407C、R417A、R404A	CO_2
工业/商业制冷	HCFC-22	HFC-134a、R404A、R507A	NH_3、CO_2
运输空调	HCFC-22	HFC-134a、R410A、R407C	—
运输制冷	HCFC-22	HFC-134a、R404A、R407C	—

几种常见制冷剂的 GWP 值　　　　　　表 1-3

制冷剂类型	制冷剂名称	蒙特利尔协定标准 GWP 值
HFCs 氢氟碳化物	HFC-134a	1430
	HFC-32	675
HFC 氢氟烃混合物	R-404A	3922
	R-410A	2088
	R-407C	1774
HCFCs 含氢氯氟烃	HCFC-22	1810
	HCFC-123	79

　　尤其是随着我国二氧化碳排放达峰和中和进程的推进，非二氧化碳温室气体占全球温室气体排放总量的比例会逐渐增长。对于建筑领域来说，非二氧化碳温室气体排放对于建筑领域实现气候中和的重要性也会逐渐加大。2021 年 9 月 15 日，《基加利修正案》对中国正式生效，修正案规定了 HFCs 削减时间表，包括我国在内的第一组发展中国家将从 2024 年起将受控用途 HFCs 生产和使用冻结在基线水平，并逐步降低至 2045 年不超过基线的 20%。随着我国进一步城镇化和人民生活水平的提升，我国未来制冷空调热泵设备的总拥有量还将有一个快速增长期。这使得建筑领域的非二氧化碳减排面临巨大挑战。

　　为降低建筑相关非二氧化碳温室气体排放，应主要从以下方面开展工作：

1. 积极推动低 GWP 制冷剂的研发和替代工作

　　制冷剂替代对于我国制冷空调产业影响巨大，选择合理的制冷剂替代既要考量制冷剂替代导致的非二氧化碳温室气体直接减排，也要考虑制冷剂替代可能的能效降低及由此导致的电力间接二氧化碳排放增加。在替代路线选择中应综合考虑各种因素，确定适合我国不同细分行业的制冷剂 GWP 限值和切换时间点。需要注意的是，大多数新型低 GWP 工质（HFOs）的专利多不在我国企业手中，不合理替代路线选择可能导致我国制冷空调热泵产业支付大量专利费用，削弱行业竞争力。因此，发展我国自主知识产权低 GWP 替代工质和生产工艺迫在眉睫，在制冷剂替代中应重点考虑我国掌握专利权或专利权已公开的合成制冷剂及自然制冷剂。

虽然通过制冷剂排放管控能大幅降低实际排放到大气的制冷剂量及其带来的温室效应，但在有可能的条件下尽可能发展新型制冷工质和技术，仍然彻底解决其温室气体排放问题是治本的方式。在中小容量制冷空调热泵领域，发展低温室效应 HFC 及其混合物替代物，天然工质（HCs、氨、二氧化碳等），将是未来的重要发展方向，也更适合我国国情。二氧化碳就是可选择天然工质制冷工质，由于它的三相临界点温度为 31.2℃，所以其热泵工况是变温地释放热量而不是像其他类型工质那样以相变状态的温度放热，这就使得工质与载热媒体有可能匹配换热，从而提高热泵效率。近二十年来，采用二氧化碳工质的热泵产品获得了巨大成功。由于二氧化碳工质工作压力高，对压缩机和系统的承压能力提出很高要求，而我国在此方面的制造技术还有所欠缺。这需要将其作为解决非二氧化碳温室气体排放的一个重要任务，组织多方面合作攻关，尽早发展自己的成套技术和产品。

对于在可将制冷装置单独放置并和人员保持适当距离的工商业制冷领域，具有一定安全性风险，但热力学性能好的天然工质（氨等）具有良好前景。氨是人类最初采用气体压缩制冷时就使用的制冷剂。后来由于安全性等问题，逐渐退出其制冷应用。在考虑氟系的制冷剂替代中，氨就又重新回到历史舞台。通过多项创新技术，可以克服氨系统原来的一些问题，未来在冷藏冷冻、空调制冷领域氨很可能会占有一定的市场。

但在大型冷水机组领域，我国目前尚无法避开他国限制的制冷剂替代物。目前，美国企业已研发出可满足未来长期替代使用的超低 GWP 的 HFO 制冷剂。中国需要在研发新制冷剂和开发 HFO 制冷剂的新生产工艺等方面开展工作，争取及早摆脱被动局面。应优先攻克大型冷水机组用 R134a 替代制冷剂。

2. 对维修和报废过程中的制冷剂进行严格管理

制冷剂只有排放大气中才会导致温室效应，因此减排的首要任务是避免其向大气的排放。随着我国制冷空调装置工艺水平的提高，目前非移动制冷空调装置运行过程中的泄漏率较低，导致泄漏的主要原因是装置维修、移机和拆除过程的排放。

运行过程泄漏。制冷工质只有排放到大气中才会产生温室效应。如果通过改进密封工艺，可以实现空调制冷运行过程中的无泄漏和拆解过程全回收，就可以基本实现运行过程中的零排放。随着制冷空调产品生产和安装技术的不断进步，我国运行过程中的制冷剂泄漏已大幅降低。尤其是越来越多的房间空调器采用 R32 和 R290 等可燃或微可燃制冷剂后，空调器在内的所有的制冷空调热泵几乎都由专门技术人员安装和维护，因此，安装和运行过程中的制冷剂泄漏量可大幅降低。对于静态制冷空调热泵设备，由于不存在摇晃、振动等影响，管路能一直维持在较低泄漏率。据估算，单纯运行过程的制冷剂年泄漏率可低至 0.3%。

维修/维护过程泄漏。对于大型制冷热泵装置，由于制冷剂冲注量多，在维修/维护过程中，一般将制冷剂抽出或保存于非维修设备或储罐中，制冷剂泄漏率小。但对于房间空调器类似小型空调设备，一旦制冷系统发生故障需要维修，大部分情况下都会将制冷剂全部排向大气环境。据估算，每年家用空调器的维修/维护导致的等效年泄漏介于 0.8%~1.6% 之间。

设备最终拆解的泄漏。设备拆解过程处理不当将有大量制冷剂排向大气，是制冷剂泄漏的最为重要的环节。目前，虽然我国在大型制冷空调热泵机组上实施明确的回收要求，实际进行回收并再生使用的比例仍然很低。而小型空调设备拆解的完全对空排放仍是普遍现象。

因此，规范维修过程并回收拆解过程的制冷剂是关键核心，目前，我国制冷剂的年回收量不到年使用量的 1%，而日本等国家的制冷剂回收率在 30% 左右。究其原因，主要在于我国目前尚未建立一套有效的、能激活制冷剂生产、使用、回收和处置全产业链的政策和金融机制。

一套值得尝试的方法是：一方面，发挥行政作用，通过强化制冷剂全生命期管理，杜绝维修和拆解过程的制冷剂排放，并对回收制冷剂进行再生或消解。另一方面，对高 GWP 的制冷工质进行总量控制，使制冷剂回收处置量与该类制冷剂的使用量直接挂钩，即使制冷剂回收处置总量等于减掉新增存量设备中的充注量的制冷剂使用总量，对高于回收处置总量的减掉新增存量，设备中的充注量的制冷剂使用总量按照碳交易价格征收温室气体排放费用，就可以从金融角度实现排放的有效控制。随着建筑业逐渐从新建转移到改造、维护，我国制冷空调装置的安装总量也将逐渐达到饱和。新产品将主要是更换已有装置和对外出口。解决了国内在役设备的泄漏问题，出口产品就需要逐渐建立起新的评估和管理体系，从抓工质的生产和冲灌量，逐渐转移到抓泄漏量，就可以全面解决制冷工质的温室气体排放问题。

3. 积极推动无氟制冷热泵技术

除此以外，发展新的无氟制冷技术，在一些不能避免泄漏、不易管理的场合完全避免使用含氟制冷工质，也是减少制冷剂泄漏造成的温室气体效应的一条技术路径。目前全球各国均在研发非蒸气压缩制冷热泵技术。在干燥地区采用间接式蒸发冷却技术，可以获得低于当时大气湿球温度的冷水，满足舒适性空调和数据中心冷却的需要且大幅度降低制冷用电量。利用工业排出的 100℃左右的低品位热量，通过吸收式制冷，也可以获得舒适空调和工业生产环境空调所要求的冷源且由于使用的是余热，可以产生节能效益。此外，固态制冷技术，如热声制冷、磁制冷、半导体制冷等，由于完全不用制冷工质直接接用电驱动制冷，具有巨大的发展潜力。近年来，固态制冷技术在理论、技术上都出现重大突破，制冷容量增加，效率提高，可应用范围也在逐步向建筑部门渗透。

非二氧化碳温室气体问题是与二氧化碳同样重要的影响气候变化的重要问题，需要建筑部门认真对待。非二氧化碳类温室气体排放问题的解决，会导致建筑中制冷空调热泵技术的革命性变化，实现技术的创新性突破，值得业内关注。

1.5　全球建筑领域能源消耗与温室气体排放

1.5.1　全球建筑运行能耗

根据国际能源署（International Energy Agency，IEA）对于全球建筑领域用能及排放的核算结果（图 1-24），2022 年全球建筑业建造（含房屋建造和基础设施建设）隐含能耗和建筑运行能耗占全球能耗的 34%，其中建筑基础设施建造的隐含能耗占全球能耗的比例为 4%，建筑运行占全球能耗的比例为 30%。2022 年全球二氧化碳排放量（包括能源和工业过程排放）为 368 亿 tCO_2，其中建筑业建造（含房屋建造和基础设施建设）隐含二氧化碳排放占全球总 CO_2 排放的 7%，建筑运行相关二氧化碳排放占全球总 CO_2 排放的 27%。

根据清华大学建筑节能研究中心对于中国建筑领域用能及排放的核算结果：2023 年中国建筑建造隐含能和运行用能❶占全社会总能耗的 28%，与全球比例接近。但中国建筑建造隐含能占全社会能耗的比例为 8%，高于全球 4% 的比例。如果再加上生产性建筑和基础设施建造的隐含能，占全社会能耗的比例将达到 27%。

---

❶　按照一次能耗方法折算，将供暖用热、建筑用电按照火力供电煤耗系数折算为一次能源消耗之后，再与终端使用的其他各能源品种加合。

能耗

建筑运行
30%

其他
66%

建筑建造
4%

CO₂排放

建筑运行
（间接排放）
18%

其他
66%

建筑运行
（直接排放）
9%

建筑建造
7%

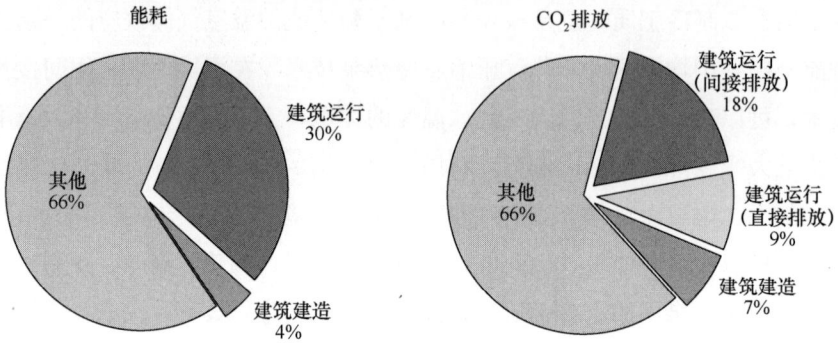

图 1-24　全球建筑领域终端用能及 CO₂ 排放（2022 年）

数据来源：United Nations Environment Programme (2024). Global Status Report for Buildings and Construction：Beyond foundations：Mainstreaming sustainable solutions to cut emissions from the buildings sector. 建筑业，包含民用建筑建造，生产性建筑和基础设施建造。本图使用 IEA 直接提供的各领域终端能源消耗数据，指将供暖用热、建筑用电与终端使用的各能源品种直接相加合得到，电力按照电热当量法进行折算。这种折算方法与后文中各国建筑能耗对比中使用的折算方法有所不同，因此在对比数据时需要区别看待。

建筑运行占中国全社会能耗的比例为 20%，仍低于全球平均水平，未来随着我国经济社会发展和生活水平的提高，建筑用能在全社会用能中的比例还将继续增长。

从 CO₂ 排放角度看，2023 年中国全社会碳排放量（包括能源相关和工业过程排放）约 125 亿 tCO₂，中国建筑建造隐含二氧化碳排放和运行相关二氧化碳排放占中国全社会 CO₂ 排放总量的比例约 29%，其中建筑建造占比为 11%，建筑运行占比为 18%（图 1-25）。如果仅考虑能源相关的二氧化碳，2023 年中国全社会能源活动的二氧化碳排放量约 110 亿 tCO₂，其中建筑运行的占比约为 20%。

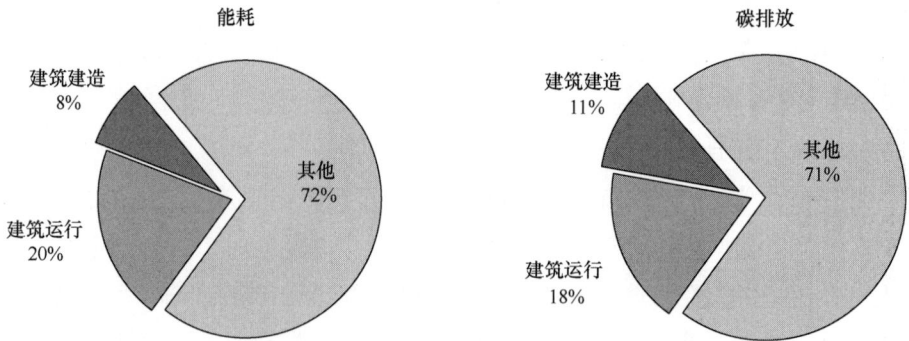

能耗

建筑建造
8%

建筑运行
20%

其他
72%

碳排放

建筑建造
11%

建筑运行
18%

其他
71%

图 1-25　中国建筑领域用能及 CO₂ 排放（2023 年）

数据来源：清华大学建筑节能研究中心 CBEEM 模型估算。建筑业，包含民用建筑建造，生产性建筑和基础设施建造。右图展示的是中国全社会碳排放（包括能源相关和工业过程排放）的结构。

由于我国处于城镇化建设时期，因此建筑和基础设施建造能耗与排放仍然是全社会能耗与排放的重要组成部分，建造隐含能耗占全社会的比例高于全球整体水平，也高于已经完成城镇化建设期的经济合作与发展组织（Organization for Economic Co-operation and Development，OECD）国家。但与 OECD 国家相比，我国建筑运行能耗与碳排放占比仍然较低。

随着我国逐渐进入城镇化新阶段，新建建筑的建设速度已经逐步放缓，我国城乡建设领域的重点将由新建建筑全面转向既有建筑。随着我国经济社会的发展和人民生活水平的提升，建筑的运行能耗和排放占全社会的比例还将进一步增大。我国建筑节能和低碳工作的重点，也将由新建建筑的节能低碳逐步转向为既有建筑的低碳运行。建筑能效提升工作的重点将由新建建筑节能设计标准的修订与执行，转为既有建筑的围护结构节能改造，同时更加关注建筑用能系统的灵活、高效、节能、低碳运行，以及建筑领域的可再生能源应用，从而实现我国 700 亿 m² 民用建筑的整体用能目标和碳排放目标。

1.5.2　各国建筑运行能耗与排放的边界与对比方法

开展各国建筑能耗对比是认识我国建筑能耗水平、分析我国建筑能耗未来发展趋势并设计建筑节能路径的重要手段。本节对全球各国的建筑运行能耗、碳排放数据进行了全面收集和对比分析。为保证数据可比性以及更好地反映实际用能情况，本节中的能耗数据仅包括商品能，不包括没有进入流通领域的生物质能。

进行各国建筑能耗对比需要收集两大类数据：一类是人口、户数和建筑面积等数据，一类是建筑能源消耗数据，主要建筑运行阶段使用的电力、热力、煤炭、天然气和其他燃料总量。本研究所收集的各国建筑能源相关数据主要来自：

国际组织和机构的数据库：主要包括国际能源署（IEA）数据库，Odyssee 数据库，世界银行（World Bank）数据库，欧洲统计（Eurostat）数据库等。

各国的官方统计数据：例如日本数据主要来源于日本统计局发布的《日本统计手册》和《日本统计年鉴》；美国数据主要来源于能源信息署（Energy Information Administration）定期对具有全国代表性建筑开展的调查和每年发布的统计数据；加拿大数据主要来源于加拿大自然资源部（Natural Resources Canada）；韩国数据主要来源于韩国国土交通省的建筑信息统计和 KOSIS 数据；印度数据主要来源于印度国家统计局（NSO）和印度政府统计和计划执行部（MoSPI）。

还有一些公开的研究报告和文献也对各国的建筑能源排放开展了研究，并提供了定量数据，也作为本研究的重要支撑和参考。

1. 建筑运行能耗计算

在分析和对比建筑能耗时，由于各国建筑运行使用的电力、燃料和热量的比例不同，需要将建筑使用的各类能源进行加合得到总的建筑能耗。目前有以下几种方法用于建筑总能耗的核算：

终端能耗法：将各国建筑中使用的电力统一按热功当量折算，以标准煤为单位的折算系数为 122.9gce/kWh。这种方法忽略了不同能源品位的高低，例如按照我国 2021 年全国供电标准煤耗，供 1kWh 的电力需要 302gce，故以电热当量法计算得到的相同"数量"的电力的做功能力远大于其他能源品种的，因而不能科学的评价能源转换过程。

一次能耗法：将建筑使用的各类能源折算为一次能源，其中主要涉及将电力折算为一次能源的方法。一种方法是按各国火力供电的一次能耗系数折算。火力供电系数的一次能耗系数是用于火力发电的煤油气等一次能源消费量与火力供电量的比值。各国火力供电煤耗主要取决于发电能源结构和机组容量，采用各国不同的火力供电煤耗进行国与国之间终端能源消耗的横向对比会受到各国火力供电效率的干扰，以此得到的计算结果是不具可比性的。另一种方法是按各国平均供电的一次能耗系数折算。平均供电的一次能耗系数是用于发电的所有能源品种的一次能源消费量与全社会总发电量的比值。随着发电结构中可再生电力比例的不断增加，水电、核电等可再生电源的比例增加，也会使得平均供电的一次能耗系数大幅下降。对于可再生能源占比大的国家，例如法国核电占全国发电量约 70%，若仍采用平均发电一次能耗法将电力折算为一次能源，核算电力供给侧的能源消耗将没有意义。对于核电和可再生电力占比大的国家，其平均度电煤耗很小，计算出的一次能耗也很小，只能说明该国化石能源占比低，并不能说明该国终端能源的实际消费量很小，也会造成各国的计算结果不具可比性。

电力当量法：根据各类能源的发电能力将其转换为等效电力。在低碳能源转型的背景下，各个国家建筑用能的发展趋势是实现全面电气化，目前一些发达国家建筑用能结构中电力已经成为主导，非电能源在建筑运行用能中逐渐减少。随着电力在能源结构中的占比逐步增大，将各类用能均折算为电力并加和得到建筑总能耗来进行比较将更具意义。因此，本节采用将各种能源转换为电力的方法折算建筑总能耗。

针对将各类能源转换为电力时折算系数取值问题，在进行各国建筑用能水平对比时，应分别考察和比较建筑用能水平和能源转换系统水平。若根据各国的能源转换状况分别核算各自的建筑能耗，将无法排除能源转换系统水平对建筑用能水平的影响。各国能源转换水平的差异是由于各国发电能源结构和发电效率的差异，对于供电煤耗较小的国家，说明该国发电的能源结构使得发电效率较高，提供等量电力所需消耗的一次能源低，此时如果把该国的建筑非电力用燃料用这种方式转换，就会得到电力消耗高，能耗高的假象。例如 2021 年我国供电煤耗 302gce/kWh，处于世界先进水平的意大利火力供电煤耗为 275gce/kWh。建筑同样消耗 1tce，在我国折合 3300kWh 电力，而在意大利就会折合 3675kWh。为避免各国能源转换系统水平的差异干扰建筑终端能源消耗的横向对比，应统一采用一个相同的基准值折算系数来进行折算。

由此可见，为了解耦建筑用能水平和能源转换系统水平，应均以转换基准值为出发点对以上两方面进行核算和比较，故本节按照统一的转换基准值进行各类燃料和电力之间的转换。在基准值的原则下，全球建筑用能总量可直接分摊全球一次能源，而能源转换系统各自有正有负，反映出其效率高低及能源结构的优劣，总和为零。转换基准值理论上是全球平均的转换水平，即各类燃料发电能力的全球平均值，本节采用的转换基准值如表 1-4 所示。

各国建筑总能耗核算的转换基准值   表 1-4

总能耗折算为电力	单位	基准值
煤	gce/kWh	300
石油	goe/kWh	191
天然气	Nm³/kWh	0.2
锅炉产出热量	kWh/GJ	133
热电联产产出热量	kWh/GJ	70

2. 建筑运行碳排放计算

本节各国建筑运行碳排放数据来源于 IEA 和清华大学建筑节能研究中心 CBEEM 计算的结果。在计算建筑运行碳排放总量时，考虑了直接碳排放、建筑用电的间接碳排放和建筑用热的间接碳排放。在计算建筑电力间接碳排放时，采用各国发电总碳排放量除以总发电量，折算得到各国平均度电的碳排放因子，采用此碳排放因子来折算建筑电力相关间接碳排放。在计算建筑用热碳排放时，采用建筑用热量和单位热量的碳排放因子来计算。在研究各国建筑运行能耗时，将各类能源统一折算为电力，折算系数采用的是统一的基准值。而研究各国建筑运行碳排放时使用是各国真实的碳排放因子，计算得到的是各国真实的碳排放，这是由于建筑碳排放与能源结构密切相关，必须包括能源结构和能源转换系统讨论，因此采用各国的碳排放因子而非统一的碳排放因子。

对于建筑运行碳排放，各国都提出了实现建筑领域碳排放降低的目标，各国由于国情不同，实现建筑碳中和的技术路线和重点也有所不同。为了计算和分析各国建筑领域在实现碳中和目标时面对的不同问题，采用各国自己的电力和热力碳排放因子进行折算。因此，各国能源结构的差异、能源效率的差异都会影响建筑运行的碳排放量总量和强度。

1.5.3 各国建筑运行能耗与碳排放对比结果

1. 各国建筑运行能耗

图 1-26 给出了统一按照转换基准值折算的各国建筑一次能耗总量（气泡图面积）、人均建筑能耗（横轴）和单位面积建筑能耗（纵轴）。从建筑运行能耗气泡图中可以发现，我国的建筑运行用能总量已经与美国接近，但用能强度仍处于较低水平，无论是人均能耗还是单位面积能耗都比美国、加拿大、欧洲及日韩低得多。建筑运行人均等效用电量是美国、加拿大的 1/5 左右，是日本、韩国等国的 1/2 左右。建筑运行单位面积等效用电量是加拿大的 1/3，是美国、欧洲和日本、韩国

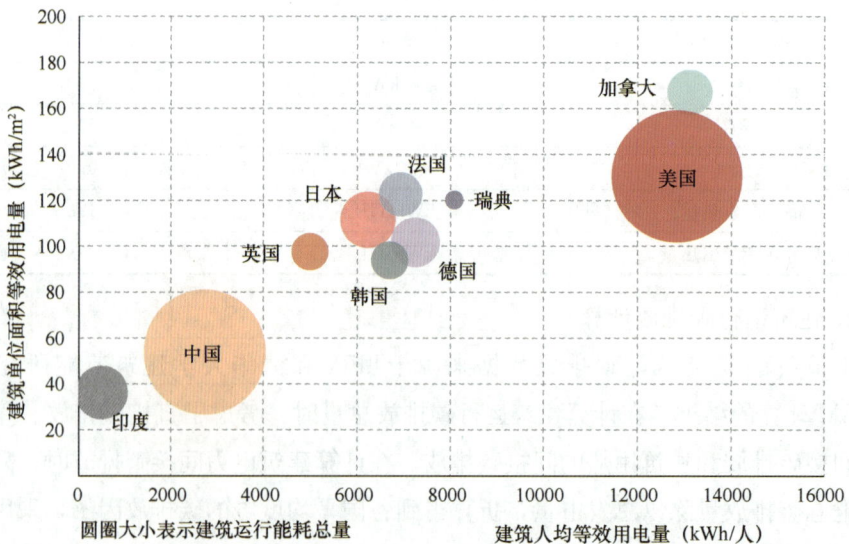

图 1-26 各国建筑运行能耗对比（电力当量法）

数据来源：清华大学建筑节能研究中心 CBEEM 模型，IEA 各国能源平衡表，Energy Efficiency Indicators 数据库（2024 edition），世界银行 WDI 数据库，印度 Satish Kumar (2019)。

等的 1/2。在应对气候变化，降低碳排放的背景下，各国都在开展能源转型，其重要措施就是实现建筑领域的电气化，以低碳可再生电力替代常规化石能源消耗。考虑我国未来建筑节能低碳发展目标，我国需要走一条不同于目前发达国家的发展路径，这对于我国建筑领域的低碳与可持续发展将是极大的挑战。同时，目前还有许多发展中国家正处在建筑能耗迅速变化的时期，中国的建筑用能发展路径将作为许多国家路径选择的重要参考，从而进一步影响到全球建筑用能的发展。

2. 各国建筑用能电气化率

国际上通常采用两个指标来衡量电气化程度：一是发电能源消费占一次能源的比重，用来反映电力在一次能源供应中的地位；二是电力在终端能源消费中的比重，用来反映中终端领域用能的电气化率。本节对比各国电力在建筑领域终端能源消费中的比重，按照第二种方法，采用电热当量法将终端消耗的电力折算，计算得到建筑用能电气化率，并进行各国对比。

对比 2002～2022 年各国电力在建筑领域终端能源消费中的比例，如图 1-27 所示。瑞典、美国、日本、加拿大建筑用能电气化率始终处于较高水平，自 21 世纪起就已超过 40%，并仍保持稳定增长的趋势。法国、韩国的电气化率发展速度快，从 2002 年的 30% 左右迅速增长，如今已超过 50%。英国和德国建筑用能电气化率较为平稳，增长速度慢，主要是由于这两个国家目前仍保留了一定比例的化石能源

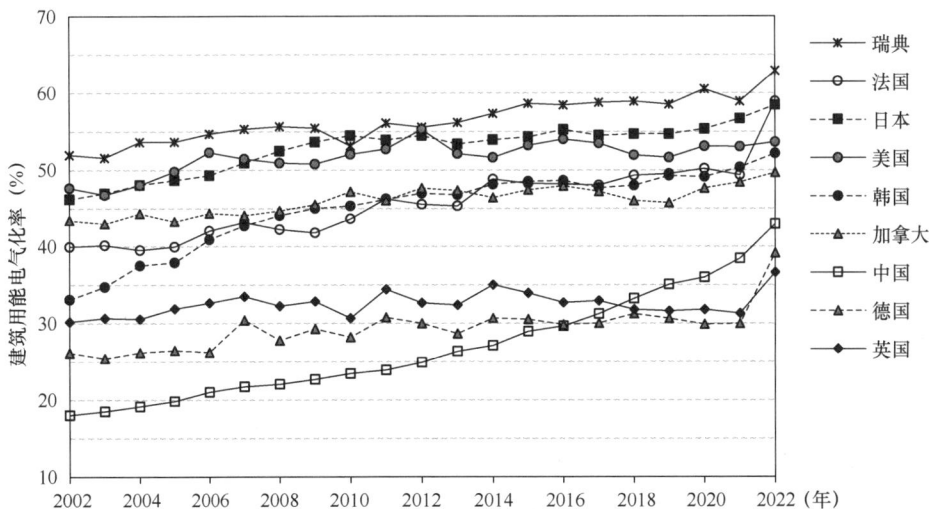

图 1-27　各国建筑领域用能电气化率（2002～2022 年）

用于为建筑供暖。中国建筑领域电气化率从 2002 年的 18％ 迅速增长，至 2022 年已达到 43％，已经超过英国与德国，并处于高速增长阶段。

3. 各国建筑运行碳排放

各国人均碳排放与建筑运行碳排放对比如图 1-28 所示。从图中可得，目前我国人均碳排放（包括工业、建筑、交通和电力等部门）略高于全球平均水平，但仍然低于美国、加拿大等国。从人均建筑运行碳排放指标来看，也略高于全球平均水平，但显著低于发达国家，这主要是因为我国仍处于工业化和城镇化进程中，建筑运行碳排放占全社会总碳排放的比例仍然低于发达国家。近年来，我国应对气候变化的压力不断增大，建筑部门也需要实现低碳发展、尽早达峰，如何实现这一目标，是建筑部门发展的又一巨大挑战。

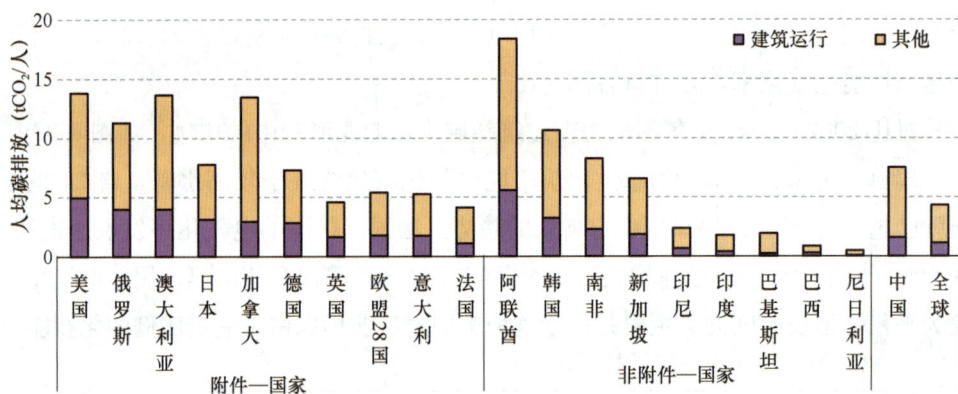

图 1-28　各国人均碳排放对比

数据来源：IEA，CO_2 Emissions from Fuel Combustion Highlights 2024 数据库所提供的各国 2022 年数据，中国数据为清华大学建筑节能研究中心 CBEEM 估算 2022 年结果。

各国都提出实现碳中和目标和建筑领域的碳中和路径，降低建筑领域的碳排放量也是实现全社会碳中和的重要领域之一。图 1-29 给出了按照各国自身能源结构折算的建筑运行碳排放总量（气泡图面积）、人均碳排放（横轴）和单位面积碳排放（纵轴）。从碳排放气泡图中可以发现，建筑领域的碳排放不仅受到能源消耗总量的影响，也明显受到各国能源结构的影响。由于我国建筑运行能耗较低，所以建筑运行的人均碳排放和单位面积碳排放低于大部分发达国家。但法国的能源结构以低碳的核电为主，所以尽管建筑用能强度比中国高，但折算到碳排放强度实际比中国低。这也说明，在实现碳中和的路径上，不仅要注意建筑节能、能效提升，也要实现能源系统的低碳化和建筑用能结构的低碳化转型。

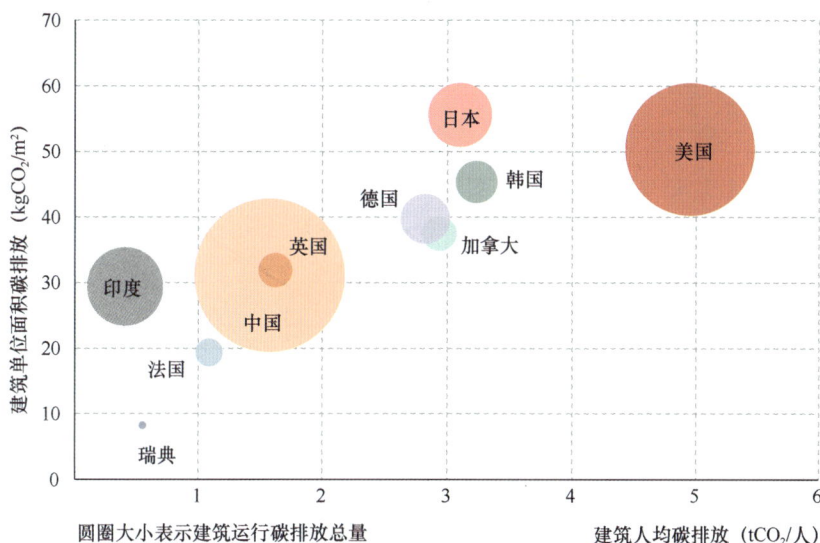

图 1-29　中外建筑运行碳排放对比（2022 年）

数据来源：IEA，CO_2 Emissions from Fuel Combustion Highlights 2024 数据库所提供的各国

2022 年数据，中国数据为清华大学建筑节能研究中心 CBEEM 模型结果。

除了对各国建筑运行碳排放现状的对比分析，对于碳排放变化趋势的分析也颇为重要，图 1-30 对比了 2002 年和 2022 年各国建筑运行碳排放的变化趋势。图中虚线圆圈代表 2002 年的碳排放数据，实线圆圈代表 2020 年的碳排放数据。此图反映了各国建筑运行人均碳排放和单位面积碳排放在近 20 年的变化趋势，根据变化趋势可以将这些国家分为三类。（1）第一类的代表国家包括美国、加拿大、德国、英国、法国等，共同特点是这些国家的建筑运行碳排放总量、人均碳排放、单位面积碳排放均呈下降趋势。这一方面得益于人均和单位面积能耗的降低，另一方面也是因为各国积极推动能源结构转型，大力发展零碳电力。（2）第二类的代表国家是韩国和日本，近 20 年其碳排放总量增加、人均碳排放增加，而单位面积碳排放减小。分析原因，日、韩两国建筑碳排放总量近年来缓慢增长，但由于近 20 年人口增长率极低，日本人口已出现负增长，人口的增长速度小于碳排放的增长速度，而建筑面积的增长速度大于碳排放的增长速度，从而使得这两国均出现人均碳排放、单位面积碳排放变化趋势不一致的现象；（3）第三类的代表国家是中国和印度，近 20 年碳排放总量、人均碳排放和单位面积碳排放均呈增长趋势。近 20 年中国和印度均处于高速发展阶段，用能强度也在不断增长，为了尽早实现碳达峰，中国、印度等发展中国家应在控制能源消费总量的同时抓紧推动能源系统的低碳转型。

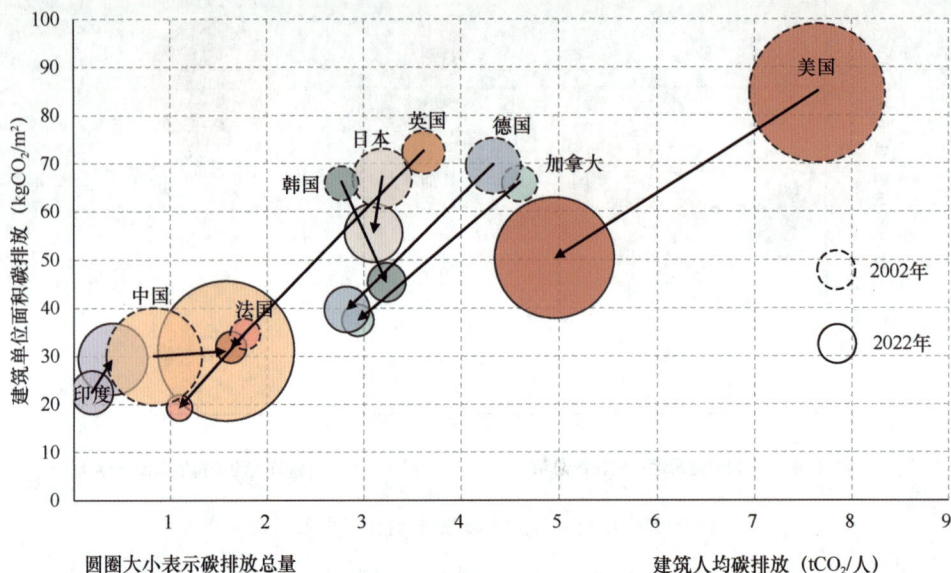

图 1-30　中外建筑运行碳排放变化趋势对比（2002 年和 2022 年）

数据来源：IEA，CO_2 Emissions from Fuel Combustion Highlights 2024 数据库提供的各国 2002 和 2022 年数据，中国数据为清华大学建筑节能研究中心 CBEEM 估算结果。

　　建筑运行碳排放同时受建筑运行能耗和建筑用能结构与能源转换水平的影响，按照前文介绍的基准值法核算建筑运行能耗，可将建筑用能水平和能源转换系统水平完全解耦，图 1-31 展示了人均建筑等效用电量和建筑等效用电的碳排放强度两个因素共同作用下各国的人均碳排放。图中横坐标为人均建筑等效用电量，将各种能源按照基准值折算为当量电力，由于基准值方法排除了建筑用能结构、能源系统结构和转换系统能效的影响，故横坐标可直接反映各国建筑用能水平的高低。纵坐标为建筑等效用电的碳排放强度，采用各国建筑运行实际碳排放除以基准值法下的建筑等效用电量计算得到，其大小主要受各国建筑用能结构、能源系统转换水平决定。双曲线簇是人均建筑等效用电量与建筑等效用电的碳排放强度的乘积，因此表示人均建筑运行碳排放，圆心位于同一条双曲线上的国家其人均建筑运行碳排放相等，离原点越远表示人均碳排放越大。

　　从图 1-31 中可以看到，我国的人均建筑等效用电量较低，是美国、加拿大的 1/5，是日、韩、法、德等国的 1/2，但我国建筑等效用电的碳排放强度较高，是

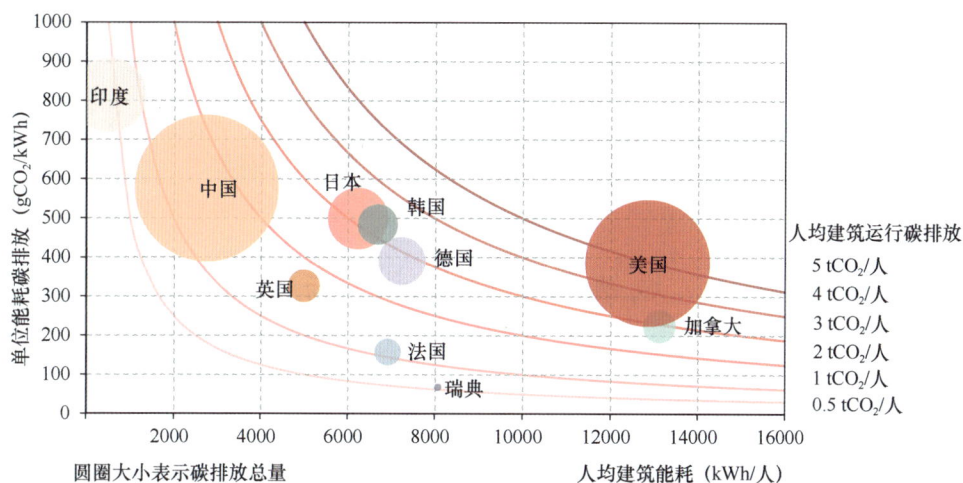

图 1-31　中外建筑运行能耗与碳排放对比（2022 年）

英、美、德、法、日、韩等国的 1～2 倍，综合以上两个因素，我国的人均建筑运行碳排放仍然处于较低水平，其主导原因是人均建筑用能水平低。图中印度和瑞典作为人均建筑运行碳排放最低的两个国家，其主要原因却截然不同。瑞典的人均建筑能耗并不低，但由于瑞典具有极为优异的用能结构和能源转换系统，其建筑电气化率超过 60％ 且发电结构中可再生电和核电占到 90％ 以上，故瑞典建筑用能的碳排放强度极低，是我国的 1/8，因此综合表现为极低的人均建筑运行碳排放。同样是低人均碳排放的印度，其主导因素是较低的人均建筑能耗，实际上印度单位建筑用能的碳排放强度很高，目前印度供电结构中仍有 70％ 以上来自煤炭。

由此可见，人均建筑运行碳排放可以被分解为两个影响因素，实现建筑减碳目标应从建筑用能水平与能源结构两个方面双管齐下，一方面继续推进建筑节能工作，维持绿色低碳的生活方式，将我国的建筑能耗水平控制在合理范围内，避免出现发达国家在经济社会高速发展期生活方式转变造成的建筑用能水平大幅提升；另一方面要全面推进建筑用能电气化，提高电力在总能耗中的占比，同时发挥建筑在低碳能源系统和新型电力系统中的"产、储、调、消"四位一体的角色，助力新型电力系统的建设，通过电力系统的低碳和零碳来实现建筑运行用能的低碳和零碳。

第2章 城镇住宅建筑用能现状

2.1 城镇住宅建筑现状与发展

2.1.1 城镇住宅建筑

本书所涉及的城镇住宅指的是位于城区和镇区的住宅。城区是指在市辖区和不设区的市，区、市政府驻地的实际建设连接到的居民委员会和其他区域。镇区是指在城区以外的县人民政府驻地和其他镇，政府驻地的实际建设连接到的居民委员会和其他区域❶。本书中所提到的住宅用能包括的是居民在住宅内使用各种设备来满足生活、学习和休息所产生的能源消费，包括空调、供暖（本书不探讨北方城镇的集中供暖，此处的供暖指的是分散形式的供暖）、炊事、生活热水、照明以及家用电器这六个方面所消耗的能源，能源种类主要包括电、燃气等。近年来随着电动汽车的快速普及，由于城镇住宅小区的电动汽车充电桩配电也接入住宅建筑配电系统，所以本书中也对电动汽车充电桩进行了探讨。

我国正处在快速城市化的过程中，城镇人口迅速增加，每年城镇新增人口1600万人左右，2000～2023年，我国城镇人口几乎翻倍，从 4.59 亿人增加至9.33 亿人。随着城镇化发展和经济社会的发展，传统的中国家庭规模和家庭结构也在发生变化。中国传统家庭模式一般至少包括夫妻和子女两代人，并普遍存在三世同堂、四世同堂甚至五世同堂的现象。改革开放以来，为适应社会生产方式和生活方式的变化，传统的结构复杂而规模庞大的大家庭，已逐步向结构简单而规模较小的家庭模式转化。家庭规模小型化、家庭结构简单化和家庭模式多样化，成为中国现代家庭的主要特征。根据《中国人口普查年鉴》的数据，中国城镇居民平均每户家庭人口从 2000 年的 3.11 人下降到 2020 年约 2.61 人。

随着城镇化的进程，城镇地区大量新建住宅建筑，来满足新增城镇人口的居住

---

❶ 《统计上划分城乡的规定》，国务院于 2008 年 7 月 12 日（国函 [2008] 60 号）批复。

需求。1990～2000 年，我国所建房子以小户型和多层建筑为主，住宅单元面积为 60～70m² 左右，层高也多为 7 层以下，这一时期所建的建筑满足了快速城镇化过程中急迫的居住需求。经济的发展和人民生活水平的提高也导致了新建住宅中大单元面积住宅的比例不断提升。2000～2010 年，城镇居住需求一定程度上得到满足以后，新建住宅开始向中户型、中高层建筑转变，这一期间所建的户型多为 80～90m² 的大户型，建筑面积在 60～70m² 左右，开始越来越多的出现高层建筑。近年来随着我国城市化的快速发展，一方面城市人口迅速增加；另一方面城市土地日益紧张，土地综合开发费不断增高，开发商为了增加开发效益，大量建设高层、高密度的住宅。在多方力量的推动下，近年来我国很多城市的住宅建设主要以高层为主，且容积率和高度不断上升。

我国住房制度历经二十余年改革，城市居住模式也发生了根本性转变。改革开放初期实行的单位福利分房制度，形成了职住一体的"单位大院"模式。这种由单位统一管理住房、提供公共服务的模式虽物质条件有限，但形成了稳定的熟人社会治理格局。1998 年住房商品化改革彻底改变了这一格局，商品房小区逐渐成为主流居住形态。截至 2023 年，70%～85%城镇居民居住在配备物业服务的住宅小区，城镇人均住房面积从 2000 年的 15.5m² 跃升至 2023 年的 35.5m²，达到发达国家水平。当前城市居住空间呈现两大显著特征。物理形态方面，高层化、高密度成为新建住宅的普遍特征，北京天通苑等超大型社区容纳人口规模可达百万人，这类封闭式小区通过围墙或绿地界定空间边界，内部包含道路、会所等业主共有设施，形成"对外封闭、对内共有"的空间结构。治理结构方面，住房私有化使居民身份从单位福利接受者转变为产权所有人，管理权分散至物业公司等市场主体。但制度转型期配套机制不完善，导致开发商与业主的产权纠纷、物业服务质量争议、居民自治机制缺失等矛盾频发，北京某小区年均电梯维修费用超百万元的案例折射出公共设施管理的复杂性。新型居住模式带来多重治理挑战。在设施管理层面，电梯维护、消防通道占用、停车位分配等问题凸显。邻里关系方面，高层住宅削弱了传统熟人社会纽带。同时，国家推进的建筑节能改造需要协调 90%以上业主同意，这类涉及公共利益的决策也往往陷入僵局。面对城镇化进程下半场的挑战，我国住房发展的重点已由新建全面转向存量管理和更新。当前全国 331 亿 m² 城镇住宅存量，既是城市治理的主战场，也是实现"有房子"向"好房子"转型升级的重要载体。因此，需要关注我国以小区为居住模式所带来的社区治理新问题，关于此内容的讨论详见本书第 8 章。

我国现存城市住宅以单元面积为 $60\sim80m^2$/户的小户型和 $80\sim100m^2$/户中户型为主。根据 2015 年全国调查结果，全国城市地区住宅的户均面积的平均值为 $92m^2$/户，中位数为 $80m^2$/户。城市地区的单户面积相较于镇区和乡村地区偏小，镇区和乡村地区住宅的户均面积的平均值分别为 $118m^2$/户和 $119m^2$/户。我国城市住宅层数由低层到高层的变化过程，客观上反映了土地资源、人口数量及生态环境等诸多矛盾的日益激化。随着我国经济的快速发展，一方面，城市化水平快速提高，越来越多的人口向城市聚集；另一方面，人们的生活水平也在不断提高，人们改善居住条件的愿望越来越强烈，因此，城市住宅需求不论从数量还是质量方面都在不断提高。然而，面对人口、土地资源、生态环境等背景的挑战，大多数城市都存在资源不足的生态危机。必须承认，高人口密度和高建筑密度的城市人居环境，是中国城市居民需要长期面对并接受的现实。这也从资源、能源总量约束的角度说明，必须通过合理控制住宅单元面积，对城镇住宅建筑的总量进行约束和控制。

随着城镇化建设，从 2001 年至 2023 年，城镇住宅建筑的总面积增加了近 4 倍。2023 年城镇住宅面积总量为 331 亿 m^2。我国城镇居民的居住水平也大幅提高，全国城镇人均住宅面积（城镇住宅面积除以城镇总人口）由 2001 年的不到 $20m^2$ 增长为 2023 年的 $35.5m^2$。2000 年和 2020 年的《中国人口普查年鉴》中也提供了城镇人均居住建筑面积这一数据，该数据的来源是对全国城镇家庭户进行大规模抽样调查得到的结果，指的全国城镇家庭户的人均住宅面积，该指标从 2000 年的 $22.4m^2$/人增长到 2020 年近 $38.6m^2$/人，这一指标不考虑城镇中的学生、军人等无房人口，也能真实地反映城镇住宅家庭户的居住水平提升。

近年来城镇化建设的住宅已经基本可以满足我国城镇居民的居住需求。根据 2017 年西南财经大学中国家庭金融调查与研究中心的结果，2017 年我国城镇家庭住房拥有率（拥有住房的家庭占全部家庭的比例）为 90.2%，城镇家庭住房自有率（居住在自有住房的家庭占全体家庭的比例）为 80.8%，位于全球前列。2017 年，城镇住房套户比已达 1.18，其中家庭自有住房套户比为 1.155，也就是说平均每户家庭拥有 1 套以上的住房。近年来，城镇住宅的空置现象受到社会大量关注，尤其是二三线城市住房空置情况更为明显，空置率明显高于一线城市。空置住宅有两类概念：住房和城乡建设部统计数据中"空置率"的调查对象，是指当年竣工而没有卖出去的房子，主要考虑的是金融风险，银行信贷资金是否能安全回收。而对于另外一个"空置率"，即已经售出的住房中空置的部分，主要关注的是房屋存量的使用率，目前我们关注的更多是此"空置率"的概念。此类空置的原因主要有两类，一类是仅有一套住房的家庭因外出务工等原因而空置，还有一类是多套家庭持有但既未自己居住，也未出租。对此空置率定义，我国现在还没有官方的统计数据。根据西南财经大学中国家庭金融调查与研究中心2017年的报告，城镇地区住房空置率在2011年、2013年、2015年及2017年分别18.4%、19.5%、20.6%以及21.4%。据此估算，2017年，我国城镇住宅市场空置的房数量已经达到6500万套。根据有关研究，我国城镇住宅的自然空置率约为9.8%。我国目前的空置率水平显然已经高于自然空置率的标准，尤其是二三线城市明显偏高。大量房屋的空置，既占用了大量住房贷款资源，挤压了居民其他消费，同时还浪费了建材生产、房屋建造、装饰装修的能耗，增加了无谓的房屋维护能耗（包括基本的水电和冬季供暖），这是我国实现"碳达峰""碳中和"目标必须正视的问题。

根据第1章我国住宅建筑与世界其他国家的人均建筑面积水平的对比，可以发现我国的人均住宅面积已经接近发达国家水平，这也说明我国的城镇住宅建筑目前已经可以满足城镇居民的基本需求，城镇居住的主要矛盾已经从总量上的缺乏转变为分配上的不均衡。未来随着城镇化的进一步提高，我国将有十多亿人口居住在城镇地区，按照人均面积 $35m^2$ 计算，未来总的建筑面积需求不超过380亿 m^2，也就是说我国城镇地区已经基本完成了住宅建筑的建设，接下来建设领域的主要工作由新建建筑的建造全面转向既有建筑的节能低碳运行以及老旧建筑的节能改造和功能提升。

2.1.2 城镇住宅建筑用能

我国城镇住宅的用能主要是电和天然气。随着城镇经济社会发展和居住水平的提升，城镇家庭中各类电器逐渐普及，近年来也出现了一系列信息化设备和电炊具设备等，夏季空调需求和冬季供暖需求近年来也显著增加，导致城镇住宅的总用能量和总用电量都大幅提升。近年来我国城镇住宅的电气化水平显著提升，城镇住宅用能中电力占一次能耗比例从2001年的63%增长至2023的接近70%。2023年全国城镇住宅总用电量达到6731亿kWh，占全社会用电量的7.3%。我国城镇住宅用电总量最大的驱动力来自城镇化率的提高，城镇户均用电量和人均用电量的增幅其实相对较为平缓。2001年到2023年，我国的城镇住宅户均和人均用电量增长了3倍左右，但我国的城镇住宅户均用电量与欧美发达国家的家庭耗电量相比仍然较低，约为1937kWh/年，如图2-1所示。欧美国家使用率较高的冷柜、电烤箱、洗碗机等家用电器在中国家庭中的拥有率仍然较低，但近年来有加速增长的趋势。因此，从整体用电水平上，我国的整体用电水平相较欧美国家仍然较低。

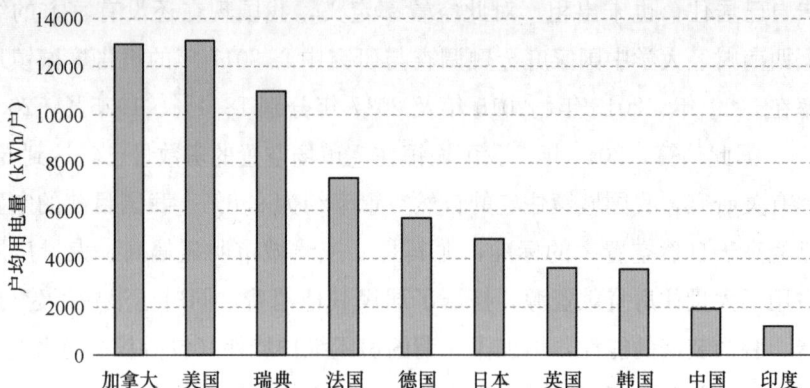

图 2-1　全球住宅用电量对比（2022 年）

数据来源：IEA 数据库。

我国居民自古以来就有节约的习惯，由于土地资源的限制，我国的居民建筑一直以来是以集约式的公寓住宅为主，生活方式也是本着节约的原则，在需要的时候使用能源和服务，不需要的时候就会关闭来避免浪费。在我国目前的经济发展水平下，我国城镇居民的可支配收入已经完全可以支持我国居民按照美国的生活方式来生活，但是我国的绝大多数居民仍然保持着目前的生活方式以及较低的能耗，说明我国尽管目前的城镇居民平均水平已经超过了温饱水平，并逐渐靠近小康水平，对于收入较高但能耗仍然处于中国平均水平的人来说，制约他们能耗增长的因素并不是经济收入，而更多的是一种文化和消费理念的差异。

我国城镇住宅领域还有一定的能效提升与节能降耗空间，对各种新型家用电器，应特别注意各种设备的待机电耗，如饮水机、马桶圈、机顶盒等功率不大的电器，其年耗电量耗可达到与电冰箱等公认的重要电耗设备同等水平，这主要是待机电耗所导致。一方面加强这类电器的节能评定，通过技术创新降低其待机电耗，通过节能的使用模式和智能技术减少其待机电耗，都是当前需要开展的工作。另一方面，对于高能耗的非常规电器，不应通过各类政策给予鼓励使用，而应该通过对绿色生活方式与节约用能行为的引导来避免高能耗电器快速普及带来的能耗跃增。

实际上，如果考虑了城镇居民家庭生活水平的进一步提高和炊事、供暖、生活热水的电气化，未来我国城镇住宅每户所需的用电量也仅为 3600～4200kWh/年就可以很好地满足我国居民的幸福美好生活需求。以一户住宅建筑面积为 100m² 的三口之家为例，计算结果表明，即使是按照相对高的生活水平和使用模式来估算，考虑全面电气化之后，全年的用电量也仅为 3600kWh，详见表 2-1。而实际上表 2-2 第三列中列出的实测参考值来自清华大学某教授家庭的实测值，其收入与生活水平都属于中上阶层，但其各项能耗实际都低于设定案例的计算结果与目标值，家庭户均年用电量仅为 2250kWh 这个限值。而如果考虑夏热冬冷地区使用电热泵供暖，考虑每年再额外增加 800kWh，家庭的年用电量也仅为 4200kWh，这一供暖用电水平已经考虑了在当年平均水平 4kWh/m² 的基础上翻了一番。因此，考虑全国户均年用电量 4000kWh 已经可以保证全国所有城镇家庭都过上目前中等偏上家庭的用能需求与生活水平。因此，如果考虑我国未来城镇住宅实现全面电气化，生活热水和炊事中的燃气由电来全面替代，那么未来 10 亿城镇居民，约 4.2 亿户城镇居民，需要 1.7 万亿 kWh 的电量即可满足城镇住宅的能源需求。

城镇住宅家庭耗电量　　　　　　　　　　表 2-1

用能	三口之家全年用电量（kWh）	全年用电量实测参考值（kWh）	实测家庭信息
家庭全年总用电量			
无供暖家庭	3600	2250	北京某五口之家实测
有供暖家庭	4200	—	
用能分项			
空调	700	110	北京某家庭实测，3 台空调，部分空间、部分时间使用
夏热冬冷地区供暖电气化	800	400	夏热冬冷地区实测平均值 3～5kWh/m²
生活热水电气化	600	710	北京某家庭实测，五口之家实测 710kWh 电，折合为三口之家为 426kWh 电
炊事电气化	600	114m³ 天然气	北京某家庭实测
照明	300	427	北京某家庭实测
电器	1400	1003	—
电冰箱	200	130	200L 一级能效冰箱
电视机 2 台	300	263	—
电脑及娱乐设备	300	300	2 台计算机
电饭锅	160	70	一级能效电饭锅

用能	三口之家全年用电量 (kWh)	全年用电量 实测参考值 (kWh)	实测家庭信息
厨房抽油烟机＋排风扇	40	20	—
微波炉及其他电炊具	100	73	—
洗衣机	200	90	一级能效滚筒洗衣机
饮水机或电热水壶	100	57	

为了实现城镇住宅的低碳与可持续发展，从各部分用能的现状和特点出发，城镇住宅节能与低碳工作的主要任务为：

（1）合理控制住宅建筑规模总量，对住宅单元面积进行控制，将城镇住宅人均住宅面积目标设为 35m² 左右，城镇住宅规模总量在 380 亿 m² 左右。我国目前从总量和人均水平上已经基本满足，接下来一方面应关注区域和人群分布不平衡的问题，以及城市更新过程中老旧小区的改造问题。

（2）提倡和维持绿色生活方式与节约的使用模式，提倡"部分时间、部分空间"分散灵活的使用方式，避免由于建筑形式、系统形式、能源服务模式引起的生活方式改变为"全时间、全空间"。

（3）推进炊事、生活热水和夏热冬冷地区供暖的电气化，当未来城镇住宅用能全面电气化，同时我国电力结构以可再生能源为主实现零碳电力时，就可全面实现城镇住宅的零碳排放。

（4）发展与生活方式相适应的建筑形式，大力发展可以开窗，可以有效地进行自然通风的住宅建筑形式。对于夏热冬冷地区供暖、夏季空调以及生活热水这三项我国城镇住宅下阶段需求增加的重要分项，应该避免大面积使用集中系统，而应该提高目前分散式系统，同时提高各类分散式设备的末端灵活可调性、舒适度与能效，在室内服务水平提高的同时用电强度不出现大幅增长。

（5）对于家用电器，最主要的节能方向是提高用能效率，同时应该注意长时间加热和待机的电器，例如厨宝、马桶圈、饮水机等待机会造成能量大量浪费的电器，应该提升生产标准，例如加强电视机机顶盒的可控性、提升饮水机的保温水平，避免待机的能耗大量浪费。对于一些会造成居民生活方式改变的电器，例如衣物烘干机等，不应该从政策层面给予鼓励或补贴，警惕这类高能耗电器的大量普及造成的能耗跃增。

（6）进一步完善和落实有效推动住宅节能的政策标准与机制，例如《建筑能耗标准》、梯级能源价格、各类家用电器的最低能效标准和标识等措施，借由市场手段来引导居民的节能生活方式与自发的行为节能，形成人人想节能、人人要节能的末端消费模式。

2.2 城镇住宅建筑用电

1. 用电总量和分布

为了研究城镇住宅建筑用电的发展现状，2023 年针对北京市 16 个区共 1475 栋城镇住宅建筑共 173891 户开展了调研工作，以全面了解城镇住宅建筑的用电情况。居民用电数据直接从调研住户智能电表的营销数据中获取，并结合调研住户建筑面积、人数等基础信息调研数据，开展相应的分析工作。

图 2-2 展示了调研城镇住宅建筑单位面积电力消耗分布。可以看出居住建筑单位面积电力消耗分布较为集中，95.4% 的城镇住宅建筑集中在 14～38kWh/m^2 之间，单位面积电力消耗指标平均值为 28.06kWh/m^2。

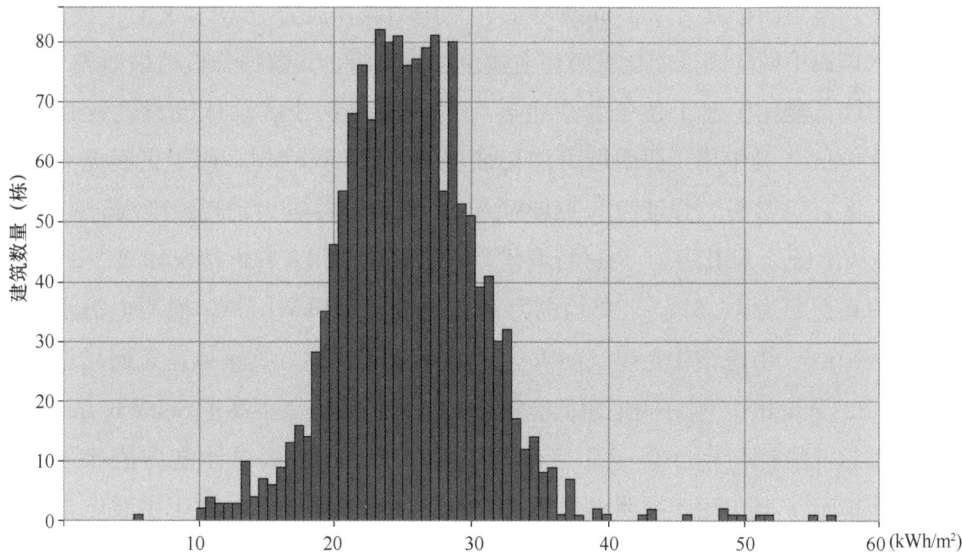

图 2-2 调研城镇住宅建筑单位面积电力消耗分布

图 2-3 展示了调研城镇住宅建筑户均电力消耗分布，可以看出城镇住宅建筑户均电力消耗的分布相对分散，95.4% 居住建筑电力消耗集中在 310～7256kWh/户，电耗指标平均值为 2895.93kWh/户。

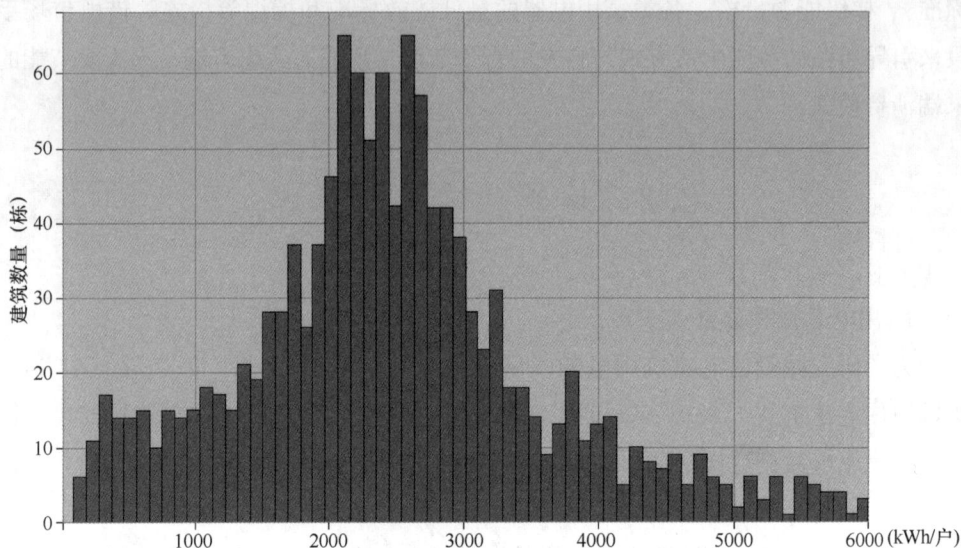

图 2-3　调研城镇住宅建筑户均电力消耗分布

　　根据调研样本的数据统计和分析，结合全国电力碳排放因子，城镇住宅建筑的单位面平均电力碳排放为 15.96kgCO_2，户均电力碳排放为 1647.20kgCO_2。

　　选取调研中两座超低能耗城镇住宅建筑进行分析，其数据分析结果如表 2-2 所示。典型超低能耗住宅 1 位于北京市朝阳区，该建筑公区总计电力消耗强度为 41.60kWh/m²，其中用于照明电力消耗强度为 8.85kWh/m²，用于供暖电力消耗（1～4 月及 11～12 月）强度为 6.94kWh/m²，用于制冷电力消耗强度（5～10 月）为 6.45kWh/m²。对其中 15 户进行调研，户内建筑面积及耗电情况如表 2-2 所示。该项目户均面积为 46.67m²，户均电力消耗为 2690.06kWh/户，面均电力消耗为 57.64kWh/m²。考虑该住宅建筑的入住户数及整体情况，其整体建筑面均电力消耗为 49.32kWh/m²，刚好满足超低能耗建筑设计值限值（不高于 50kWh/m²）。

　　典型超低能耗住宅 2 位于北京市朝阳区，该建筑公区总计电力消耗强度为 20.61kWh/m²，其中用于照明电力消耗强度为 1.55kWh/m²，用于供暖电力消耗（1～4 月及 11～12 月）强度为 8.86kWh/m²，用于制冷电力消耗（5～10 月）强度为 8.06kWh/m²。对其中 15 户进行调研，户内建筑面积及耗电情况如表 2-2 所示。该项目户均面积为 52.74m²，户均电力消耗为 4504.52kWh/户，面均电力消耗为 85.41kWh/m²。考虑该住宅建筑的入住户数及整体情况，其整体建筑面均电力消耗为 55.87kWh/m²，高于超低能耗建筑设计值限值（不高于 50kWh/m²）。通过以上对比，在调研的典型超低能耗住宅建筑中，其实际面均电力消耗强度仍会高于标准规范中规定的超低能耗限值，从公区电力消耗的角度，物业管理等责任主体仍需提高运营管理水平，降低照明和供冷供热电耗水平；从住户电力消耗的角度，仍需加强用户节能引导和节电激励，通过提高家用电器能效水平和激励用户行为节电的方式降低住户电力消耗水平，从而进一步达到居民节电的目标。

调研典型超低能耗建筑能耗强度情况　　　　　　　　　表 2-2

		典型超低能耗住宅 1	典型超低能耗住宅 2
公区	照明电力消耗强度（kWh/m²）	8.85	1.55
	供暖电力消耗强度（kWh/m²）	6.94	8.86
	制冷电力消耗强度（kWh/m²）	6.45	8.06
	公区总计电力消耗强度（kWh/m²）	41.60	20.61
住户	住户面均电力消耗（kWh/m²）	57.64	85.41
	住户户均电力消耗（kWh/户）	2690.06	4504.52
整体	建筑面均电力消耗（kWh/m²）	49.32	55.87

2. 用电水平的国际对比分析

为了深入挖掘和对比我国城镇住宅建筑用电分布与其他国家的用电分布差异，根据 2014 年调研的江苏六市城镇住宅用电数据，将用户按户均年用电量由低到高排序并等分为 10 组，计算出每组住户的平均用电量。该数据与日本、韩国、美国和法国的全国户均年用电量进行对比。从图 2-4 可以看出，我国住宅用户用电整体

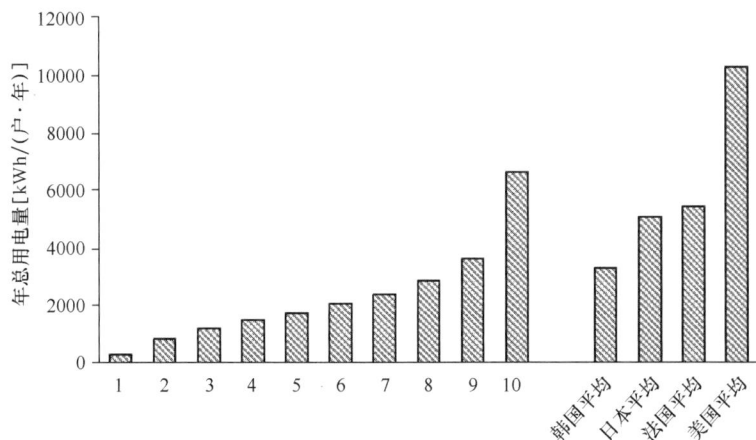

图 2-4　江苏六市住宅各百分位组户均年用电量与世界各国户均年用电量对比

显著低于韩国、日本、法国和美国的用电水平。然而，对于我国用电量最高的 10％的用户（第 10 组），其户均用电量已经达到了日、韩和欧美等国的用电水平。这一部分高耗能用户的发展值得关注。

由于住宅中电器种类多，不同家庭和用户使用电器的行为和习惯有所不同，因此城镇住宅用电的不均衡性较为显著，个体差异比较大。同时，随着家庭收入的不断提高，新的家用电器类型在城镇居民的家庭中不断涌现，也伴生了新的生活方式。这些生活方式影响了居民用电行为，由此对城镇住宅用电能耗产生了显著的影响。

2.3　城镇住宅建筑用气

2.3.1　城镇住宅天然气户均用量及分布

对于我国城镇居民家庭，天然气的需求主要来源于供暖、生活热水以及炊事。除炊事用气外，不同家庭在供暖和生活热水方面对于天然气的需求情况差异较大，可以根据供暖和生活热水形式大致分为四大类：燃气供暖＋燃气生活热水，非燃气供暖＋燃气生活热水，燃气供暖＋非燃气生活热水，非燃气供暖＋非燃气生活热水。其中，由于北方地区供暖相比于生活热水和炊事的用能强度较大，供暖方式会对家庭天然气消费总量产生较大的影响。因此，本节在对家庭供暖方式进行区分的基础上，以北京为例，对市区内家庭的天然气户均用量及分布情况进行研究，共调研获取样本超过 10 万户。

北京市自采暖与非自采暖家庭天然气用气量对比如图 2-5 所示，可以看到天然气自采暖家庭的总用气量水平要远高于非自采暖家庭。自采暖家庭户均年天然气用量为 635m³/年，中位水平为 666m³/年，而对于采用集中供暖的家庭，户均天然气用量为 119m³/年，中位水平为 103m³/年。基于上述数据进行推断，假设两类家庭的平均炊事和生活热水用气量相近，那么燃气自采暖家庭全年的供暖燃气消耗量在 550m³/年左右，假设户均建筑面积为 90m²，那么供暖的用气强度在 6Nm³/m² 左右。

针对非自采暖家庭的用气量分布情况进行了进一步的统计分析，2022 年北京市居住建筑单位面积天然气消耗分布如图 2-6 所示，可以发现居住建筑的单位面积

(m³/年)

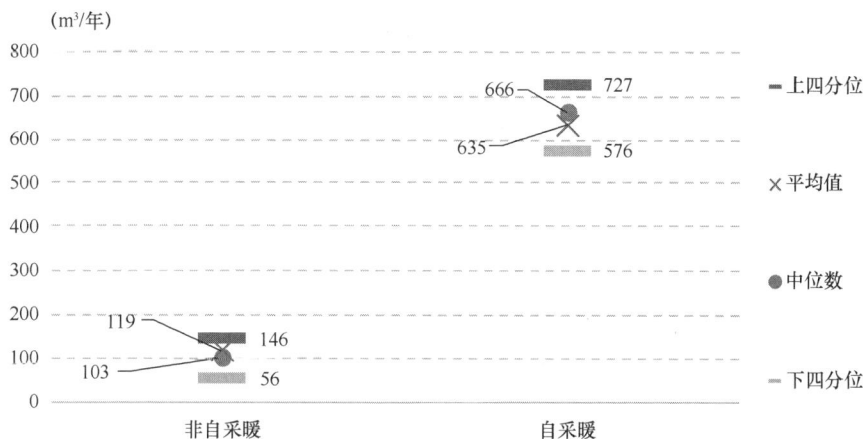

图 2-5 北京市自采暖与非自采暖家庭天然气用量对比（2018 年）

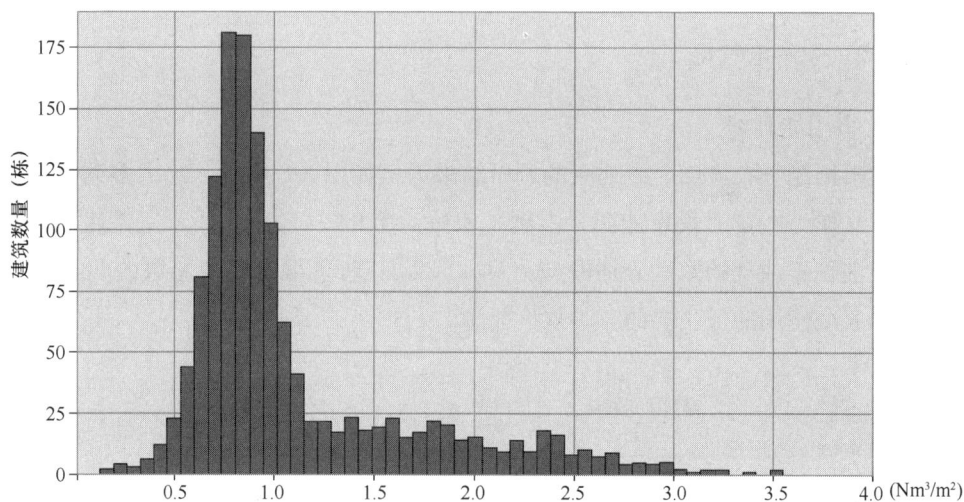

图 2-6 北京市居住建筑单位面积天然气消耗分布（2022 年）

天然气消耗的分布也比较集中，95.4％的居住建筑集中在 0.35～2.8Nm³/m² 之间，单位面积气耗指标平均值为 0.81Nm³/m²。

居住建筑户均天然气消耗分布如图 2-7 所示，可以发现居住建筑的户均天然气消耗的分布也比较集中，95.4％居住建筑的户均天然气消耗集中在 9.87～336.71Nm³/户，户均天然气耗指标平均值为 118.85Nm³/户。

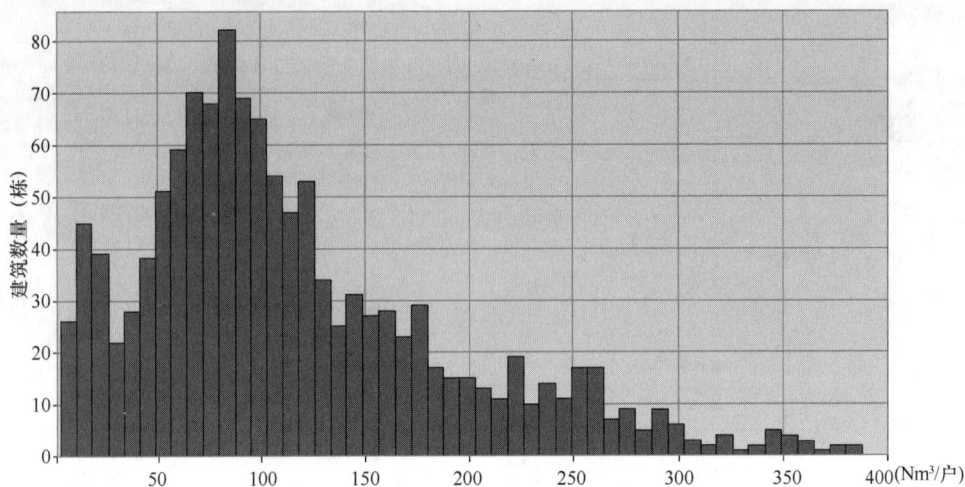

图 2-7　居住建筑户均天然气消耗分布（2022 年）

2.3.2　炊事电气化

1. 炊事用能种类

在炊事用能分布方面，以北京的调研结果为例如图 2-8 所示，绝大多数家庭使用管道燃气作为主要的炊事能源，占到了家庭总数的 74％，此外，主要使用电炊具和罐装液化石油气的家庭分别占 13％和 11％，三种能源合计占总数的 98％，为目前中国家庭使用的最主要的三种炊事能源。

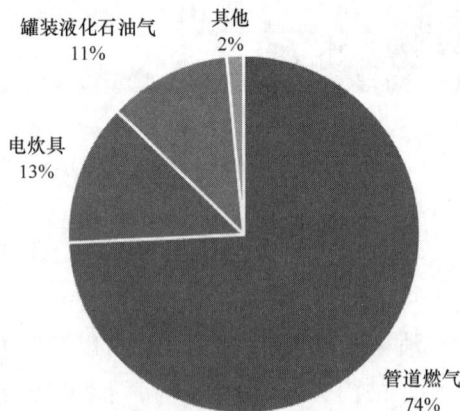

图 2-8　北京家庭炊事用能分布（2018 年）

从全国情况来看，根据《中国城乡建设统计年鉴 2023》发布的数据，城市、县城、建制镇以及乡村的天然气普及率在 2007～2022 年间均呈上升趋势，其中城市、县城的天然气普及率显著上升，在 2022 年分别达到 98.06％和 91.38％，建制镇和乡目前燃气普及率仍处于较低水平，分别为 59.16％和 33.54％，如图 2-9 所示。

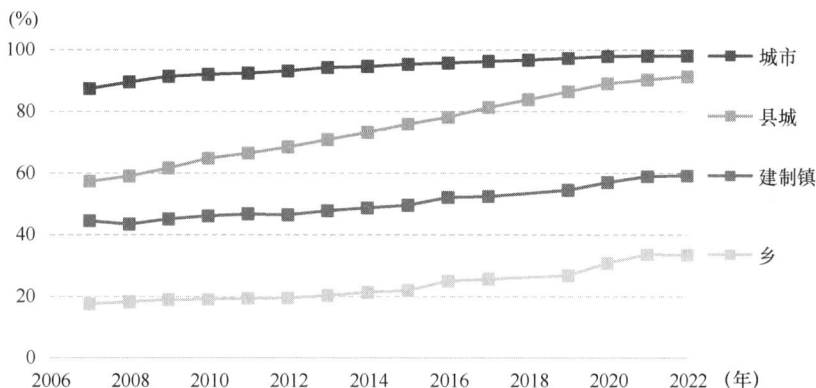

图 2-9　我国燃气普及率（用气人口/常住人口）

2. 炊事用气强度

为了解典型家庭的炊事用能强度，以北京为例对居民家庭的炊事习惯进行了问卷调研，结果如图 2-10 所示。可以发现，每天晚饭在家里的居民家庭占比 56％，每天三顿饭都在家吃的家庭占比 26％，而一周在家吃饭不超过 7 次的家庭占比 16％。

为进一步估算用能强度，我们选取了一户偶尔在家吃饭的典型家庭，并对其炊事用气习惯进行了调研，结果如表 2-3 所示。根据其炊事用能习惯得到该类家庭年炊事天然气用量在 65m³ 左右。

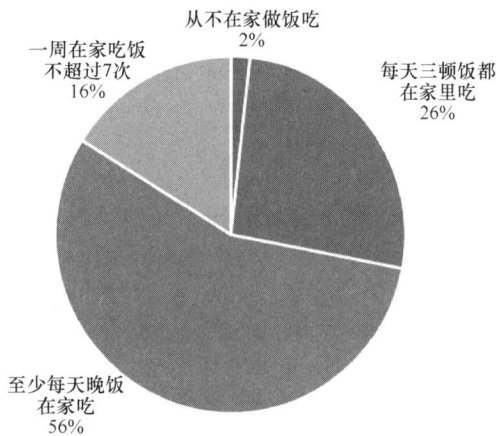

图 2-10　北京居民家庭炊事习惯（2018 年）

典型家庭炊事燃气用量估算　　　　　　　　　　　表 2-3

每周平均在家吃饭次数（次）	10
每次做饭燃气灶平均使用时长（min）	20
每次做饭使用的灶眼数量（眼）	1
燃气灶热功率（kW）	4
每小时天然气用量（m³）	0.38
年炊事天然气用量（m³）	65.6

3. 炊事电气化方式

以可再生能源为主的低碳能源系统，是我国能源转型的必然方向。零碳能源主要来源为核电、水电、风电、光电和生物质能，能源直接产出形式由化石能源时代的燃料转为以电力为主。能源低碳转型意味着用能侧也要实现全面电气化，这将导致建筑终端用能方式的巨大变化。实际上，目前建筑中的大多数用能设备都已实现了电气化，炊事是少数仍在使用化石能源的终端需求，要实现居住建筑的零碳转型，就需要推进家庭炊事用能的电气化。

实际上，在过去的十年间炊事电气化是我国城镇家庭的重要发展趋势。各类电炊具在我国的年销售量大，我国城镇居民家庭电炊具的保有量也处于较高水平，以普及率较高的电饭煲为例，早在 2012 年电饭煲百户城乡居民拥有量就已超过 100台。根据国家统计局发布的数据，微波炉的百户城镇家庭拥有量也从 2013 年的50.6 台上升到了 2022 年的 56 台。居民炊事的用能习惯也在发生改变，对比 2012年和 2018 年的调研结果，北京家庭中把电炊具作为主要炊事工具的家庭从 7％上升到 13％（图 2-11）。

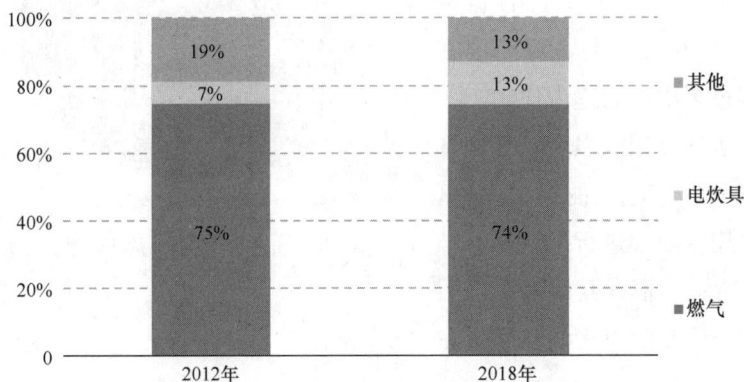

图 2-11　北京家庭炊事主要用能方式

目前，电炊事技术也在不断发展，除传统的电饭煲、电磁炉、微波炉等电炊具之外，例如电焰灶将电能转化为热能模拟传统燃气灶的火焰效果，此类适合中国居民传统烹饪习惯的电炊具在不断涌现，这也会对我国未来的炊事电气化起到推动作用。

2.3.3　生活热水电气化

1. 生活热水方式与趋势

随着人们生活水平的提高，生活热水的普及率迅速增长，如图 2-12 所示，2013～2023 年，中国城镇居民家庭平均每百户年底沐浴热水器拥有量从 80.3 台迅速增长至 97.2 台，基本实现了城镇家庭热水器的普及，而在 2001 年这一数字仅为52 台。

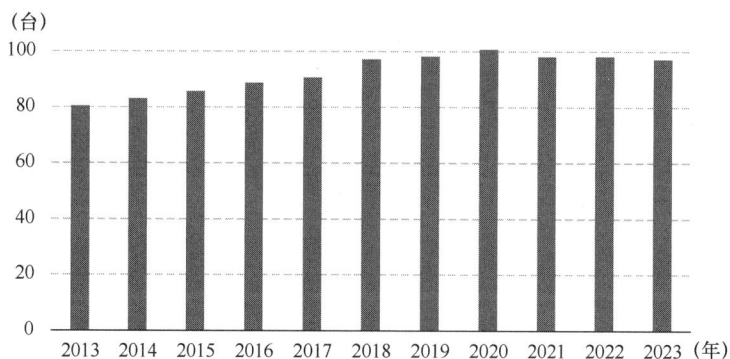

图 2-12　中国城镇居民家庭平均每百户年底沐浴热水器拥有量

图 2-13 和图 2-14 所示为 2018 年北京、上海居民家庭生活热水设备分布情况。

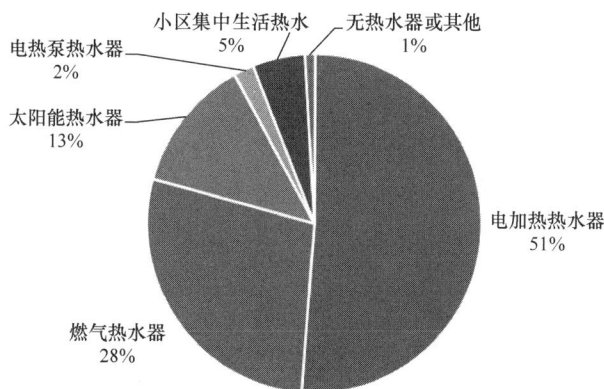

图 2-13　北京居民家庭生活热水设备分布

可以发现，目前电加热热水器、燃气热水器是城镇居民家庭使用最多的生活热水设备，但在我国南北方的分布有所差异，其中北京居民最主要使用的热水设备是电加热热水器占比 51％，而上海居民最主要使用的热水设备则是燃气热水器占比 61％。除上述两类热水器之外，太阳能热水器和电热泵热水器也是目前居民家庭中较为常见的两类热水器。电热泵热水器近年来有较好的发展趋势，但仍处于初期市场阶段，目前在家庭中的占比较低。

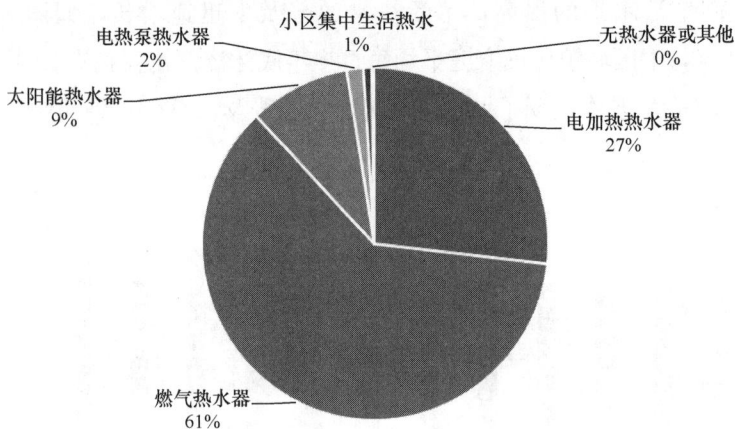

图 2-14　上海居民家庭生活热水设备分布

2. 生活热水的用能强度

一般而言，用水量的差异是家庭生活热水能耗最主要的影响因素之一。以 2018 年北京为例，对我国城镇居民的主要生活热水使用方式进行的调查如图 2-15

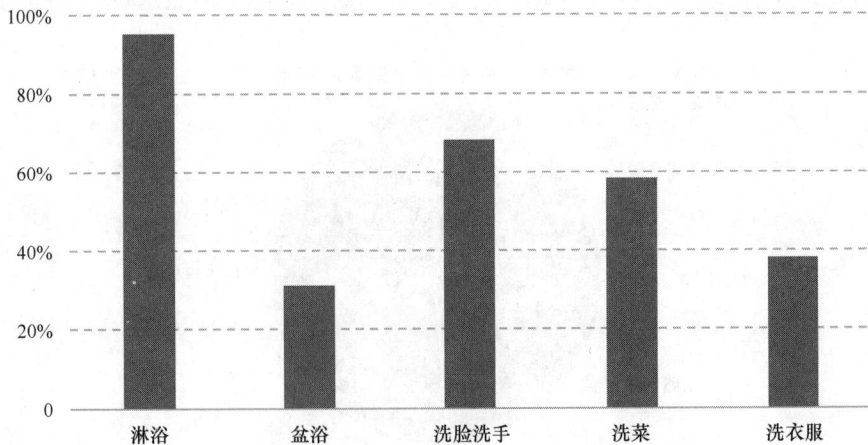

图 2-15　2018 年北京家庭生活热水用途

所示，可以发现城镇居民家庭最主要的生活热水用途为淋浴，其次是洗脸洗手以及洗菜，会使用生活热水进行盆浴的居民家庭仅占总数的约30％。

上述生活用水习惯也是我国家庭生活用水量远低于发达国家的主要原因，我国城镇居民主要习惯于淋浴而日本等发达国家则习惯于盆浴。基于清华大学建筑节能研究中心相关的调研工作，我国户均生活热水用水为50L/（户·d），约为西班牙平均水平的25％，美国的18.5％，日本的22.2％，如图2-16所示。

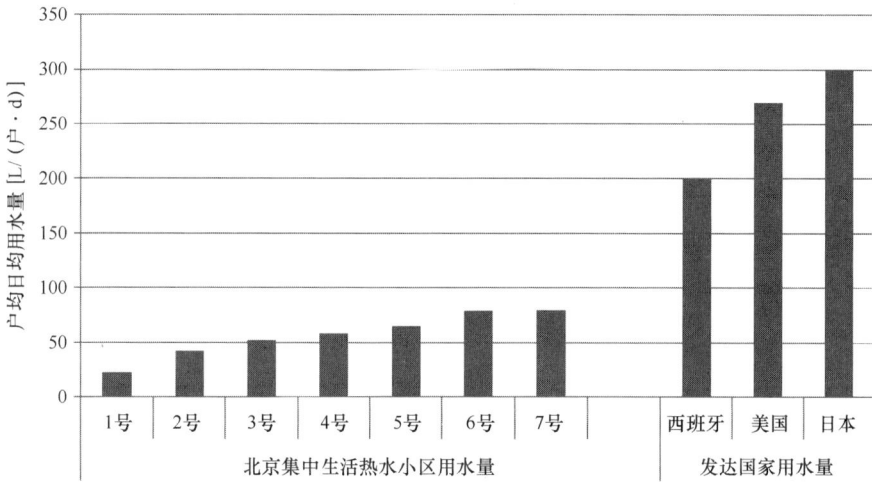

图2-16　中外户均用水量对比❶

基于上述生活热水用量，我们对使用燃气热水器的典型家庭生活热水年耗气量进行了估算，如表2-4所示，典型家庭年生活热水用气量约为80m³。

典型家庭生活热水气耗估算　　　　　　　　　　　表2-4

户均生活热水用量［L/（户·d）］	50
燃气热水器设定温度（℃）	45
自来水平均供水温度（℃）	10
燃气热水器效率（％）	90
年生活热水用气量（m³）	82.8

❶　数据来源：邓光蔚. 使用模式对集中式系统技术适宜性评价的影响研究［D］. 北京工业大学，2013.

2.4 城镇住宅既有建筑改造

2.4.1 城镇住宅发展趋势的变化

2008 年，我国发布《民用建筑节能条例》，该条例对既有建筑节能改造进行了定义并提出了相关要求。"十一五"期间开始，在政府给予一定补贴的基础上，结合保障性住房建设、旧城区综合整治等民生工程，我国开始稳步实施既有建筑节能改造工作，改造对象逐渐从北方供暖地区扩展到夏热冬冷地区，同时，结合清洁取暖等工作，改造范围从城镇逐渐扩展到农村。2020 年 10 月 29 日，中国共产党第十九届中央委员会第五次全体会议通过《中共中央关于制定国民经济和社会发展第十四个五年规划和二〇三五年远景目标的建议》，文件提出"实施城市更新行动。加强城镇老旧小区改造和社区建设"。2021 年 9 月，《中共中央 国务院关于完整准确全面贯彻新发展理念做好碳达峰碳中和工作的意见》中提出"大力推进城镇既有建筑和市政基础设施节能改造，提升建筑节能低碳水平"。2021 年 10 月，中共中央办公厅、国务院办公厅印发《关于推动城乡建设绿色发展的意见》，提出"推进既有建筑绿色化改造，鼓励与城镇老旧小区改造、农村危房改造、抗震加固等同步实施"。同月，国务院印发《2030 年前碳达峰行动方案》，明确提出"加快推进居住建筑和公共建筑节能改造，持续推动老旧供热管网等市政基础设施节能降碳改造"。2022 年 3 月，住房和城乡建设部印发《"十四五"建筑节能与绿色建筑发展规划》明确了加强既有建筑节能绿色改造，提高既有居住建筑节能水平是"十四五"期间的重点任务，提出"在严寒及寒冷地区，结合北方地区冬季清洁取暖工作，持续推进建筑用户侧能效提升改造、供热管网保温及智能调控改造。在夏热冬冷地区，适应居民供暖、空调、通风等需求，积极开展既有居住建筑节能改造，提高建筑用能效率和室内舒适度。在城镇老旧小区改造中，鼓励加强建筑节能改造，形成与小区公共环境整治、适老设施改造、基础设施和建筑使用功能提升改造统筹推进的节能、低碳、宜居综合改造模式。引导居民在更换门窗、空调、壁挂炉等部品及设备时，采购高能效产品"等要求，同时提出"力争到 2025 年，全国完成既有居住建筑节能改造面积超过 1 亿平方米"。2022 年 6 月，住房和城乡建设部、国家发展和改革委印发《城乡建设领域碳达峰实施方案》，提出"加强节能改造鉴定评估，编制改造专项规划，对具备改造价值和条件的居住建筑要应改尽改，改造部分节能水平应达到现行标准规定"。2024 年 3 月 15 日，《国务院办公厅发布关于转发国家发展改革委、住房城乡建设部〈加快推动建筑领域节能降碳工作方案〉的通知》（国办函〔2024〕20 号）中也指出，"到 2025 年，完成既有建筑节能改造面积比 2023 年增长 2 亿平方米以上；到 2027 年，既有建筑节能改造进一步推进。居住建筑节能改造部分的能效应达到现行标准规定，未采取节能措施的公共建筑改造后实现整体能效提升 20% 以上"。

综上所述，居住建筑节能改造是实现我国建筑领域碳达峰、碳中和重要目标的有效技术路径之一。根据行业专家预测，按照现有发展模式来看，建筑运行碳排放预计将在 2040 年左右达峰，无法实现建筑领域 2030 年碳达峰、2060 年碳中和的目标，因此，需要通过居住建筑节能改造等系列技术措施助力加快建筑领域"双碳"目标的实现。

2.4.2 城镇住宅标准发展的变化

我国既有居住建筑节能改造标准制定的相关工作自 20 世纪 90 年代启动，并于 2000 年形成成果《既有供暖居住建筑节能改造技术规程》JGJ 129—2000。2012 年 10 月，住房和城乡建设部发布替代标准《既有居住建筑节能改造技术规程》JGJ/T 129—2012，自 2013 年 3 月 1 日起实施并沿用至今。自《既有供暖居住建筑节能改造技术规程》JGJ 129—2000 发布之后，各地陆续发布了相关的地方标准，比如 2006 年北京市发布全国首部地方标准《既有居住建筑节能改造技术规程》DB11/381—2006。随后，黑龙江、上海、重庆、安徽等地均发布既有居住建筑节能改造相关的地方标准。

从现有地方标准规定的改造措施上来看，北京市规定节能改造后建筑物耗热量指标不高于地方改造标准限值要求，改造部分的性能或效果不低于现行国家标准《严寒和寒冷地区居住建筑节能设计标准》JGJ 26 的规定；规定了太阳能热水系统、太阳能光伏系统、公共照明等改造要求；上海市给出了围护结构改造判定的限值，规定了供暖、通风和空调及生活热水供应系统、电力与照明系统等的改造要求；内蒙古增加了太阳能热水系统；宁夏给出了非节能居住建筑围护结构的传热系数达到一定限值时进行改造。北方地区清洁取暖城市要求改造后建筑能效提升达 30% 以上。

自行业标准《既有居住建筑节能改造技术规程》JGJ/T 129—2012 实施以来，极大地支撑了既有居住建筑节能改造工作，对居住建筑节能诊断、节能改造方案制订、施工质量验收等起到良好的指导和规范作用，推动了"十二五""十三五"居住建筑节能改造工作健康有序开展。但在实施的近 10 年中，由于我国幅员辽阔、气候差异大、适合各气候区的建筑节能技术措施差异大，导致各地方建筑能耗范围、节能改造判定条件、节能改造目标等方面存在一定差异；另外，外围护结构热工性能、用能设备和系统节能指标不断提升，节能技术推陈出新，特别是现行强制性工程建设规范《建筑节能与可再生能源利用通用规范》GB 55015 和《既有建筑维护与改造通用规范》GB 55022 等标准发布实施及"双碳"目标下，原行业标准《既有居住建筑节能改造技术规程》JGJ/T 129—2012 的内容已无法适应当前既有居住建筑节能改造工作的开展。

2.4.3　清洁取暖试点城市节能改造现场调研

自 2017 年财政部、住房城乡建设部、生态环境部、国家能源局启动《关于开展中央财政支持北方地区冬季清洁取暖试点工作的通知》（财建〔2017〕238 号）以来，截至 2022 年，中央财政累计支持 5 批 88 个城市开展清洁取暖，覆盖了北方 15 个省（自治区、直辖市）。按三年示范期足额拨付补贴资金计算，五批试点城市总计将拨付补贴资金 1071 亿元，相关资金重点支持农村地区"煤改电""煤改气"以及既有建筑节能改造等，其中居住建筑节能改造是用户侧改造的重点内容。编写组先后对其中几个试点城市改造现状及改造方案等情况进行了相关调研，主要包括建筑年代、围护结构现状、取暖方式、用能现状、改造补贴成本、改造措施以及部分城市节能改造能效提升情况等。北方不同清洁取暖试点城市的改造方案主要根据30％能效提升及补贴成本制定，改造多采取 2 项及以上的节能改造措施，改造后建筑改造部位大部分能达到当地现行改造标准要求，且达到 30％能效提升。

以寒冷城市 A 为例，针对各项目统计的项目名称、建筑面积、建筑类型、建造时间、建筑结构、建筑楼层、外墙构造、体形系数及南向窗墙比进行调研。调研结果显示，既有建筑改造项目大多于 2000～2005 年建造，多为 4～7 层的多层住宅。外墙基本为 240mm 空心砖墙，无保温措施；外窗多为单层塑钢窗或铝合金窗；屋顶无保温。体形系数 0.2～0.4 居多。以建筑外饰面风格来看，主要分为涂料外饰面、底层瓷砖其他楼层涂料外饰面和整体瓷面砖外饰面等三类，清洁取暖试点城市现场调研如图 2-17、图 2-18 所示。

城市A（寒冷B区）

城市B（寒冷B区）

城市C（寒冷A区）

城市D（寒冷C区）

图 2-17　清洁取暖试点城市现场调研

图 2-18　现场调研照片

2.4.4　节能改造规模分析

根据《中国统计年鉴》(1996～2016)、《中国建筑业统计年鉴》(2017～2020)和不同一级行政区统计年鉴（1996～2020）等数据，既有建筑面积由存量面积、竣工面积、拆除面积构成。根据住房和城乡建设部统计数据，城镇居住建筑拆除面积约为存量面积的 0.5%，不同气候区逐年城镇既有居住建筑面积如图 2-19 所示。2020 年城镇既有居住建筑面积共计约 270.7 亿 m²，其中严寒地区约 32.5 亿 m²、寒冷地区约 79.2 亿 m²、夏热冬冷地区约 114.8 亿 m²、夏热冬暖地区约 34.1 亿 m²、温和地区约 10.1 亿 m²。

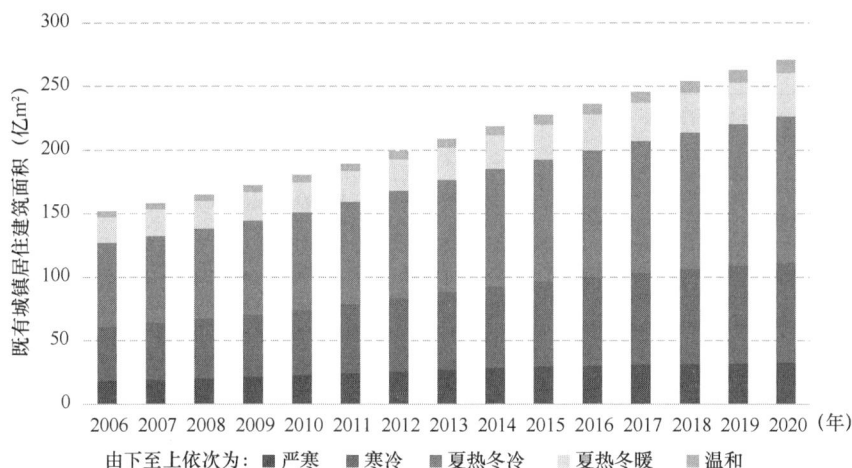

图 2-19　不同气候区逐年城镇既有居住建筑面积

此外，不同气候区城镇居住建筑执行不同的建筑节能设计标准，如表 2-5 所示。按照标准执行年将现有居住建筑进行分类。我国北方地区于 1986 年执行《民用建筑节能设计标准（采暖居住建筑部分）》JGJ 26—86，初期执行水平较低，因此主要估算执行《民用建筑节能设计标准》JGJ 26—1995 和《严寒和寒冷地区居住建筑节能设计标准》JGJ 26—2010 的居住建筑。相较于其他气候区，温和地区行业标准出台时间晚，所在省市地方设计标准出台时间也有差异，因此温和地区执行节能标准的既有居住建筑面积参考《夏热冬暖地区居住建筑节能设计标准》JGJ 75—2012 实施年进行估算。考虑到节能设计标准实施转化为竣工面积需要约 3 年时间，截至 2020 年，不同节能率城镇既有居住建筑面积估算结果如表 2-6 所示。根据《建筑节能与绿色建筑发展"十三五"规划》和《"十四五"建筑节能与绿色建筑发展规划》，"十二五"与"十三五"期间，严寒和寒冷地区完成既有居住建筑节能改造面积分别为 9.9 亿 m^2 和 5.14 亿 m^2；夏热冬冷地区完成既有居住建筑节能改造面积 7090 万 m^2。

因此，二步建筑节能水平以下的城镇既有居住建筑面积约为 93.6 亿 m^2，其中严寒地区约 5.9 亿 m^2、寒冷地区约 14.5 亿 m^2、夏热冬冷地区约 51.5 亿 m^2、夏热冬暖地区约 17.7 亿 m^2、温和地区约 4.0 亿 m^2。

不同气候区城镇居住建筑节能设计标准　　　　表 2-5

节能水平	气候区	名称	实施年
一步节能	严寒和寒冷地区	《民用建筑节能设计标准（供暖居住建筑部分）》JGJ 26—86	1986

节能水平	气候区	名称	实施年
二步节能	严寒和寒冷地区	《民用建筑节能设计标准》JGJ 26—1995	1996
	夏热冬冷地区	《夏热冬冷地区居住建筑节能设计标准》JGJ 134—2010	2010
	夏热冬暖地区	《夏热冬暖地区居住建筑节能设计标准》JGJ 75—2012	2013
三步节能	严寒和寒冷地区	《严寒和寒冷地区居住建筑节能设计标准》JGJ 26—2010	2010
	夏热冬冷、夏热冬暖和温和地区	《建筑节能与可再生能源利用通用规范》GB 55015—2021	2022
四步节能	严寒和寒冷地区	《严寒和寒冷地区居住建筑节能设计标准》JGJ 26—2018	2019

2020 年不同节能率城镇既有居住建筑面积 表 2-6

节能水平	气候区	实施年	竣工面积计算年	既有建筑面积（亿 m^2）
二步节能	严寒地区	1996~2009	1999~2012	18.8
	寒冷地区	1996~2009	1999~2012	40.4
	夏热冬冷地区	2010~2020	2013~2020	63.3
	夏热冬暖地区	2013~2020	2016~2020	16.4
	温和地区	2013~2020	2016~2020	6.1
	小计			145.1
三步节能	严寒地区	2010~2020	2013~2020	7.8
	寒冷地区	2010~2020	2013~2020	24.3
	小计			32.1
	合计			177.2

第3章 全面电气化和城镇住宅用电方式的转变

3.1 能源革命背景下的城镇住宅建筑发展理念

随着全球气候变化日益严峻和能源结构变革日益凸显，建筑行业作为能源消费的主要领域之一，面临着前所未有的挑战和机遇。能源革命背景下，传统能源向清洁、可再生能源转型，引发了能源生产和消费格局的转变，也对建筑能源领域提出了新的要求。在应对全球气候变化和实现"碳达峰、碳中和"目标的背景下，城镇住宅的用能模式和发展理念亟需转型升级。建筑作为电网需求侧的重要组成部分，在与电网友好互动的过程中亟需突破关键技术瓶颈，发挥需求侧调节手段的潜力。传统建筑作为"能源消费者"的角色难以适应当前能源系统的发展，新型建筑电力系统的建设要求城镇住宅建筑从单一的能源消费者转型为"产储消调"四位一体的综合能源系统，具备生产、存储、消纳、调节的多重功能，顺应建筑全面电气化的潮流，应对建筑业低碳转型过程中的去化石能源趋势和可再生能源充分利用的挑战。

3.1.1 城镇住宅的全面电气化

传统城镇住宅建筑中的终端能源消费形式包括燃气、燃油等化石能源以及电力。全面电气化的核心是将传统城镇住宅建筑用能转变为更加清洁的电力。建筑全面电气化与电网低碳清洁转型的目标具有一致性，不仅能够有效地减少碳排放，而且可以更好地与可再生能源利用相结合，从而构建低碳、清洁的建筑能源系统。过去二十年以来，建筑电气化工作已经取得了重要的进展，包括高效制冷空调、热泵热水器、热泵供暖等，已经成为住宅建筑节能低碳发展的重要方向。

然而，建筑碳中和目标的实现不能完全依赖电力清洁化。虽然电力在未来建筑能源终端消费中占据重要地位，但建筑领域仍需要在建筑业的各个方面推进低碳和零碳发展，包括绿色建筑设计、低碳建材的研发和使用、建筑节能技术应用等。同时，还需要提升建筑能源系统的调控和管理能力，通过自动化手段和人工智能技术实现系统的有效调控，避免非使用阶段不必要的能源浪费、提高使用阶段的能源利用效率。综合全面电气化和建筑行业的低碳零碳技术应用，提高可再生能源利用率和能源系统效率，从而有效推动建筑行业低碳转型，实现"双碳"目标。

在建筑电气化这一大趋势下，去燃气已经成为城镇住宅建筑领域的一项重要议题。燃气通常用于供暖、烹饪和生活热水等领域，但由于其化石能源的性质，不仅造成了大量的直接碳排放，还具有一定的安全隐患。全球许多国家已经开始逐步淘汰城镇住宅建筑中的燃气设施，推动家用厨灶具电气化替代和其他低碳技术应用。面向我国建筑低碳发展的需求，去燃气同样应成为主流发展趋势。而氢能由于其较高的生产、储存和运输成本，以及尚不成熟与尚不稳定的安全保障技术，难以在城镇住宅建筑中有效推广。从这一角度出发，实现建筑的全面电气化，提升建筑电力系统的调控和运维水平，是未来建筑低碳发展的核心道路。

3.1.2 "产储消调"四位一体的建筑能源系统架构

传统住宅建筑作为能源的"消费者"，其主要功能是完全满足室内用户的环境营造和使用需求，涵盖供暖、制冷、生活热水、照明等方面。因此，传统住宅建筑从设计上偏重能耗控制和能效优化，降低建筑用能强度和用能总量。然而，随着全球电力系统向可再生能源转型，2024年我国风电、光伏机组的装机容量占比已超40%、发电量占比接近20%，未来能源系统中风电、光伏的装机容量和发电量将会进一步增加并占主导。风电、光伏发电随着气象条件的波动性，对电网稳定性和供需匹配性带来巨大挑战。因而，要求需求侧的建筑部门转变角色，从单一的能源"消费者"转变为"产、储、消、调"四位一体的综合能源参与者。

在"产、储、消、调"四位一体的建筑能源系统架构中：（1）从能源生产方面，通过在住宅建筑/小区布置太阳能光伏板、风力发电机等设备，利用自然资源进行能源生产，减少对外部能源供应（主要是外电网）的依赖。（2）充分利用城镇住宅建筑中的能源蓄存资源，如热水器蓄水箱、建筑热惯性蓄存冷热、电动汽车充电系统等，实现移峰填谷，提高本地及电网的可再生能源消纳率。（3）建筑应发挥其能源消纳的基本功能，在满足和优化室内环境营造的基础上，实现能源使用效率最高和用能总量最小。（4）充分发挥建筑能源系统本身的调节能力，包括建筑热惯性和能源系统惯性，实现用能柔性调节，有效促进可再生能源消纳。通过以上措施，一方面实现自身能源的高效利用；另一方面在更广泛的电力系统中发挥积极作用，降低电网供需调节的压力，提高能源系统的稳定性和灵活性。

3.1.3 建筑用电模式的新变化

传统电力系统中，功率平衡机制主要是源随荷动的平衡模式，电力系统采用发电跟踪负荷的方式实现功率平衡控制，终端用电为被动物理终端。对于电网调度来讲，由于新能源发电占比较低，可再生电力的不确定波动对电网平衡和稳定运行的影响较小。同时电网的备用充足，传统源随荷动平衡模式可满足电网安全稳定运行要求。而在大规模可再生能源接入的情况下，对电力系统的调节能力提出更高要求。可再生能源的随机波动具有较大的不确定性，对电力系统的供需平衡和安全稳定运行产生巨大影响。如果维持传统源随荷动的平衡模式，不去挖掘需求侧的负荷柔性调节手段，最终的结果将会导致大规模弃风弃光现象，电力系统的调节能力将大幅下降。

在这一过程中，用电侧需要积极变革，建筑的角色从单一建筑用能消费者向"产、储、消、调"四位一体架构转变的过程中，在满足建筑室内环境营造需求的前提下，实现与电网的友好互动。室内环境营造的过程涉及供暖、制冷、通风、照明等功能，以满足舒适、健康的室内环境需求。建筑与电网的友好互动，通过调节建筑能源生产与消费，助力电网供需匹配、提高可再生能源利用率。两个目标需要统筹协调，在尽量不影响或者较少影响室内满意度的情况下，充分发挥建筑热惯性等等效储能资源，加强建筑用能侧的柔性调节能力。

3.1.4 电动汽车和充电桩

大力发展电动汽车是实现"双碳"目标的关键，可大幅降低直接碳排放，同时通过车网互动为新型电力系统提供重要的储能资源。在"双碳"目标的推动下，车辆与建筑两大终端用能部门的耦合关系正在逐渐增强：在车行为方面，城市私人车辆（约占城市车辆总数的80%）平均80%以上时间停留在建筑停车场，并进行充电；在电网增容方面，车辆充电桩接入建筑配电系统，减少电网扩容投资。

住宅建筑是车与建筑能源互动的最主要场景。城市私家车行为与住宅建筑的联系尤为紧密，典型城市的私人电动汽车平均有39%～67%的时间停留在住宅建筑停车场。这种长期而稳定的停留特征，为车辆与住宅建筑的能量互动提供了充足的时间和空间条件。住宅建筑在电动汽车充电模式中发挥着重要作用。车主一般晚上回到小区后接上充电桩，若采用无序充电，即接入后立刻进行充电，使得电动汽车充电负荷与住宅用户的用能峰值高度重合。

通过在住宅建筑停车场合理布局智能有序充电桩，在建筑用电的晚高峰时段延迟充电，随后利用夜间低谷电力为电动汽车充电，来满足次日的出行需求。基于这种有序充电模式，车辆充电桩可以使用住宅建筑的闲时冗余配电，减少了因充电桩带来的扩容投资。对于建筑来说，避开了配电系统在用电高峰时段的压力；对于车辆来说，满足了自身充电需求的同时，电动汽车的电池寿命也由于有序充电管理得以延长。总的来说，这种模式有助于缓解配电网扩容压力，充分发挥电力需求侧的柔性，为电力系统提供灵活调节的能力。

在智能有序充电桩的基础上，进一步发展双向充电桩。在电力负荷低谷期进行充电，在电力负荷高峰时进行放电，通过双向充放电技术充分发挥其储能调蓄功能。私家车平均年行驶里程约在 1.2 万 km，耗电一般不超过 2000kWh/年。按照每辆车的平均电量 60kWh 估算，每次充电 50kWh 的话，每年仅需要充电 40 次。如果每日充放电一次，以充放电效率平均 92% 计算损耗，日平均 7kWh 用于行驶、7kWh 由于电池存放电过程而损耗。在双向充放电模式下，尚有 36kWh 电量供储能调节使用。2050 年全国预计有 3 亿辆非商用乘用车，可在满足车辆日常行驶需求的同时提供约 108 亿 kWh 的日储能容量，将发挥着重要的调节作用。

3.2 负荷侧自律式响应调节参与电力系统源荷互动

3.2.1 新型电力系统源荷互动需求

新型电力系统的建设是实现我国以能源转型为目标的能源革命最主要的任务。电力系统将由目前的大比例火电转变为大比例风电、光伏，2060 年我国风电、光伏装机容量（占比）和年发电量（占比）将分别增长至 70.1 亿 kW（85%）和 11.9 万亿 kWh（69.2%）。图 3-1 为风电光电与用电负荷间变化的不匹配，尽管风电、光伏提供的电量与总用电需求相当，二者在时间尺度上存在显著差异，例如中午日照强度高时，风电、光伏发电功率为当时用电负荷的 3 倍以上，而夜间电源所提供的功率却远小于用电负荷；图 3-1 中第三天为阴天且静风，此时全天用电负荷又显著高于风电、光伏发电功率。这时，为平衡二者之间的不匹配，需要依靠可集中调度的电力调控资源，包括可作为旋转备用的火电、水电，以及抽水蓄能、空气压缩储能、化学储能等储能资源。但未来大幅度消减火电发电能力，且其他可调电源占比也有限，可集中调度的电源装机容量将降低到电源总的装机容量的 25％以下，不足以平衡图 3-1 中的负荷缺口；而可以集中调配的储能资源，其日储能容量很难达到日用电总量的 30％，其消纳功率也很难超过总的风电、光伏装机容量的20％，因此不足以消纳图 3-1 中的富余电量，并补充图 3-1 中的电力缺口。因此需要调度分布在用电终端的储能和灵活用电资源来解决该问题。通过改变用电模式和终端储能，使用电负荷需求的曲线尽可能向电源功率曲线靠拢。供需两侧共同努力，最终实现两条曲线的重合，满足供电需求。

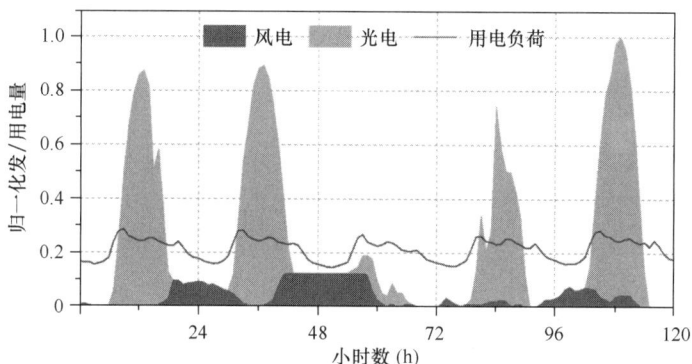

图 3-1　连续 5 天内风电光电与用电负荷间变化的不匹配

以我国南部某省为例，当电源侧接入大比例风电、光伏时，为平衡可再生能源与用电负荷之间的不匹配，日储能电量需求的累积天数曲线如图 3-2 所示。其中，

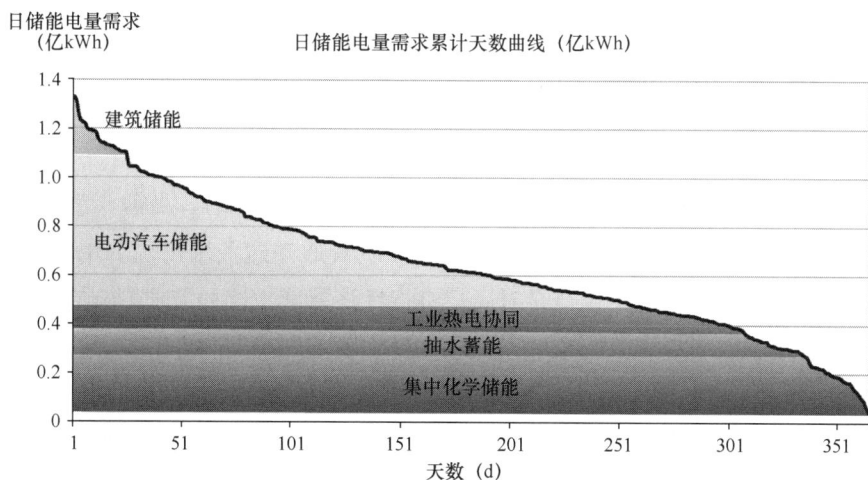

图 3-2　我国南部某省大比例风电、光伏对日储能电量需求

集中化学储能每日充分利用进行充放，约可等效为 0.24 亿 kWh 的储能能力；抽水蓄能也基本上每日一次，提供 0.21 亿 kWh 的储能能力。该省可利用核电余热通过热泵工业生产制备蒸汽，通过储热罐储热，可使热泵同时为电力调峰。根据预测的该省工业用蒸汽量，此工业用汽的热电协同可提供等效于 0.14 亿 kWh 的储能能力。而剩余储能容量需求，大部分可以由该省电动汽车提供；该省未来有 450 万辆非商业用电动汽车，只要同时有 1/3 的车辆通过充电桩与电网连接，就可以满足电力短时间内的调峰需要。最后 10% 的储能需求，需要调动建筑内部可调节的柔性用能资源。

3.2.2 目前电力系统源荷互动方式

目前电力系统的实时调控是在日前预测和优化的基础上，根据实时出现的偏差及时调度可以随时调动的旋转备用容量，实现电源侧和用电负荷之间的动态平衡[2]。对于一个区域电网来说，被调节对象主要是数百个可调电源和集中储能设施。而具备分布式储能和灵活用电能力的独立的用电终端，如充电桩、建筑电器等终端[3,4]，其数量是数十万个到数百万个，很难通过电力调度对其进行实时调动，这就难以使这些潜在的灵活用电资源根据电网供需平衡状况实时地调节其储电和用电状况。为调动用电终端柔性用能能力，电力部门已采取相关尝试，主要包括：负荷聚集商、需求侧响应、分时电价等措施。

"负荷聚集商"模式由作为第三方的负荷集成商集成这些灵活用电负载，使其成为一个等效的可灵活调节的用电负载，进入电力系统的调度平台。这实际上是把数量巨大的分散负载如何进行实时调节的矛盾推给了负荷聚集商，并没有实质地解决问题。而负荷聚集商也很难有根据实时变化的供需关系及时协调其所辖的用电负荷，以配合电网进行实时调节的有效方法。

"需求侧响应"通过预先和具有灵活用电能力的负载签约，当需要消减电力负荷或增加电力负荷时，直接调动这些签约用户或者通知这些用户调节用电功率[5]，并根据用户实时响应的功率调节量对用户进行经济补偿。这种需求侧响应的方式近年来在我国得到广泛应用。国家电网每年在夏季负荷高峰期和春节的负荷低谷期大范围地进行数十次需求侧响应调节，有效地缓解了电源和需求侧之间的矛盾，取得了数十亿元的经济效益。但是，需求侧响应调节解决的是短期出现的供需矛盾，处理的是非常态的负荷变化。其核算的负荷侧调节量是正常工况下的功率预测值与实际用电功率之差。因此这种方式只适合应对临时出现的各种非正常现象，而不能激励用于解决大规模风电、光电后要求用电终端每天都要进行的储能和灵活用电调节。这里的根本问题是如何评估终端用户的调节效果，是应该根据调节的功率变化量，还是根据当时的用电功率？如果是根据经过调节后功率的变化量，那么如何识别和预测没有响应时用户本来的用电功率？如果这种调节是每天都要发生的常态，那么如何定义用户侧原本的用电功率？

与此同时，我国从 20 世纪 90 年代就开始实行了"分时电价"。在一天内划分出不同时段，分别是高电价的用电高峰时段、平电价的用电平期，以及低电价的电力负荷低谷期。这种方式主要是为了通过电价来改变终端用户的用电行为，从而消减城市电力负荷的峰谷差，并且确实起到了电力削峰填谷的作用。例如，受分时电价的影响，我国一些省份（如辽宁省、海南省）每天的电力负荷高峰出现在零点之后，这是由于一些工业负荷和电动汽车充电负荷为了低电价而改变其用电行为所致。然而风电、光电的每天变化并不完全守时，连阴天、静风天与晴朗天和大风天气在一天内输出的电力完全不同，从而希望终端采取的调节行为也完全不同。因此固定时间的"分时电价"方式很难成为解决风电光电消纳问题的有效的激励信号。

实施动态实时电价制度，使电价成为激励信号原则上可行，这也是很多西方国家目前采用的方式[6]。然而，我国电价目前已经承载了很多职能，如保民生、支农等特殊的低价电和为了支持电力系统建设的各类附加电价等。把用电终端灵活性调节的任务再进一步加载在电价上，陷入电价的各种补贴和各类附加中，很难突出其对调节用电的激励功能，并且，如何确定不同场景下的动态电价，使其在促进调节的前提下又保持电价水平的公正性，也面临着困难的选择。

3.2.3　负荷侧自律式响应调节

对于负荷侧而言，相关研究表明建筑和其配电网通过充电桩连接的电动汽车可提供巨大的储能资源和灵活用电资源[7]，然而这些储能资源和灵活用电资源都不是专门为电网服务的，而是有其自身的任务，需要在完成自身任务和协助电网调峰之间找到一种平衡，在不影响完成自身任务的前提下尽可能参与电网的削峰填谷工作。这就需要研究适宜的调动机制，使各类用电终端能尽可能地发挥其储能和柔性用能功能。

需求侧响应的实践表明，对海量的具有灵活用电能力的终端用户，不必进行精准的调控，只需要通过带有激励机制的某种"号召"，也可以改变这些终端用户的用电行为，使其按照"号召"指出的调节方向消减或增加用电功率，从而减少电源侧统一调度调节的压力，利用较小的旋转备用容量实现最终的调节。在未来不确定的风电、光电成为主要电源，配合风电、光电实时变化所要求的调节成为常态时，如果能通过某种激励机制调动起负荷侧的储能和灵活用电资源，平衡风电、光电的变化，就可以大大缓解电源侧调节的压力。这样，就可以通过分布在数百万个用电终端的储能和灵活用电资源与电网可直接调动的旋转备用容量联合完成由于大规模风电、光伏电源的随机变化导致电力系统的实时调节任务。

但是要实现这种调节，需要由电力系统发出实时的调节信号，该信号应充分反映电力系统实时的供需矛盾，使其引起的用电终端的调节行为与电力系统当时需要的负荷调节方向一致；同时又应该是"激励"信号，能够有效地激励起终端的调节行为，使得用电终端愿意积极地实时参与调节。这将成为实现由海量调节个体针对同一调节目标进行实时调节的电力系统能够获得有效的控制调节效果的关键。

综上所述，面对未来大比例风电、光伏等可再生能源与用电负荷不匹配的问题，亟需调动分布在用电侧的灵活用电资源。目前采用的负荷聚集商、需求侧响应和分时电价等措施并不能完全解决实时变化的供需矛盾，需要建立实时引导用电侧灵活用能的调节信号。在此背景下，电力系统尝试采用"电力动态碳排放责任因子"（后文简称"C_r"）这一动态信号，激励用电终端进行"自下而上"的自律式响应调节（图 3-3），从而参与电网互动，第 3.3 节将重点介绍该方法及其在住宅建筑中的应用。

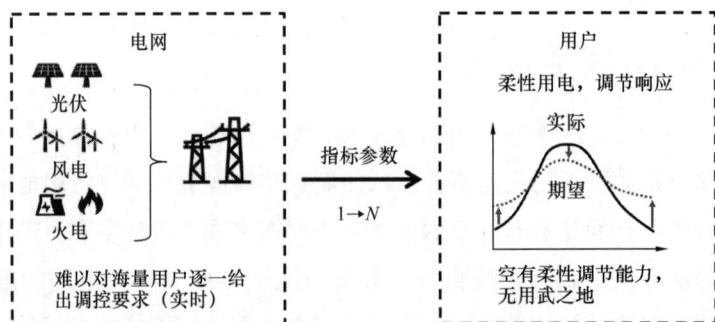

图 3-3　负荷侧"自下而上"的自律式响应调节

3.3 电力动态碳排放责任因子及其在 住宅建筑中的应用

3.3.1 C_r 简介

电力动态碳排放责任因子（C_r）表示电力用户每消费单位千瓦时电量所应承担的碳排放责任，量纲为 $kgCO_2/kWh$。此值与用电功率加权对全年按照时间积分后，所得到的全年平均值准确等于该地区度电生产和外区域来电共同导致的各个火电厂真实二氧化碳排放总量。然而，每个瞬间 C_r 并非等于当时度电的真实碳排放量，这主要是因为我国目前乃至未来的碳中和时代，燃煤电厂总要在总电量中占有一定的比例。而从基本原理看，燃煤机组很难实现理想的灵活调节。这就导致当风电、光伏发电充足，已足以满足当时的负荷需求时，部分燃煤机组仍要在最小发电功率下运行，实际就是处在"热备用"状态，以便在风电、光伏下降到不能满足用电负荷时及时"爬坡"，满足负荷需求。燃煤机组在最低负荷下运行发电，再加上风电、光伏，如果超过当时的电力负荷，就只能弃电，这就是所谓"弃风弃光"。此时燃煤机组发电导致的碳排放就不是为了满足当时的用电需求，而是为了保证以后负荷高峰期或风电低谷期用电的需要。因此其对应的碳排放就不应作为当时的用电者的责任，而应摊到后面火电为了满足用电需求而高功率运行时段的用电者身上。由此得到 C_r 的计算原则，根据每个时刻全部火电机组的运行状况确定当时的 C_r，在火电机组高出力时，C_r 高于当时实际的火电度电碳排放值，这就引导用户末端尽可能降低用电功率，通过释放储能减少从电网的取电，其结果就减轻了电网的调峰压力；在火电机组压火、维持在低功率运行时，C_r 低于当时实际的火电度电碳排放值，这就引导用户末端加大从电网的取电功率、储能和多用电，从而又减轻了火电厂减负荷的压力，减少了弃电。

C_r 是时变量，由电力调度部门根据本供电区域内所有机组的运行状况实时计算并发布，具体计算方法可详见本章参考文献。以我国北方某供电区为例，图 3-4 分别给出了春、夏、秋、冬四个季节各连续一周内 C_r 的变化情况。可以看到 C_r 在每天都会大范围波动，全年波动范围在 $0.1 \sim 1.7kgCO_2/kWh$ 之间，高低可相差 17 倍，具有足够的灵敏度以激励用户末端响应调节。就变化规律而言，C_r 在不同季节呈现不同的波动趋势，相同季节内每日内变化规律相似。以春季（4 月）为例，C_r

在一天内一般会出现"两峰两谷","两峰"分别为清晨太阳出现之前的早高峰和傍晚太阳消失后的晚高峰,"两谷"分别为凌晨低谷和正午低谷,这是因为过渡季光伏发电出力较大,电力系统难以消纳富余光伏,所以造成了正午低谷;夜间用电负荷较低,火电仍需压火运行,造成了凌晨低谷。而夏季(8 月)C_r 在一天内仅出现"一峰一谷",这是由于夏季空调用电大幅度增加,已有的风电、光电占比很小,基本上依靠火电满足负荷需求了。由此可见,C_r 是可以反映电力系统供需关系的动态信号,从而调动海量分布在负荷侧的柔性调节资源参与电力系统调节。当电网在火电大发以顶峰的时间段,C_r 较高,引导柔性末端降低负荷,以减轻火电顶峰压力;当火电压火维持低负荷的时间段,C_r 较低,又可以靠柔性末端调节提高负荷,从而减少弃电压力。

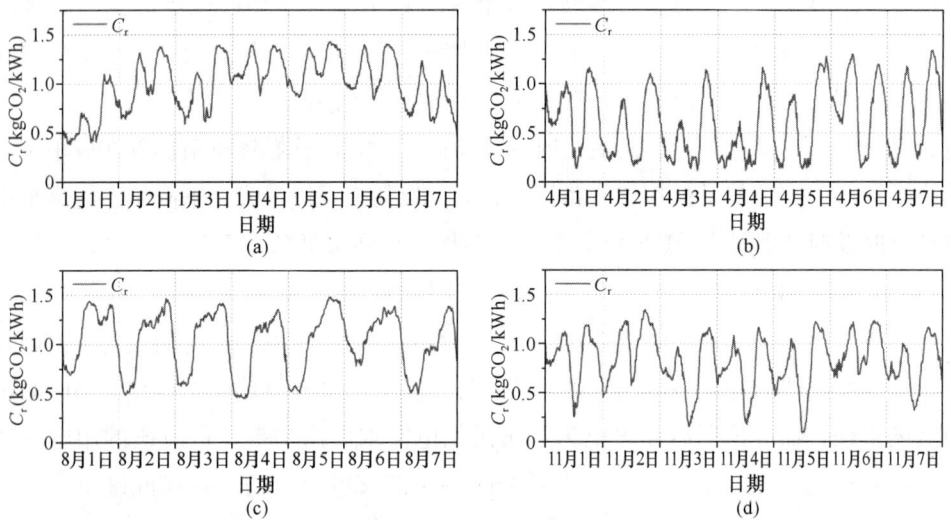

图 3-4 我国北方某供电区域典型周电力碳排放责任因子变化

(a) 1 月;(b) 4 月;(c) 8 月;(d) 11 月

3.3.2 信号传输

C_r 信号可以通过电力载波和公共网络两种方式传输至用户末端。针对独立控制的末端设备,利用既有电力设施,通过智能电表即可获取 C_r 电力载波信号,无需额外通信设备,在插头通电获取电力的同时便可接收 C_r 信号。图 3-5(a)展示了基于国家电网智能电表架构的 C_r 信号实时传输和显示,还可以直接对用电情况进行碳排放责任的动态计量与核算,如图 3-5(b)所示。针对集中控制管理的末端设备,如具备建筑自动化系统的建筑用户,还可以通过公共网络获取 C_r 信号。目前,建筑自动化管理企业、区域能源管理系统、各电器设备聚合商平台均可通过该方式获取 C_r 信号，并根据自身需求对终端设备进行统一调控。

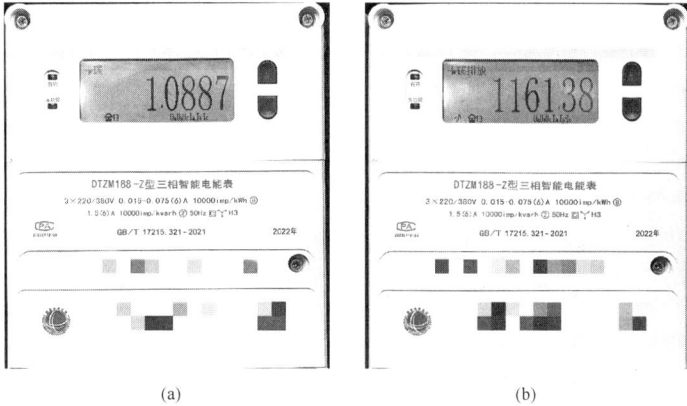

图 3-5 基于智能电能表的信号传输

(a) C_r 信号实时传输与显示；(b) 碳排放责任计量与核算

电力部门根据发电机组的运行状况实时计算并发布 C_r 信号，目前发布时间间隔为 15min。除此之外，考虑风电、光电的波动特性，区域电力系统调度部门将根据对第二天电力负荷和风电、光伏等可再生能源的预测，制订机组次日发电计划，由此可以计算得到次日全天的 C_r 预测曲线。电力系统将在当日 23:00 前下发次日全天 96 点预测曲线，作为负荷侧终端响应电网调节的参考信号，仅为电力用户提供曲线参考，核算碳排放责任时仍然以实际 C_r 为准。C_r 信号预测值和实时值对比如图 3-6 所示，二者虽然在数值大小存在些许差异，但变化趋势基本相同。因此，C_r 预测值足以引导用户根据 C_r 变化趋势合理安排生产/生活用电时间，从而通过调节自身用电行为，真正实现绿色用电。

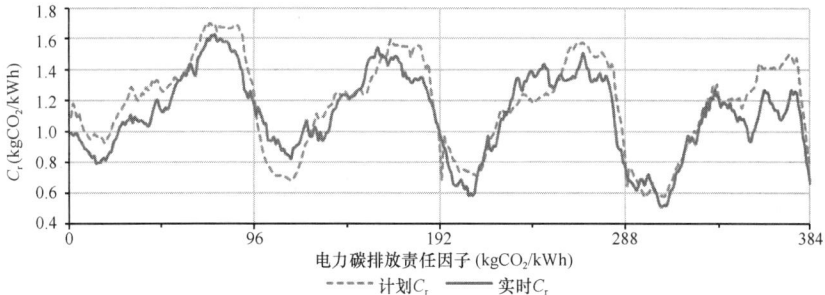

图 3-6 C_r 预测值与实时值（四日数据）

3.3.3 C_r 响应

建筑在保障基本功能的前提下，通过优化用电设备的运行时序和功率，可以利用柔性潜力改变自身负荷形态，基于 C_r 响应调节能够实现电力调峰和可再生能源消纳。住宅建筑用电负荷根据其调节特性可分为：可蓄能型负荷、可时移型负荷和可调节型负荷三种类型。

1. 可蓄能型负荷

热水器、冰蓄冷多联机等可蓄冷/热的电器设备一般只需要根据储存空间内温度，在需求时间内开启运行一段时间即可，适当提前或延迟系统开启时间，并不影响使用效果。因此可以通过学习 C_r 信号变化规律，识别出一日内需要多用电和尽可能避免用电的时间段，以及所连接设备需要的连续运行时长及开停时间比，在一天内做出规划策略，从而避开在高 C_r 时段（电力紧缺）运行，尽可能调整到低 C_r 时段（电力过剩）用电。

2. 可时移型负荷

对于可时移型电器设备，如冰箱、洗衣机、洗碗机、扫地机器人等，在非急用的情况下，可以通过节能模式降低负荷，避开 C_r 高峰时期，选择在 C_r 低谷时期开机运行，便可实现低碳用电。

3. 可调节型负荷

可调节型负荷可以根据 C_r 信号调节自身用电功率，比如空调就是住宅建筑中典型的可调节负荷，建筑围护结构、家具都具有一定的蓄冷和蓄热能力，短时间的关闭空调或调整空调输出功率并不会显著影响室内环境温度，通过控制空调启停、改变变频空调的压缩机频率、改变室内温度设定值等方式都可以在不影响或少影响用户舒适度的前提下实现负荷柔性控制。图3-7展示了分体空调基于 C_r 信号自律式调节的响应过程，通过持续接收 C_r 信号，判断 C_r 信号数值高低，从而执行相应阈值的调节动作。

照明灯具等可调节型负荷，需要根据功能重要性和保障性需求，设定分区分档可调范围，当 C_r 超过某一限额时，适当降低保障性需求不高的室内空间照度等级，从而使照明灯具基于 C_r 进行有序用电。但由于人对灯光变化敏感性较高，因此，需要充分考虑舒适度要求，对灯光设备制订分时分区的精细化调控策略。

以上用电终端均可以设置一个简单的由用户确定的界面/调节旋钮，使用者可以在 $0 \sim 1$ 之间选择该设备参与 C_r 响应的深度 S。S 值表示不同的参与调节程度，

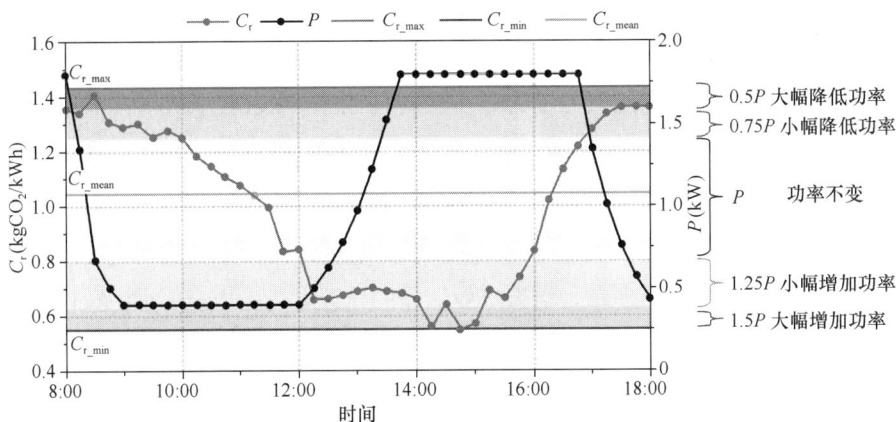

图 3-7 分体空调基于 C_r 信号自律式响应调节的响应过程

"0"表示不参与 C_r 响应调节，按照既有模式运行；"1"表示深度响应，即尽可能根据 C_r 进行调节。这样，每个用电设备由生产厂家通过修改产品的控制策略响应 C_r 调节，而每台设备又可随时由直接使用者通调节旋钮改变其可参与的调节深度，从而平衡满足建筑运行功能的要求和协助电网调节的需求。上面对控制策略的描述仅仅是简单的原则和原理，每个产品的控制策略细节都与产品本身的调节特点有关，需要生产企业单独研究开发，其性能的差别又可以成为同类产品的竞争点。好的调控策略既不影响产品本身的功能与使用效果，又具备较大的灵活调节用电功率的性能，从而可以增大系统柔性或者在同样的系统柔性下减少对蓄电池容量的需求，这也是调控策略优化可以获取的经济效益。

目前，北京城市副中心已选取某住宅小区进行居民家庭场景基于 C_r 的响应调控实证。与此同时，在能源转型的大背景下，国内多个建筑电器厂商，正在积极开展可以响应 C_r 的建筑电器智能产品的研究开发，目标是在市场上提供一批可以基于 C_r 进行智能调节的建筑电器产品，已经列入规划的产品包括空调、风机、水泵、各类黑/白家电、照明灯具等，希望届时能够提供全套的智能电器产品，以满足用户侧响应调节的需求。

3.3.4 电力用户碳排放责任核算

电力用户承担的碳排放责任（T_c）即为各时刻用电功率 P_T 与 C_r 乘积在时间上的积分：

$$T_c = \int P_T(\tau) \cdot C_r(\tau) \cdot d\tau \qquad (3-1)$$

式中 T_c——一段时间内，用电终端使用了功率为 P_T 的电力所要承担的碳排放责
任总量，tCO_2；

C_r——随时间变化的电力动态碳排放责任因子，$kgCO_2/kWh$。

由于 C_r 恒为正数，因此用电终端的碳排放责任 T_c 也总是正值，即只要用电就
要承担相应的碳排放责任。

以某典型居民用电曲线为例，在保障相同用电量的前提下，参与 C_r 信号调节前
后的用电曲线如图 3-8(a) 所示，当天等效储能的充放电行为以及 C_r 曲线如图 3-8(b)
所示。由图可知，典型居民用电在 19:00 左右出现高峰，持续至 22:00 左右，约是
日间负荷的 2 倍，凌晨用电最少。根据 C_r 核算该用电模式下度电碳排放责任为
$0.71kgCO_2/kWh$。基于 C_r 信号响应后，户内柔性资源（如热水器、空调、扫地机
器人等，假设等效储能最大功率为基础负荷的 50%，容量为日用电量的 50%）尽

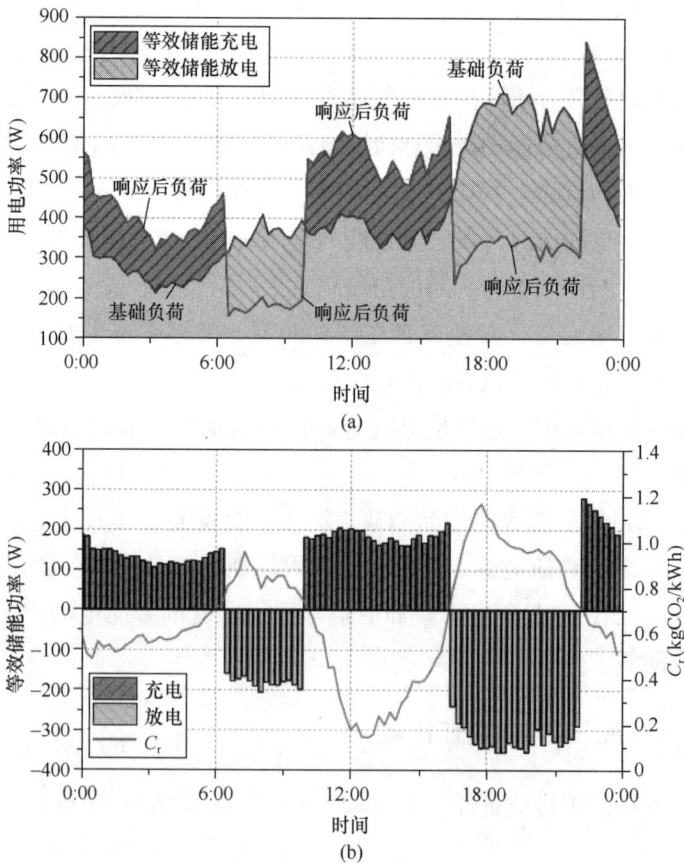

(a)

(b)

图 3-8 典型居民用电曲线与响应效果

量避开 C_r 高峰用电，选择低 C_r 时间段用电，在日用电量不变的前提下，响应后度电碳排放责任为 $0.60\mathrm{kgCO_2/kWh}$，降低了 15%。

参 考 文 献

[1] 周孝信，赵强，张玉琼."双碳"目标下我国能源电力系统发展前景和关键技术[J].中国电力企业管理，2021(31)：14-17.

[2] 王廷涛，苗世洪，姚福星，等.计及动态频率响应约束的高比例风电电力系统日前-日内联合调度策略[J].中国电机工程学报，2024，44(7)：2590-2604.

[3] 江亿.光储直柔——助力实现零碳电力的新型建筑配电系统[J].暖通空调，2021，51(10)：1-12.

[4] LIU X C，LIU X H，JIANG Y，et al. PEDF (photovoltaics，energy storage，direct current，flexibility)，a power distribution system of buildings for grid decarbonization：definition，technology review，and application[J]. CSEE Journal of Power and Energy Systems，2023，9(3)：829-845.

[5] 国家发展和改革委员会.电力需求侧管理办法[EB/OL].(2023-09-15)[2023-11-06].

[6] MEHRTASH M，HOBBS B，ELA E. Reserve and energy scarcity pricing in United States power markets：A comparative review of principles and practices[J]. Renewable and Sustainable Energy Reviews，2023，183：113465.

[7] 刘效辰，刘晓华，张涛，等.建筑区域广义储能资源的刻画与设计方法[J].中国电机工程学报，2024，44(6)：2171-2185.

[8] 江亿，张吉，张涛，等.电力动态碳排放责任因子[J].中国电机工程学报，2024，44(17)：7024-7039.

第4章 城镇住宅未来发展的柔性资源潜力

4.1 全面电气化可行性分析

城镇住宅建筑作为城市能源消费的重要组成部分，涵盖供暖、制冷、炊事、生活热水、照明等多个用能环节。随着城镇化的推进和居民生活水平的提高，城镇住宅建筑的能源消费总量持续增长，同时，能源结构也在不断演变。在"双碳"目标的引领下，优化建筑用能结构、推动建筑领域低碳转型已成为行业共识，其中，提高电气化水平是核心路径之一。

4.1.1 住宅建筑用能结构

2022年城镇住宅建筑运行能耗达到4.5亿t标准煤，其碳排放占全国建筑运行碳排放的38.5%。这部分碳排放主要来自两方面，（1）直接燃烧化石能源，如燃煤、天然气、液化石油气等；（2）通过电力、集中供暖系统间接排放。由于我国电力结构中仍有相当比例的燃煤发电，建筑用电带来了较高的间接碳排放。因此，在保持建筑运行舒适度的同时，减少化石能源消耗、提高电气化水平已成为重要目标。

电气化率是指在建筑用能结构中，电能在终端二次能源消费中所占比重的指标，用以衡量建筑的电气化水平。随着电气化技术的发展，电气化率的提升有助于减少建筑中的碳排放和能源消耗。目前，电气化率的计算方法将热力供应部分二次能源消费也纳入了基数，导致电气化率的计算结果偏低。以热力为例，采用热泵进行电转热的情况下，基数中的热力应除以热泵的转换效率，以得到合理的电气化率计算结果。也就是说，除了北方地区城镇住宅的集中供暖外，电气化水平提升重点关注的是对传统燃煤、天然气等化石能源热力需求的电能替代。从碳排放的角度来看，通过"以电代煤""以电代气"，可以减少建筑领域直接碳排放，同时随着我国电力系统的低碳化，建筑用电的间接碳排放也将逐步下降。

城镇住宅建筑在能源消费方面存在一定的地域差异。北方地区通过"煤改气"

"煤改电"政策的推进，供暖方式逐渐向清洁化转型，供暖能耗占全国建筑总能耗的比例呈逐年下降趋势，但燃气供暖的占比仍然较大，能源结构尚未完全脱碳。南方城镇的住宅建筑用能以空调制冷、电器用电为主，冬季供暖需求相对较小，但随着气候变化的影响，南方冬季低温天气增多，供暖需求逐年上升，冬季电力负荷压力增大，空气源热泵等高效电供暖技术进一步推广。

在城镇住宅建筑用能结构方面，居民日常生活中，电磁炉、电炊具等电气化设备的普及率不断提高，部分高能耗的燃气设备正在被电能替代。然而，在炊事、生活热水、供暖等环节，天然气仍然占据比较重要地位。虽然电炊具、热泵热水器等高效电气化技术逐步推广，但整体市场接受度仍需进一步提高。

4.1.2 住宅建筑用能电气化途径

1. 关键电气化技术

城镇住宅建筑的电气化主要涵盖炊事、热水、供暖等环节。近年来，随着电气化技术的不断进步，热泵、电磁炉、建筑光伏等高效电能利用方式逐渐普及，为建筑电气化提供了可靠的技术支撑。

供暖电气化是建筑电气化的重要组成部分。北方城镇地区供暖仍然要依靠集中供暖方式来提供零碳热量（包括可再生能源供热、工业余热、核电余热等清洁供暖方式），而对于北方地区零散供暖和南方地区来说，则要采取分散式的电气化供暖，比如通过高效热泵技术替代传统燃气锅炉、直接电供暖等低效电供暖技术。目前，低温空气源热泵在室外温度较低的北方地区仍能稳定运行，且能效比可达 3.0 以上，即每消耗 1 度电可以提供 3kWh 以上的热量，从而大幅降低供暖成本（表 4-1）。

不同供暖方式运行成本对比[4]　　　　　　　　　　　　表 4-1

供热方式	运行成本（元/m²）		
	北京	沈阳	哈尔滨
燃煤锅炉	33.84	40.83	42.09
分户燃气锅炉	31.93	38.77	40.01
直接电加热	105.3	128.31	132.47
空气源热泵（准二级压缩）	29.45	41.61	48.91
空气源热泵（潜热储能）	30.67	40.97	47.39

在城镇家用热水器中，电热水器占比 52.9%，其次是燃气热水器占比 35.1%，

太阳能热水器使用率 9.5%。燃气和低效用电仍是生活热水的主要形式，而分散式热泵热水器成为一种高效的替代方案。相比传统电热水器，热泵热水器的能效比可达到 3.0～4.0，显著降低电能消耗。虽然热泵热水器初投资要高于其他类型热水器，但结合其用能效率和我国居民电价政策，热泵热水器的运行费用可大幅降低（表 4-2）。

各类热水器户用能耗及运行费用对比[5]　　　　　　　　　表 4-2

类型	燃气热水器	电热水器	热泵热水器
年用热水量（L）	45L/（人・d）×3 人×365d＝49275L		
热效率	90%	95%	250%
年用能量	224m³	2118kWh	847kWh
能源价格	3.5 元/m³	0.5 元/kWh	0.5 元/kWh
年能源费用	784 元	1059 元	424 元
设备价格	1500 元	1200 元	3000 元

注：按当前水温平均供水温度 10℃，热水器出水温度 45℃计算。

在炊事方面，蒸、煮、煎、炒、炸等多种烹饪方式已基本可实现电气化。然而，受我国烹饪习惯和饮食文化影响，用户仍倾向于使用燃气灶具。传统燃气灶热效率约为 55%～63%，市面上的电磁炉等电炊具热效率可达 90%，具有更低的能源成本。但受限于电磁炉加热不均匀和明火烹饪习惯，电替代进程缓慢。电焰灶作为一种新型炊事设备，结合了燃气炉及电磁炉的优势，可以利用低温等离子技术，将电能转化为热能，具有传统燃气灶的火焰效果，同时兼顾绿色、安全与环保特性。未来，随着电炊具技术的升级，炊事电气化的进程有望进一步加快。

2. 电气化实施路径

随着供暖、生活热水和炊事电气化技术的不断进步，以及国家政策的大力支持，电气化进程正逐步成为提升能源利用效率、降低碳排放的重要途径。为了确保电气化顺利实施，关键在于提升建筑的电力承载能力和有效替代传统能源的使用。

对于既有建筑，往往在设计时并未考虑日后实现全面电气化后的负荷变化，需重点关注配电容量，以满足电气化后增加的电力需求。对于新建建筑，则应在规划和设计阶段提前考虑电气化的需求，优化配电系统设计。这里包括提升配电系统的容量、合理配置配电线路，确保系统在未来能够有效支撑电气化带来的负荷增加。

通过用电替代城镇住宅建筑中的传统燃料消耗是电气化实施的主要路径，特别是在供暖、热水和炊事领域，电力系统低碳转型是支撑建筑电气化发展的关键，两者结合将逐步实现建筑领域传统煤炭、天然气等能源消耗被绿色电能取代，显著降低建筑碳排放。

4.1.3　全面电气化的降碳潜力

当前我国电力结构中，火力发电占比超过 60%，部分观点担忧建筑全面电气化可能因电力间接碳排放增加而加剧降碳负担。但这一担忧忽略了两大核心事实，(1) 电气化技术通过提升能效可显著抵消电力碳排放的增量；(2) 建筑领域直接燃料替代的即时减排效益。以燃气为例，2024 年城市燃气用气量约 1413 亿 m^3，其直接燃烧产生的碳排放强度为 $2.75kgCO/m^3$（基于甲烷燃烧碳排放因子计算）。若采用高效电气化设备替代燃气，即使基于当前电力结构（2023 全国电力平均二氧化碳排放因子 $0.54kgCO_2/kWh$），也能实现净减排。例如，在供暖环节，单位供热量下热效率为 90% 的燃气锅炉碳排放强度为 $0.31kgCO/kWh$，而 $COP=3.0$ 的空气源热泵相同供热量下的电力碳排放强度为 $0.18kgCO_2/kWh$，减排约 42%；在炊事环节，以上海为例，燃气烹饪的碳排放量为 $1.99kgCO_2/h$，电烹饪的碳排放量为 $1.48kgCO_2/h$，减排约 25%。这些计算表明，全面电气化并非"以高碳换高碳"，而是通过技术能效优势实现直接碳排放的净减少。建筑全面电气化的核心目标清晰且可量化，即替代城市燃气年 1413 亿 m^3 的天然气消耗，消除其直接碳排放（约 3.88 亿 tCO_2/年）。

若全面电气化落地，随着配电系统升级（如户均容量提升至 8～10kW）和绿电比例增长，建筑运行碳排放将同步归零。需要特别指出的是，能源系统转型与建筑终端用能方式革新应形成动态协同。当前我国电力系统中非化石能源发电装机容量接近 60%，但仍有观点认为气改电需等待完全零碳电力系统建成。这种认知忽视了能源革命实施路径中的时间维度匹配。电力系统深度脱碳需要 20～30 年周期，若等待电力系统完全清洁化后再启动终端改造，不仅错失当下每年数亿吨的直接减排机会，更会导致基础设施更新与用户习惯转变的双滞后。正如新能源汽车推广与充电网络建设互为因果，建筑电气化与电网低碳化须并行推进。在此过程中，碳排放可能呈现先升后降的曲线，但这是系统重构必经的转型成本。真正需要远见的是，生活方式变革往往比技术迭代更具挑战性，从燃气灶到电磁炉的跨越不仅是设备更换，更是饮食文化、空间设计的系统性演进。

4.2　城市住宅小区光伏利用

随着全球能源转型的不断深入，分布式光伏发电作为清洁能源的重要组成部分，在全球范围内得到了广泛推广。住宅小区凭借其在城市用地中占据较大比例以及集中且稳定的用电需求，逐渐成为分布式光伏应用的重要场景之一。同时，住宅小区的用电特征包括用电负荷曲线的时序变化不仅决定了光伏系统接入的技术可行性，还直接影响了光伏发电的自消纳能力和系统的整体经济性。本节将分析住宅小区的光伏安装潜力和用电特征，探讨两者之间的匹配关系，并进一步评估光伏系统的运营模式与经济性，为光伏在住宅小区的应用提供理论和实践依据。

4.2.1　住宅小区光伏安装潜力

分布式光伏系统作为可再生能源的重要形式，其独特优势在于可以与现有的建筑和基础设施相结合，不需要额外的安装空间。这种方式不仅实现了建筑空间的高效利用，还能够显著减少电力传输成本，从而提高能源利用效率。

如图 4-1 所示，我国主要城市（北京、上海、广州、哈尔滨、武汉和昆明）中，住宅用地在总用地面积中的占比均较高。其中，北京的住宅用地占比为 35.2%，武汉为 31.0%，上海和昆明分别为 28.0% 和 27.5%，哈尔滨为 26.2%，广州为 19.6%。这表明住宅用地作为城市土地利用的重要分类，是分布式光伏系统部署的优质资源。进一步结合图 4-1 中城市用地类型的空间分布可以看出，各城市的住宅用地不仅面积占比较高，而且布局相对集中。利用现有建筑设施，尤其是住宅建筑屋顶资源进行光伏系统的安装，能够显著提升光伏发电的空间潜力。这种部署方式避免了对农业用地、生态用地等其他土地资源的占用，契合绿色低碳发展的理念。

需要指出的是，虽然大部分住宅建筑的屋顶存在一定的空闲面积，但实际可供安装光伏组件的面积仅为屋顶空面积的 50%～70%（即 0.5～0.7 的有效利用率）。针对这一现状，光伏组件的安装模式需要更为灵活，通过模块化设计和个性化布置，充分适应不同屋顶的实际情况，确保在有限的面积内达到最佳发电效益。当前的技术路径已建议将有效利用率控制在 0.5～0.7 之间，并以此作为安装设计和评估的参考标准。与此同时，未来可以通过采用轻量化组件、优化支架设计以及智能化管理手段，进一步提升屋顶的有效利用率，为住宅小区光伏系统的部署提供更大

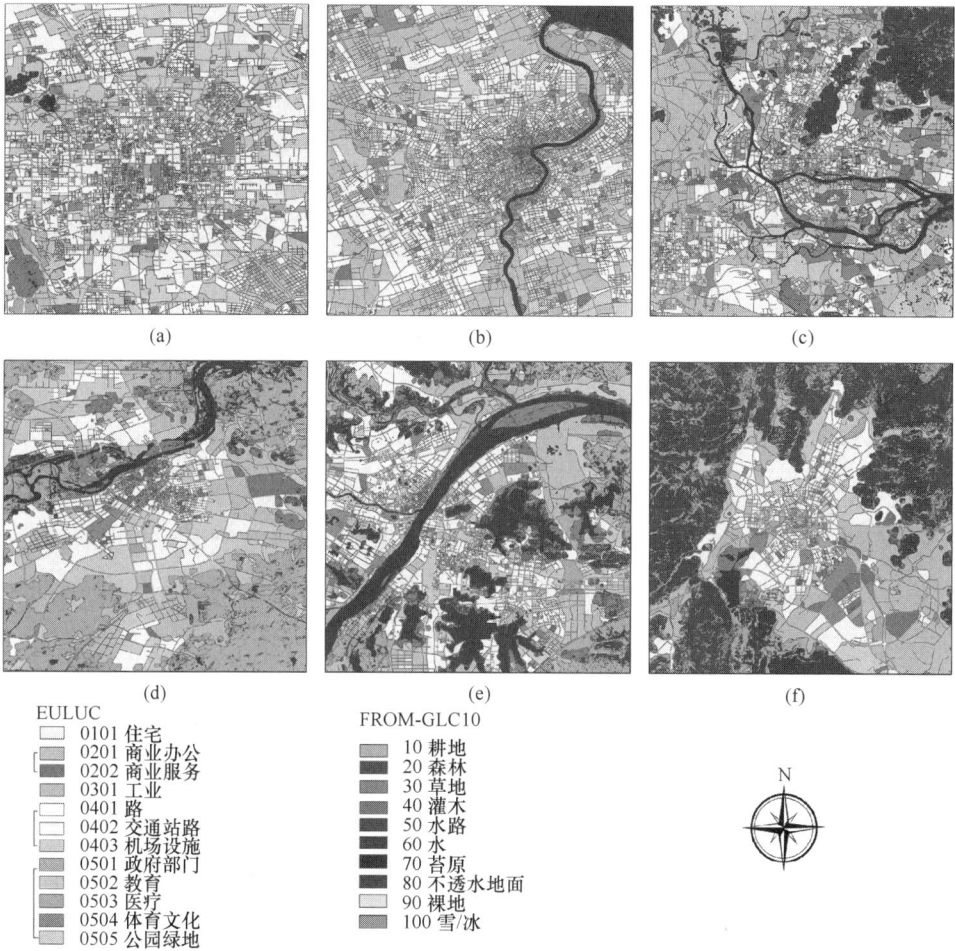

图 4-1　中国主要城市 2018 年用地类型分类情况

（a）北京；（b）上海；（c）广州；（d）哈尔滨；（e）武汉；（f）昆明

的空间和更高的发电潜力。

　　近年来，住宅光伏系统在全国范围内得到了越来越多的关注与实践应用。如图 4-2所示，武汉宏图里小区光伏发电项目是一个典型的高层住宅光伏应用案例，该小区内 4 栋高层住宅楼屋顶安装了 $60kW_p$ 薄膜太阳能电池组件，每年可产生约 6.3 万 kWh 电能，主要用于地下车库的照明需求。在上海崇明和睦佳苑小区屋顶光伏项目则展示了住宅光伏的另一种实践模式。小区内 88 栋住宅楼的屋顶光伏安装容量共计 $2.7MW_p$。该项目采用"共用屋顶、全额上网"的模式，每年总发电量达 283 万 kWh，产生的收益用于小区的管理和维护，惠及 3600 多户居民。此外，

图 4-2   住宅小区光伏项目案例

（a）武汉宏图里小区光伏发电项目；（b）上海崇明和睦佳苑小区光伏项目

上海虹口区赤三小区在 3 栋居民楼屋顶安装光伏系统，所产生的电力优先用于社区公共区域的照明工程。这些项目探索了既有住宅社区光伏系统的技术路径，为既有小区的能源改造提供了可行方案。上述案例充分体现了住宅光伏系统的灵活性和可行性，无论是高层住宅、集中式社区，还是既有建筑改造，分布式光伏均能够因地制宜地发挥作用，为社区提供清洁电力，助力城市实现低碳发展。

4.2.2   住宅小区用电特征

住宅小区是城市能源消费的重要组成部分，其用电特征呈现出多样性和复杂性。图 4-3 展示了 600 栋住宅典型年逐日用电量变化情况，为了让不同规模住宅的用电数据具有可比性，对逐日用电量除以其均值进行了标准化。可以看出，单栋住宅的用电量随时间变化表现出显著波动，不同住宅的用电行为在时间维度上存在显

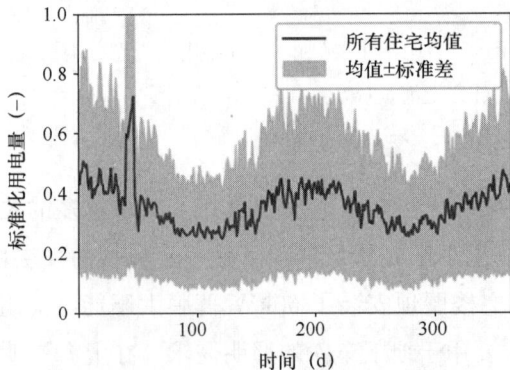

图 4-3   600 栋住宅典型年逐日用电量变化

（除以日用电量平均值进行标准化）

著个体差异，表现为图 4-3 中原曲线的高度离散性。然而，当对所有住宅的用电量进行平均后，呈现出更为平滑的变化趋势，并且展现出明确的季节性规律：冬季和夏季用电量显著高于春秋季，而春秋季用电量较低且相对稳定。

进一步分析冬季和夏季的典型日标准化用电曲线，分别选择了 1 月 4 日（冬季）和 7 月 4 日（夏季）作为代表（图 4-4）。冬季典型日的逐时用电曲线呈现双峰特征，用电高峰分别出现在早晨(6:00~9:00)和晚间(18:00~22:00)，与居民的日常作息密切相关。相比之下，夏季典型日的用电曲线显示出不同特征，整体负载从中午(12:00)逐步攀升，至下午(18:00)达到峰值，并在晚间缓慢下降。这反映了空调制冷设备在高温条件下的显著影响。

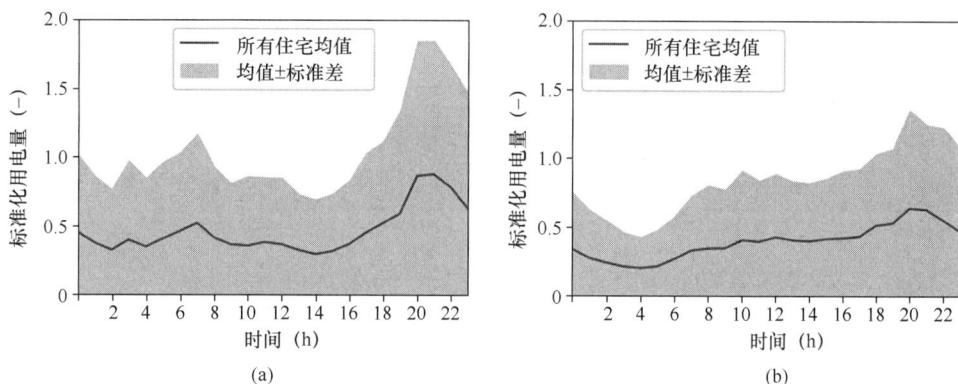

图 4-4　600 栋住宅逐时用电量变化（除以小时用电量平均值进行标准化）

(a) 1 月 4 日；(b) 7 月 4 日

为了深入理解住宅用电特征，将全年数据进行日内用电模式的聚类分析。将全年逐时用电曲线按日期进行分组，每个日期内曲线除以其均值进行标准化，仅保留形状信息；然后对标准化日内曲线进行聚类，选用 k-means 方法，聚类数设置为 2，结果如图 4-5 所示。通过聚类分析得到，小区的日内用电模式可分为两类：第一类（聚类 1）的典型负载曲线呈现为中午至下午(12:00~18:00)逐步攀升，晚间缓慢下降；第二类（聚类 2）的典型负载曲线则表现出双峰特征，用电高峰分别出现在早晨(6:00~9:00)和晚间(18:00~22:00)。这种分类不仅直观展示了不同住宅的用电行为特征，也为细分居民用电模式提供了依据。图 4-6 展示了聚类标签在年度范围内的分布规律。结果表明，聚类 1 的用电模式主要集中在夏季，而聚类 2 的用电模式则以冬季为主。这种分布规律与季节性气候变化对居民用电行为的影响密切相关。

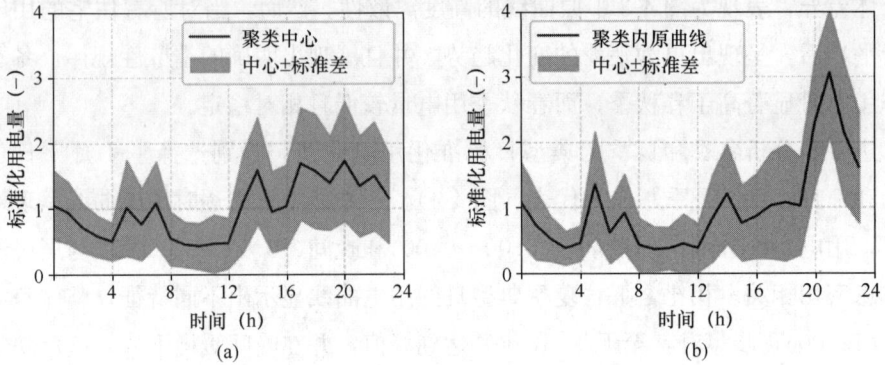

图 4-5   住宅标准化日内用电曲线 k-means 聚类结果

（a）聚类 1；（b）聚类 2

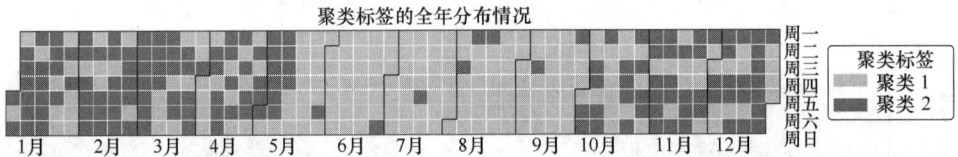

图 4-6   住宅标准化日内用电曲线 k-means 聚类标签全年分布

4.2.3   发用电匹配性和光伏消纳

1. 住宅发用电总量关系

估算住宅每层的建筑年用电量及屋顶光伏年发电量。依据《民用建筑能耗标准》GB/T 51161—2016，北京市住宅建筑每户的综合年电耗约为 2700kWh。结合每层住宅的户数，可进一步计算出每层住宅的年用电量。同时，参考典型光伏组件的参数，每平方米光伏组件的容量约为 180W_p，以及北京气象数据并结合住宅屋顶面积、铺设光伏的面积比例，能够计算出屋顶光伏系统的年发电量。

基于以上数据，得到了不同楼层住宅建筑中全年光伏发电量占建筑用电量的比例，如图 4-7 所示。结果表明，在楼层较低的住宅建筑（例如 4~6 层）中，屋顶光伏发电量能够覆盖更大比例的建筑用电需求，达到 60%~100%。而随着楼层数的增加，由于屋顶面积相对固定而用户用电量增加，光伏发电占用电量的比例逐渐下降，至 20 层时降至较低水平，约 20%。因此，低层住宅建筑光伏发电有望实现更高的自给率，但是由于光伏发电存在固有的间歇性和波动性，仍需要对发用电曲线在时间尺度的匹配性进行深入分析，得到光伏发电的实际利用情况。

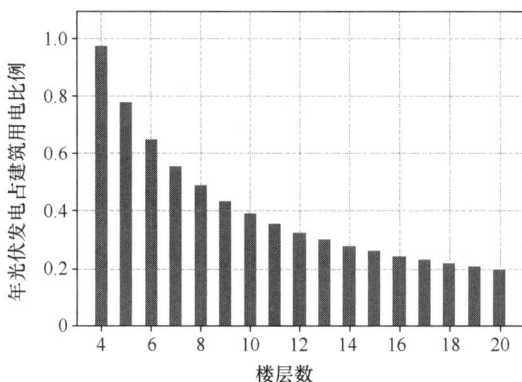

图 4-7　不同楼层住宅建筑中全年光伏发电量占建筑用电量的比例

2. 住宅发用电时间匹配关系

光伏发电与建筑用电的时间匹配性是提升分布式光伏系统利用率的关键。通过分析不同楼层数住宅的光伏发电与用电需求的时间变化特征，可以揭示发用电之间的匹配关系，并用光伏自消纳率和自保障率进行量化。以下从全年逐日变化、典型周逐时变化和匹配性指标三个角度进行阐述。

图 4-8 展示了不同楼层数住宅（6 层和 13 层）的全年逐日发用电情况。从图中可以看出，光伏发电的逐日变化趋势与建筑用电需求在整体上存在一定差异。光伏发电受到季节性太阳辐射强度变化的显著影响，夏季发电量较高，而冬季发电量则相对较低。相较之下，建筑用电呈现出夏季和冬季的双峰特性，这主要是由夏季制冷需求和冬季供暖辅助设备用电需求共同驱动的。因此，在全年尺度上，光伏发电与建筑用电在形状上存在明显的不匹配。定量来看，对于 6 层住宅，光伏发电量占建筑全年用电量的比例约为 65%；而对于 13 层住宅，由于总用电需求的显著增

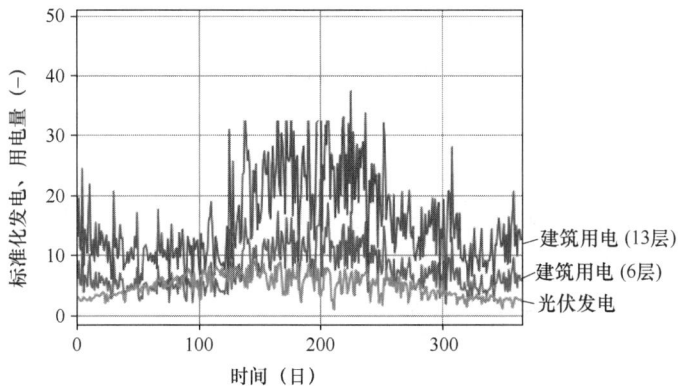

图 4-8　不同楼层数住宅逐日发电、用电量变化

加，该比例降至 30%。因此，从全年日总量的角度看建筑用电曲线能够基本覆盖光伏发电曲线，若能解决日内不匹配光伏可被充分利用。

进一步分析不同楼层数住宅典型周的逐时发电、用电量变化，如图 4-9 所示。光伏发电的时间分布与住宅用电需求的峰谷规律存在显著差异。光伏发电主要集中于白天的中午时段，而住宅用电高峰则通常出现在早晨和晚间。由于两者在日内时段上的错位，这种发用电的时间不匹配限制了光伏发电的即时消纳和就地利用。

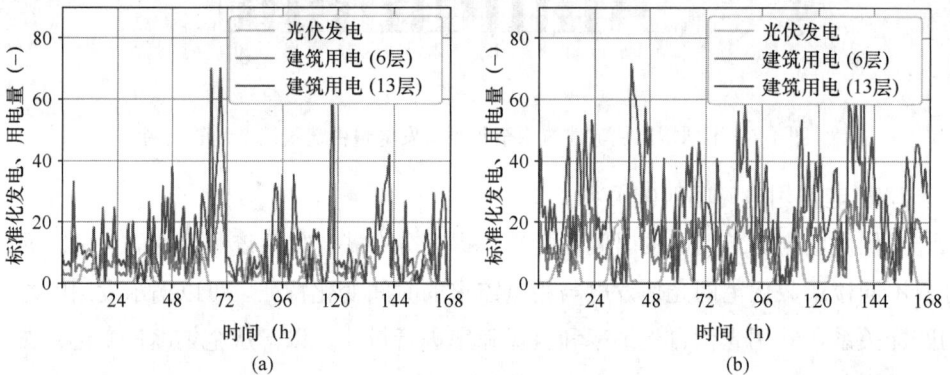

图 4-9　不同楼层数住宅典型周逐时发电、用电量变化

（a）1 月典型周；（b）7 月典型周

为定量评估光伏系统的利用效率，笔者计算了系统自消纳率和自保障率。其中，自消纳率衡量了光伏发电被建筑用电直接消纳的比例，而自保障率则反映了建筑用电需求中由光伏发电满足的比例。分析结果显示，不同楼层数住宅的光伏利用效率存在显著差异。对于 6 层住宅，光伏发电占建筑总用电量的比例为 65%，但自消纳率仅为 40%。这表明尽管光伏发电量占比较高，由于日内发电与用电需求的错配，发电未能充分被建筑所利用。相比之下，13 层和 20 层住宅的光伏发电占比分别下降至 30% 和 19%，然而由于用电需求增加，自消纳率相应提升至 58% 和 66%。尽管如此，高层住宅的光伏系统仍受到发电与用电峰值时间差异的限制，光伏发电的消纳程度依然不充分。

总体而言，住宅建筑的用电高峰集中在早晨和傍晚，与光伏发电的日内分布存在显著的不匹配，对于 13 层住宅自消纳率仅能达到 58%，储能系统或负荷调节技术的引入是实现更高光伏利用率的关键。

4.2.4 光伏系统运营与经济性

1. 屋顶光伏系统的接入与运营模式

在当前"双碳"目标的推动下，住宅建筑屋顶光伏系统成为分布式光伏发展的重要应用场景。不同于工商业建筑，住宅光伏投资者通常以物业公司为主，其关注点在于如何通过光伏系统实现经济收益的同时，提升社区服务质量并降低整体能耗。对于住宅建筑，常见的光伏接入模式包括完全自发自用模式（模式1）、自发自用余电上网模式（模式2）以及全额上网模式（模式3）。结合实际操作经验和不同地区的政策特点，以下针对三种接入模式的系统形式、适用场景、优缺点以及实施阻碍进行系统分析。

（1）模式1：完全自发自用模式。该模式要求光伏系统发电的全部电量由住宅建筑自身用电需求消纳，未使用的电量不得反送至电网。这种模式适用于用电需求稳定的住宅小区，特别是那些公共设施用电负荷较大的场景，例如地下停车场照明、电梯运行、安防系统及公共区域照明等维持负荷较高的社区尤为适合该模式。这种模式的优势在于避免了与电网的复杂交互，同时能够帮助小区物业公司实现电费节约。然而其主要限制在于当光伏发电量占比较大时，用电负荷与光伏发电的时间错配问题，在白天光伏发电高峰时段，许多居民外出导致用电负荷较低。

（2）模式2：自发自用余电上网模式。光伏系统优先满足小区内部用电需求，剩余电量通过双向电表输送至电网并获得售电收益。这一模式不仅能让自消纳部分光伏电量充分体现高分时电价的价值，还能在光伏电量无法完全消纳的情况下，通过余电上网获得额外收益。自发自用余电上网模式对电网管理提出了更高要求，反向送电需要对区域配网容量进行详细评估分析。

（3）模式3：全额上网模式。该模式要求光伏系统的所有电量直接并入电网，业主通过售电获得收益。这一模式下，光伏系统相当于独立的发电单元，与住宅建筑的实际用电无关；其财务模型简单、收益稳定，适用于小区用电负荷较低但光伏屋顶资源充足的场景。对于住宅建筑，采用全额上网模式的主要优势在于系统设计和运行的简单性，业主无须考虑小区用电负荷与光伏发电的匹配问题，同时能够通过固定的上网电价获得长期稳定的收益。然而，其主要局限在于固定上网电价往往较低。例如，北京的固定上网电价为0.36元/kWh，显著低于分时电价。这导致全额上网模式在经济性上不如自发自用余电上网模式。更重要的是，一方面随着光伏安装量的增加，各地上网电价正不断下调（有的地区低至0.20元/kWh，西北部分地区甚至低至 0.10 元/kWh），使得各地光伏上网积极性大幅降低；另一方面大量光伏并网也对电网构成较大压力，增加了电网的调节和消纳难度。由此可见，全额上网模式并不具备可持续性。

住宅建筑的屋顶通常属于全体业主的共有部分。根据《中华人民共和国民法典》第二百七十一条的规定，业主对建筑物内的住宅、经营性用房等专有部分享有所有权，对专有部分以外的共有部分享有共有和共同管理的权利。因此，屋顶光伏系统的投资和运营需要经过业主的共同决策，如经过业主大会的同意。根据《中华人民共和国民法典》第二百七十八条的规定，改变共有部分的用途或利用共有部分从事经营活动，应当经专有部分面积占比三分之二以上的业主且人数占比三分之二以上的业主参与表决。以下是住宅光伏常见的投资与运营模式介绍。

（1）业主联合投资模式：在此模式下，全体业主共同出资安装光伏系统，收益按投资比例或其他商定方式进行分配。这种模式的优点在于充分体现了业主的共同权益，但需要较高的协作和信任水平。决策效率可能因业主人数较多而受到一定限制。

（2）物业公司主导模式：物业公司作为投资主体，负责光伏系统的建设、维护和运营。业主则通过降低公共用电费用、物业费或直接参与收益分成的方式受益。这种模式简化了业主的参与过程，提升了项目实施效率，但需要通过合同明确物业公司与业主之间的利益分配机制，确保透明性和公平性。

（3）第三方企业投资模式：在此模式下，引入专业的光伏投资企业进行建设和运营。业主通过租赁屋顶、享受折扣电价或按约定比例分享收益的方式获利。这种模式的优势在于业主无须承担初始投资和后期运维工作，但需与企业签订长期协议，明确各方的权责。此外，企业作为投资主体，可能对收益率有较高要求，因此需评估屋顶资源和政策支持的实际情况。

住宅建筑屋顶光伏系统的接入和运营模式是分布式光伏推广的重要内容。不同接入模式各有优缺点，需要结合实际用电负荷、光伏资源以及地方政策进行选择。在运营模式方面，物业公司主导模式和第三方企业投资模式因其简化管理和高效运营的优势，成为当前推广的重点方向。然而，要实现更广泛的应用，还需进一步完善政策支持，优化收益分配机制，并加强业主与投资方之间的合作，共同推动绿色低碳社区的发展。

2. 不同接入模式下投资收益

基于 4.2.3 节中介绍的北京市住宅光伏发电与建筑用电曲线，对不同光伏接入模式在低层、中高层及高层三类典型住宅小区下的投资回收期和光伏自消纳率进行分析，其结果如图 4-10 所示。其中，模式 1 为自发自用模式，模式 2 为自发自用余电上网模式，模式 3 为全额上网模式。从图中可以看出，光伏接入模式的选择与光伏自消纳率 SCR 直接相关：

（1）低层小区的 SCR 较低，其投资回收期排序为：模式 2 最优，模式 3 次之，模式 1 投资回收期最长；

（2）高层小区的 SCR 较高，其投资回收期排序为：模式 2 最优，模式 1 次之，模式 3 投资回收期最长。

模式 2 自发自用余电上网模式在三类住宅小区中均表现出最短的投资回收期。这是因为该模式能够最大化利用光伏发电的价值：自用部分可替代较高电价的电网用电，而余电上网部分可通过售电进一步获得收益。然而，实际操作中，自发自用余电上网模式往往受到地方电网管理等多重限制，其广泛应用仍面临挑战。随着未来光伏并网技术和政策要求愈加严格，以及上网电价可能进一步降低，要持续优化光伏系统的经济性就需要提高光伏电量的就地消纳水平。例如，采用储能或等效储能以及柔性调节等技术，进一步提升光伏自消纳率，缩短投资回收期，推动住宅光伏系统的高效利用与可持续发展。

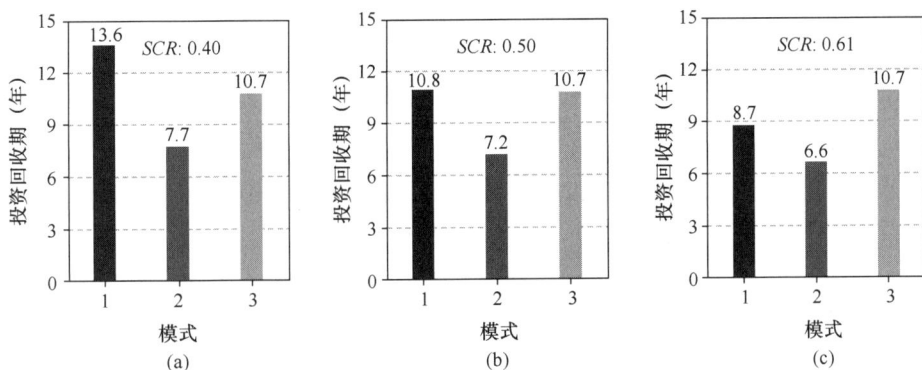

图 4-10　北京不同住宅小区光伏自消纳率 SCR 及在不同接入模式下的光伏系统投资回收期（模式 1 为自发自用，模式 2 为自发自用余电上网，模式 3 为全额上网）

（a）低层小区；（b）中高层小区；（c）高层小区

需要指出的是，图 4-10 中展示的投资回收期是基于光伏系统总投资和总收益计算的结果，尚未考虑多业主场景下实际收益的分配问题。在实际项目中，光伏系统的投资与运营收益往往需在业主、物业公司或第三方企业之间进行分配，不同的分配模式会显著影响个体投资者的回收周期。因此，项目在落地实施前应就收益分配机制达成明确共识，以保障各方权益并确保项目的经济性和可行性。

4.3　住宅建筑柔性用能资源调节潜力

4.3.1　住宅建筑柔性资源

随着城镇住宅建筑的全面电气化推进，以及光伏系统在住宅中的广泛应用，如何提高建筑用电的灵活性和调控能力，成为优化能源结构、提升光伏消纳率的关键问题。住宅建筑中存在多种可调控的柔性用能资源（简称柔性资源），这些资源可以在电力系统负荷高峰时削减用电需求，并在光伏出力较高时增加用电，实现电力供需的匹配。根据不同的用能类型和调控方式，住宅建筑中的主要柔性资源包括以下几类：

1. 电热水器与热泵热水器

电热水器和热泵热水器是住宅建筑中最典型的可调节负荷之一，尤其是热泵热水器因其高能效比，成为提高建筑电气化水平的重要设备。这类设备的核心柔性特性在于其储能能力，能够在低电价或光伏富余时段提前运行加热水箱储存热量，并在高峰时段暂停运行，以减少电网负担。单台家用电热水器的理论可调节负荷在 $1 \sim 2 kWh$ 范围内，而在一个拥有 100 户居民的小区，整体调节潜力可达到 $100 \sim 200 kWh$。实际调控过程中，受设备参数、水温和使用时间等因素影响，实际可调能力因设备而异。一项纽卡斯尔大学的实验研究指出，家用热泵热水器可在负荷高峰期平均降低 $0.3 kW$ 的运行功率，并持续约 $50 min$[6]。此外，可以采用 C_r 信号指导热水器使用模式优化和提升降碳效果。热水器设备的 Wi-Fi 模块可以与手机应用程序连接，实时获得 C_r 一天的变化数据，利用机器学习算法预测未来一天 C_r 的变化，结合由热水阀门开度信号刻画出用户的用水习惯，从而得出最大化降碳效果的热水器使用模式。

2. 空调设备

空调是住宅建筑中的主要季节性导向电力负荷。空调设备的柔性主要是利用建筑热惯性以及居住者对于舒适温度的可接受区间进行温度调控，在舒适性和电网负荷之间寻求平衡。以 $26℃$ 的室内设定温度为基准，建筑室内设定温度上下调节

2℃，可分别提供 10%～35% 的空调负荷浮动，而且不会对室内舒适性产生明显影响。100 台变频空调组成的集群可以提供相当于建筑群总电负荷 20%～30% 的功率调节能力[7]。

3. 可调控的智能家电

可调控的智能家电（如智能洗衣机、烘干机、洗碗机等）也是住宅建筑中的潜在柔性资源。这类设备的特点是运行时间灵活，运行功率难以调节。因此，可以在光伏富裕时段或者用电低谷时段启动，减少对高峰时段电网的压力，实现用能柔性。目前，大部分品牌的此类家电均可通过手机应用程序进行调控，制订个性化运行策略。

4. 储能设备

储能设备包括家庭中配置的锂离子电池、铅酸电池等储能装置以及可储能电器设备。储能设备可在光伏发电余量较大时充电，在负荷高峰时放电，起到平衡电网供需的作用。尽管这些设备的单一储能容量相对较小，但当它们聚集在大规模的住宅建筑群体中时，其总储能容量和调节能力可以形成显著的柔性潜力。在 112.2 万户住宅参与的需求响应事件中，共降低电网高峰负荷 15.15 万 kW，平均到每户仅为 135W。

4.3.2 柔性调控实施途径

在实际操作中，各类柔性资源本身要具备可调性，并且要采用合适的调控方式。电热水器与热泵热水器具备较强的储热特性和时间灵活性，可以通过手机应用程序或者智能插座设置热水器的设定水温和运行时段，使其在电价较低或光伏发电充裕的时段提前启动进行热水储备，而在用电高峰时自动推迟或降低运行功率。这样不仅可以削峰填谷，而且能最大限度地提高光伏电力的自用率，减少对外部电网的依赖。空调设备要依靠智能温控技术在确保室内舒适性的前提下，根据外部温度、室内冷热负荷及电网负荷状况进行微调。可储能设备需要能够根据调控信号自动完成充电或放电任务。与其他设备联动时，储能设备还可以作为缓冲环节，实现短时能量调度，为用户提供更多自主选择的空间。智能家电则主要通过调整运行时间，错峰使用，以降低用电负荷高峰。

以上柔性调控实施途径中最关键的一环就是怎么让用户调起来，用户根据什么来调，从而实现用户的自主用能调节。与传统依赖负荷聚合商或虚拟电厂下发指令不同（用户成为被控对象，那么就涉及参与意愿和调控满意度问题），C_r 作为一种引导信号工具，发挥类似"指挥棒"的作用，使用户能够直观地了解自身用能行为与碳排放之间的关系，从而在不被外部强制调度的情况下，自觉调整和优化用能模式。C_r 作为碳排放责任因子的调控信号，不是简单的调节参数，而是通过实时、透明的反馈机制，将用户用能行为对整体碳排放的影响量化展现给用户。当用户的用能方式导致碳排放指标超过预定目标时，通过 C_r 信号给予相应提示，使用户看到"用能代价"与碳排放之间的关联；而当用户主动调整用能模式例如推迟高耗能设备启动、合理安排热水器和空调等设备的运行时段后，其用能行为所对应的 C_r 值会相应下降，从而获得直观的正向反馈。

这种以 C_r 为核心的调控方式，一方面使得调控过程更为透明，用户可以实时看到自己用能行为对碳排放的具体贡献；另一方面，通过这种自律机制，既避免了外部强制调控可能带来的用户参与度低、满意度下降的问题，也能激发用户主动参与的积极性。用户在感知到自身每一次主动调节都能直接改善碳排放指标时，往往更愿意参与到这一过程，并在日常用能中形成良好的节能习惯。此外，基于 C_r 的自律调控不需要复杂的智能控制系统或托管机制，减少了技术和管理上的门槛，便于推广和普及。

4.4　住宅建筑用电行为节能潜力分析

我国的城镇住宅户间用电量差异巨大，造成不同家庭之间用电差异的主要原因是生活方式的不同。造成家庭电耗显著高于平均值的主要原因包括：电器种类及使用方式的差异，长时间待机造成的能耗浪费，同时也包括供暖和空调行为的差异所造成的能耗巨大差异。

住宅中电器种类众多，不同家庭和用户使用电器的行为和习惯有所不同。随着人民生活水平的提高，新的家用电器类型在城镇居民的家庭中不断涌现，也伴生了新的生活方式。除了电视、冰箱、空调、洗衣机这几类城镇家庭必备电器之外，一些高能耗电器的拥有率也逐渐升高，例如：冰柜、洗碗机、消毒碗柜、烘干机、饮水机、智能马桶圈。这些生活方式影响了居民用电行为，由此对城镇住宅用电能耗产生了显著的影响。

为了分析高电耗家庭和低电耗家庭用电量差异的原因，选取两户典型家庭分别作为高电耗家庭和低电耗家庭的代表，对各家庭常用电器进行用电功率测试并配合对住户生活习惯的访谈。其中高电耗家庭位于湖南长沙，2019 年总电耗为 6995kWh，低电耗家庭位于北京，2019 年总电耗为 999kWh，两个家庭的基本信息如表 4-3 所示。

测试家庭基本情况 表 4-3

		家庭 A	家庭 B
全年能耗		6995kWh	999kWh
家庭地址		湖南长沙	北京
建筑面积		100m²	160m²
人口构成		中年 2 人＋学生 1 人	中年 2 人＋学生 1 人
常用电器	空调	分体空调（3 台）	分体空调（3 台）
	供暖	电暖气	集中供暖
	生活热水	燃气热水器＋厨宝	燃气热水器＋集中生活热水
	其他电器	冰箱、洗衣机、投影仪、功放音响、走步机、智能马桶圈、扫地机器人、抽油烟机、电饭煲等	冰箱、洗衣机、电视、功放音响、抽油烟机、电饭煲、电热水壶等

根据电器电耗测试数据和对住户生活方式的调查，将两个家庭主要电器的年用电量分别汇总，如图 4-11 所示。

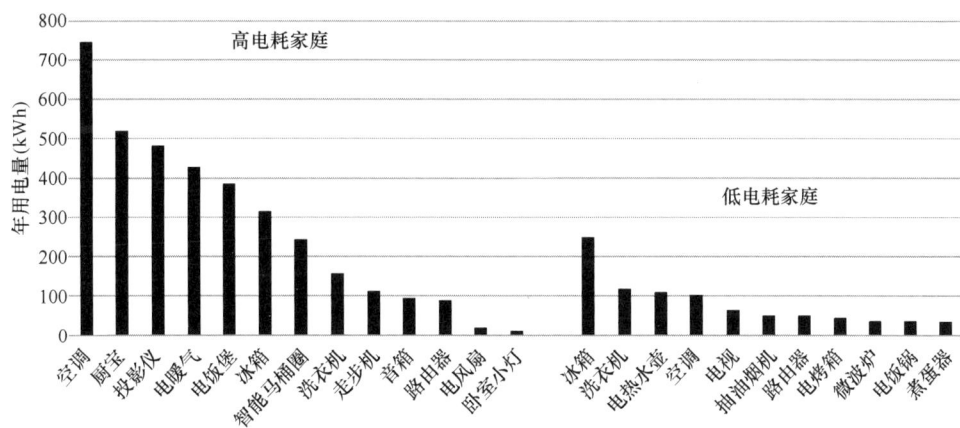

图 4-11 实测两户家庭主要电器年用电量

对比两个家庭，可以发现高能耗家庭中耗电最大的是空调，全年电耗约为745kWh，而低电耗家庭位于北京，全年空调电耗约 100kWh。除了气候差异以外，造成空调能耗差异最大的原因就是空调的使用方式不同：家庭 A 使用时间为 6 月至 9 月，主要开启两个卧室的空调，而家庭 B 夏季使用空调的次数较少，集中在 7月最热的几周。除此以外，由于家庭 A 位于湖南长沙，属于非集中供暖地区，该家庭冬季采用电暖器采暖，全年耗电量约为 430kWh。

除了空调采暖以外，家庭A还有多个电器的能耗显著高于普通家庭，包括厨宝、投影仪、电饭煲、马桶圈。这些电器都有由于长时间的待机造成的大量能源浪费。

这些电器中耗电量最大的就是提供洗手洗菜的厨宝。该家庭生活热水使用燃气热水器，同时使用一个容量10L左右的小厨宝供应洗手的热水。厨宝夏季每个月电耗约20kWh，冬季每个月电耗约60kWh，全年的用电量为518kWh，比该家庭的采暖电耗还要高。

除此以外，A家庭还有投影仪、电饭煲、智能马桶圈等高能耗电器，单个电器年用电量均大于200kWh，与冰箱的电耗水平相当。下面对几个高能耗电器的使用情况进行探讨。

家庭A的投影仪与功放的年电耗之和为481kWh，其功能和运行功率都与电视相似，该家庭平均每天使用投影仪3～5h，其运行功率为300W左右，日均电耗1.3kWh。且投影仪在不使用时存在待机电耗，平均待机功率为1.3W，由此计算得到投影仪全年待机电耗为11.4kWh。对比家庭B电视的年总电耗为62kWh，按运行功率256W计算，平均每天只看电视40min。故投影仪电耗高的原因是其较高的使用频率和较长的使用时长。

家庭A电饭煲的用电量也尤为突出，其年电耗高达385kWh，是低电耗家庭电饭煲的11倍。一个三口之家常用的容量4L的电饭煲煮一次米饭电耗约为0.189kWh，按每天使用2次估算年电耗为140kWh。通过对家庭使用习惯的进一步调查，了解到该家庭除了使用电饭煲煮饭外，还设定电饭煲每天凌晨3:00～6:00定时自动煲粥3h，单次电耗0.68kWh（图4-12）。同时电饭煲在非使用时段

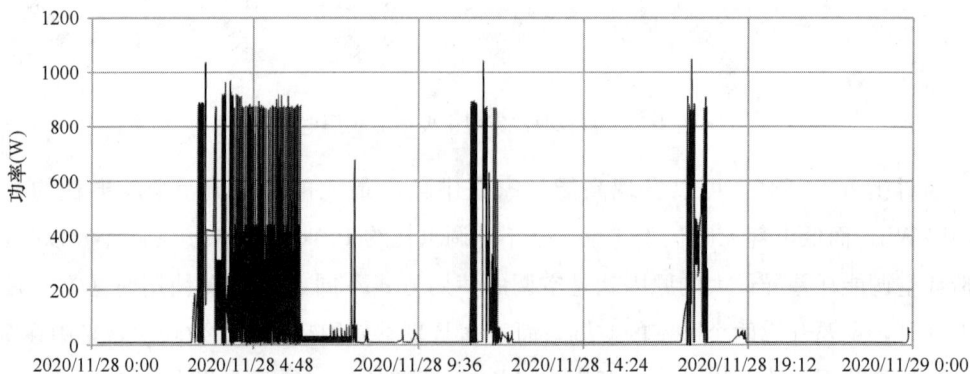

图4-12　高能耗家庭电饭煲典型日功率曲线

存在 7.2W 的待机功率，由此计算电饭煲全年待机电耗可达 50kWh。可见相同的电器由于人员使用方式的差异可以造成高达 10 倍的电耗差异，而且加热类电器的长时间待机会造成较大的热量耗散和能耗。

高电耗家庭另一个高电耗电器是智能马桶圈，其全年总电耗为 241kWh，与一般的家用冰箱耗电量相当。图 4-13 展示了高电耗家庭智能马桶圈的典型日功率曲线，其电耗可分为两部分，一部分是人使用冲洗功能时加热水的电耗，一般单次使用时长为几十秒到一分钟，采用即热式加热水的方式，加热功率约为 1300～1600W。第二部分产生于加热座圈的电耗，在冬季为了保持座圈温暖，在不使用马桶时也存在 35～40W 左右持续的加热功率，平均每天消耗在加热座圈上的电量为 0.84～0.96kWh。以该典型日为例，智能马桶圈电耗 1.03kWh，其中用于维持座圈温度的电耗为 0.864kWh，占 84%，用于加热水的电耗为 0.166kWh，占 16%。

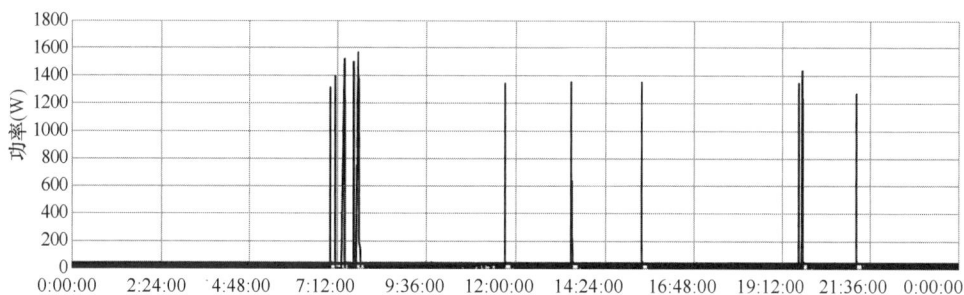

图 4-13　智能马桶圈典型日功率曲线

除以上电器外，家庭 A 的走步机、音箱和路由器这三个电器的年电耗分别为 111kWh、94kWh、87kWh，同样不可忽视。路由器属于全天 24h 常开的电器，全天逐时平均运行功率为 9.9W。其中走步机和音箱几乎每天都会使用，但是在不使用时也均存在待机功率。走步机待机功率 4.2W，全年待机电耗 34kWh，占走步机总电耗的 30%。音箱待机功率 1.8W，全年待机电耗 16kWh，占音箱总电耗的 17%。

通过对此高电耗家庭电耗构成的剖析，总结得到，除了采暖和空调使用方式上的差异外，造成家庭高能耗的主要原因有三类：一类是持续加热类电器，如电热水器、厨宝、饮水机、智能马桶圈，这些电器由于长时间待机并反复加热，全年耗电量不容小觑。第二类是高能耗电器，如烘干机、洗碗机、消毒碗柜、酒柜、电烤箱等，这类电器能耗高但尚未在我国城镇家庭中普及，应该高度关注这些高能耗电器的耗电量及相应能效政策。第三类是各类电器的待机能耗，如洗衣机、电视等电器。例如上述家庭 A 大部分电器在不使用时都处于待机状态，将投影仪、电饭煲、走步机、音箱等电器的待机功耗加总，一年也有 111kWh，单独看每个电器的待机电耗都不大，但积少成多也变成家庭电耗中不容忽视的部分。

这些早年并不普及但如今逐渐走进千家万户的新型电器将成为我国城镇家庭电耗增长的重要原因。依据电器的用电特性，有三类高电耗电器值得关注，下面对这三类电器的电耗情况和节能措施分别进行讨论。

（1）诸如电热水器、厨宝、饮水机、智能马桶圈等持续加热类电器均是采用电加热的方式产生用户需要的热水或维持物体表面温度。此类电器的特点是，通常在用户无热需求时也有较大的加热电耗，这部分电耗的用处是保证使用者在有热水需求时可以即刻获得热水，以备不时之需。对于这类电器的实测数据显示，满足用户用热需求所消耗的"有用"电耗所占比例很小，而大部分电耗用于维持蓄存的水温，抵消漏热量，也可理解为这部分电耗属于"无用功"。

此类电器又可以细分为两种类型：①具有储热装置的电器，例如带蓄热罐的电热水器、厨宝、饮水机等。此类电器采用周期性加热的模式，当蓄水装置中水温低于下阈值后开始加热，达到要求水温后停止加热。图 4-14 为一台饮水机在无饮水需求时 2 小时内的用电功率曲线。为保持蓄水罐内的水温，平均每 20min 补热一次，每次补热的耗电量为 0.015kWh，如此计算可得到饮水机平均漏热功率为 46W，因此在没有饮水需求时饮水机待机一天的电耗为 0.97kWh，已经超过一台普通的家用冰箱一天的耗电量。此类电器的高电耗通常是由蓄热装置保温效果差，漏热现象严重造成的，故可以通过增强蓄热水罐的保温性能来降低漏热量，减小保温电耗。除此之外，目前市场上更新款的饮水机为即热式饮水机，即不存在蓄热水

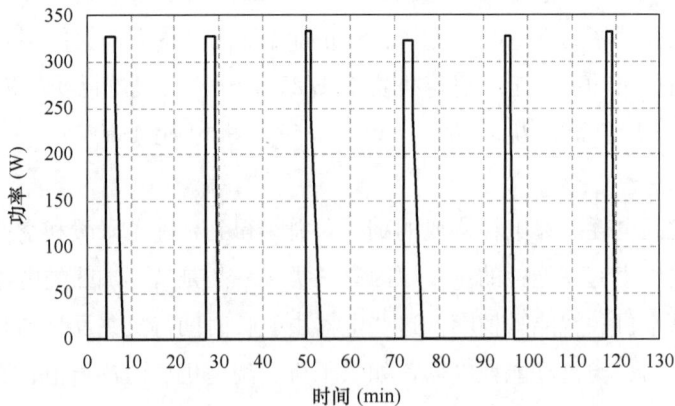

图 4-14　实测饮水机 2 个小时内功率曲线

罐,在需要热水时需要等待十几秒。这种即热式的饮水机不仅更加卫生,而且节省了每天近一度电的保温电耗。②另一种类型的加热类电器不具有蓄热装置和保温措施,例如智能马桶圈,在不使用时要始终保持座圈温度,而座圈向环境的散热是不可通过增加保温来减小的。目前市面上销售的智能马桶圈,考虑到卫生、安全和节能要求,加热水的方式普遍采用即热式。热水加热器功率约为1600W,座圈加热器功率为40～50W,烘干器功率为340W。以上面家庭A马桶圈的使用方式为例,要保持座圈加热功能24h开启的话每天消耗在加热座圈上的电量为0.84～0.96kWh,占马桶圈总电耗的84%,耗电水平也超过了家用冰箱。解决这类无保温措施的加热类电器电耗高问题的方法是智能控制,目前一些智能马桶圈都设有定时开关的选项,可以根据用户的使用习惯自动定时开启或关闭,在白天家里没人和夜晚睡觉时停止加热,需要使用时再次开启,进而节省维持马桶圈温度的无效加热电耗。

(2)近年来随着经济社会发展和生活水平的提升,中国城镇家庭拥有的电器种类和能耗都在逐年增长。在这些新增的电器中,洗碗机、智能马桶圈、酒柜、带热水洗衣功能的洗衣机均属于能耗较高的家用电器。

近些年在厨房类电器中洗碗机的销售量增速最快。洗碗机的工作流程一般分为:加热清洗、消毒、烘干三个步骤,不同模式下的持续运行时间从60～300min不等。由于目前市售的洗碗机普遍采用70～80℃高温洗涤来去污除菌,并采用高温热风进行烘干,为产生所需热量,洗碗机一次标准洗涤过程的电耗为0.64～1.6kWh,全年耗电量可达300～500kWh,属于高电耗电器。

酒柜与冰箱工作方式相似,通过压缩制冷控制酒柜内的温度和湿度来储藏红酒,一般酒柜内温度调节范围为4～22℃。其耗电量与酒柜容量直接相关,目前市面上销售的酒柜容量一般为30～150瓶,日电耗约为0.3～0.8kWh,对于容量较大的酒柜,其电耗水平与家用冰箱持平。

使用热水功能的洗衣机能耗也显著高于常温水洗衣能耗。图4-15为实测洗衣机一个工作周期的功率曲线,其工作流程可分为加热、洗涤、甩干三个阶段,一个完整洗衣过程的电耗为0.131kWh。其中加热水阶段持续约200s,加热功率为1900W,加热过程的电耗为0.112kWh,占到整个洗衣过程电耗的85%。可见热水洗衣的能耗是常规洗衣机的5倍以上。目前洗衣机均具备调节水温的功能,适当调低热水温度或采用常温水洗衣可以节省洗衣机电耗。

(3)以上面的高能耗家庭A为例,由于投影仪、电饭煲、走步机等电器待机现象造成的电耗一年就有111kWh。在家用电器中,处于常开状态的电器除冰箱和

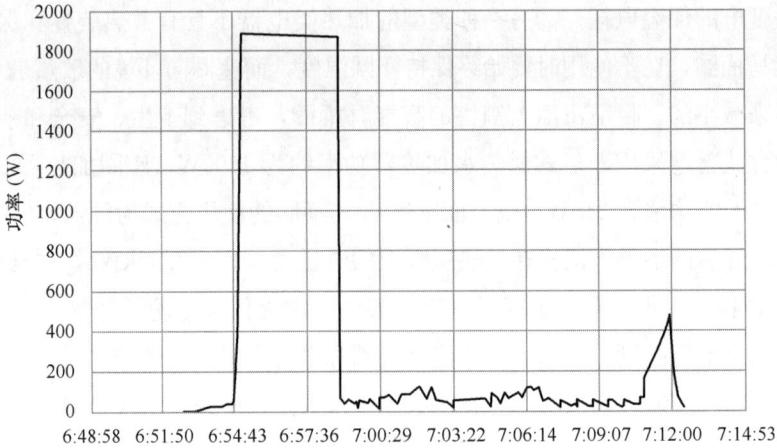

图 4-15 洗衣机一个工作周期功率曲线

路由器等电器外，还有处于待机状态的电器。常用的如电视、电脑、空调、洗衣机、热水器等电器的待机功率一般为 0.5～5W，单个电器全年待机电耗在 4～40kWh 的量级。

通过以上案例和对比分析，可以得出造成我国城镇住宅家庭能耗高的几类主要原因。对于家用电器中，持续加热型电器（饮水机和马桶圈）应该特别注意在不使用期间的额外能耗，从政策的角度来讲应该加强对这些电器的能效标准；从技术的角度应该设计出带智能控制功能的新型设备，避免频繁反复的加热和散热；而从使用者的角度来讲应该宣传绿色节约的生活方式，通过行为节能来避免此类电器带来的能耗浪费。对于一些会造成居民生活方式改变的电器，例如衣物烘干机等，不应该从政策层面给予鼓励或补贴，警惕这类高能耗电器的大量普及造成的能耗跃增。而对于长期处于待机状态的电器，既要加强推广各类电器的节能技术，通过智能控制使电器在不使用期间自动切换到节能模式，最小化待机功耗。同时也要提倡节能的生活方式，鼓励住户养成在不使用电器的时段关闭电源的生活习惯。

我国居民自古以来就有着节约的习惯，由于土地资源的限制，我国的居住建筑一直以来是以集约式的公寓住宅为主，生活方式也是本着节约的原则，在需要的时候使用能源和服务，不需要的时候就会关闭来避免浪费。在我国目前的经济发展水平下，我国城镇居民的可支配收入已经完全可以支持我国居民按照美国的生活方式来生活，但是我国的绝大多数居民仍然保持着目前的生活方式以及较低的能耗，说明我国尽管目前的城镇居民平均生活水平已经超过了温饱水平，并逐渐靠近小康水平，对于收入较高但能耗仍然处于中国平均水平的人来说，制约他们能耗增长的因素并不是经济收入，而更多的是一种文化和消费理念的差异。

在未来高比例风电、光电等可再生能源并网的背景下，功率调节和匹配比节约电量更加关键。这使得建筑节能潜力方向有了新的变化，建筑节能的关键应该是在风电、光电不充裕时刻尽可能节省用电，或者尽可能通过存储与调控在风电、光电充裕的时刻使用电器。例如，在电力动态碳排放责任因子 C_r 峰谷值可能相差十倍，在 C_r 峰值时刻节能与在 C_r 谷值时刻节能带来的降碳效果差异显著。在这种情况下，相比于从用能行为上节能，更应该合理地安排用电时间，提高建筑用电负荷的调节能力。以做饭为例，一是要降低炉灶功率减少瞬时电耗，二是能在风光电充裕的时段进行烹饪，甚至电器的使用时刻比减少功率更加重要，从而实现整体更优的节能降碳效果。

通过前面对全国城镇居民的居住和用能方式分析可以发现，我国城镇住宅领域还有一定的能效提升与节能降耗空间，对各种新型家用电器，应特别注意各种设备的待机电耗：如饮水机、马桶圈、机顶盒等功率不大的电器，其年耗电量可达到与电冰箱等公认的重要电耗设备同等水平，这主要是待机电耗所导致。一方面加强这类电器的节能评定，通过技术创新、节能的使用模式和智能技术减少其待机电耗，都是当前需要开展的工作。另一方面对于高能耗的非常规电器，不应对通过各类政策给予鼓励，而应该通过对绿色生活方式与节约用能行为的引导来避免高能耗电器快速普及带来的能耗跃增。在未来高比例风电、光电的发展情况下，建筑节能降碳需要同时考虑设备功率的降低与设备使用时刻的优化，从而充分提升建筑节能降碳的潜力。

参 考 文 献

[1] 中国建筑节能协会建筑能耗与碳排放数据专委会．中国城乡建设领域碳排放研究报告（2024 年版）[R]．2025．

[2] 余莎，傅莎，J. BEHRENDT，等．中国碳中和综合报告 2022：深度电气化助力碳中和[R]．能源基金会，北京，2022．

[3] 中国节能协会，能源基金会．中国热泵发展路线图——建筑领域[R]．北京，2023．

[4] YU M，LI S，ZHANG X，et al. Techno-economic analysis of air source heat pump combined with latent thermal energy storage applied for space heating in China[J]．Applied Thermal Engineering，2021：185，116434．

［5］　王珊珊，侯隆澍，丁洪涛. 我国建筑终端电气化发展存在问题及对策建议［J］. 建筑科学，2024，40（02）：78-83，93.

［6］　Shah S K，Zulfiqar M Z，Goldsworthy M. Demand flexibility characterisation of heat pump water heater system［C］. 2024 IEEE 34th Australasian Universities Power Engineering Conference（AUPEC），Sydney，Australia，2024.

［7］　CHE Y，YANG J，ZHOU Y，et al. Demand response from the control of aggregated inverter air conditioners［J］. Ieee Access，2019，7：88163-88173.

第5章 住宅小区充电桩系统

5.1 电动汽车与住宅建筑能源互动背景

5.1.1 电动汽车及住宅社区充电桩发展面临的挑战

随着交通电气化率上升，电动汽车凭借其绿色、节能的特点，呈现出迅猛的发展态势。在电动汽车中，非商用乘用车占据了主要份额，其保有比例约为80%。由于非商用乘用车主要在住宅社区停放和充电，因此在住宅社区中合理布局和建设充电桩，对于满足日益增长的电动汽车车主充电需求和推动交通电气化进程具有重要意义。

然而，电动汽车及住宅社区充电桩快速普及的背后却面临诸多亟待解决的挑战。这些问题不仅限制了电动汽车及充电桩的发展和普及，也限制了电动汽车作为能源系统储能调蓄资源的作用，更给城市电力系统的安全稳定运行带来了风险。

（1）充电基础设施不足造成"充电难"：目前尚缺乏完善的城市充电基础设施布局，现有充电桩的数量和分布尚难以满足快速增长的电动汽车充电需求，尤其是在城市住宅建筑停车场，充电设备的短缺直接影响了车主的使用体验，这已成为用户不愿意购买电动汽车的主要原因。解决这一问题尚需强化城市规划中的充电设施布局。通过适度超前规划与建设充电桩，不仅能满足现阶段的充电需求，还可为未来的车辆全面电气化提供支撑。国家及地方政府也出台了相关文件以指导充电桩建设，国务院办公厅在《国务院办公厅关于进一步构建高质量充电基础设施体系的指导意见》中指出，电动汽车充电桩的建设需要遵守"科学布局、适度超前"的基本原则，强调需要"积极推进居住区充电基础设施建设"。《北京市"十四五"时期应对气候变化和节能规划》要求，按照适度超前的原则，建设充电桩等配套设施，加快建设城市充电网络。

（2）私搭自建充电桩造成安全隐患：在充电桩的快速普及过程中，私搭乱建充电设施带来了安全隐患。部分车主因住宅小区内缺乏规范建设的充电设施，而选择私建充电桩，这可能导致电气火灾、电网不稳定等安全问题。为避免此类隐患，应依据城市基础设施建设管理的相关流程，出台明确的技术规范和监管要求。这些要求应涵盖充电桩的设计、施工、维护及运行管理等方面，从源头上保障充电设备的安全性与可靠性。

（3）不适宜场景的无序快充、超充对电网造成巨大冲击：无序快充、超充导致用电负荷在大范围内随机波动，给电力系统的安全稳定运行造成了压力。目前主导的"即接即充""快充为主"模式，沿袭了燃油汽车加油的模式，产生了大量的瞬时用电尖峰，已对城市电网造成了冲击。如一台600kW超级充电桩，约等于一幢2万 m^2 大型公共建筑的瞬时用电负荷。快充、超充模式主要适用于城际交通路网关键节点来满足长途出行需求，不适用于城市内非营运电动汽车的日常出行。相较于商用车通常超过10万 km的年行驶里程，非商用车的年行驶里程约为1.2万km，两者不同的出行需求应该采用不同的充电模式。在城市场景，尤其是住宅场景中，非商用车是最重要的车辆群体，若在此大量推广快充、超充，城市低压配电网的容量将需要成倍增长，造成巨大的增容投资，更加无法利用车辆电池为电力系统提供储能调蓄能力。针对住宅建筑场景，应主要发展有序慢充，需将智能有序充电桩合理接入住宅社区配电系统，通过有序充电充分利用其现有配电资源，避免大规模电网扩容及储能投资。

（4）城市各场景充电桩有待合理布局并充分利用：充电桩的分布和使用模式在不同类型建筑停车场间存在显著差异。当前部分区域充电桩资源过剩，而另一些区域则面临充电桩短缺，而且各场景充电桩在　天内各时段的使用率也存在显著的差异。这种不平衡现象不仅浪费了宝贵的配电资源，还在一定程度上阻碍了电动汽车的普及进程。以北京为例[3]，各典型建筑场景充电站的充电负荷在一天内存在较一致的模式，其中充电桩的利用率与该站所处建筑类型密切相关。商业建筑充电站和独立充电站中充电桩的利用率随其额定功率的增加而增加，说明这些场景存在快充需求；而工作地充电站和住宅地充电站中充电站则呈现相反趋势，说明这些场景慢充可基本满足需求，图5-1为北京市不同建筑停车场充电负荷及充电桩利用率。

总体而言，当前充电桩建设以及车辆出行与充电模式的多样性和复杂性为车与住宅建筑能源互动的推广带来了巨大挑战。这些问题既涉及城市规划、交通管理和能源政策等宏观层面，也牵涉车主行为和技术应用等微观因素。唯有通过优化充电桩布局、引导合理充电行为、完善政策支持体系，才能逐步化解这些障碍，推动电动汽车与建筑能源互动，迈向更高水平的应用实践。

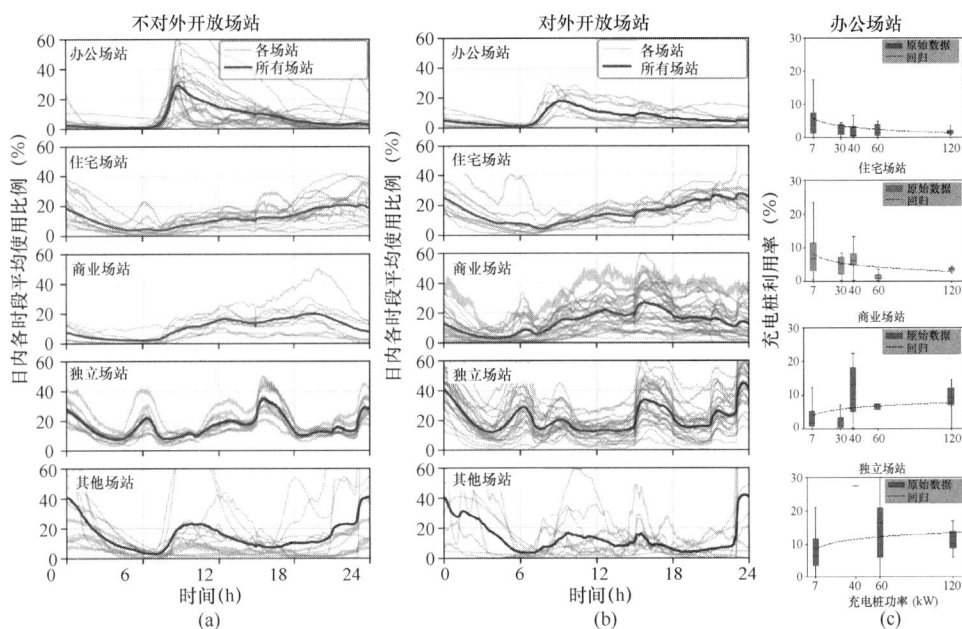

图 5-1　北京市不同建筑停车场充电负荷及充电桩利用率[3]

（a）不对外开放停车场典型日充电负荷；（b）对外开放停车场典型日充电负荷；

（c）充电桩利用率与额定功率的关系

5.1.2　推广电动汽车与住宅建筑进行能源互动

推动电动汽车与住宅建筑进行能源互动可以有效解决上述挑战。在"双碳"目标的推动下，车辆与建筑两大终端用能部门的耦合关系正在逐渐增强：在车行为方面，城市私人车辆（约占城市车辆总数的 80%）平均 80% 以上时间停留在建筑停车场，并进行充电；在电网增容方面，车辆充电桩接入住宅建筑配电系统，可减少电网扩容投资。

推动车辆与住宅建筑能源互动，能够充分发挥两者各自的资源优势，实现多方共赢。电动汽车作为分布式移动储能单元，其电池容量近年来大幅提升。以私人电动汽车为例，统计数据指出 2023 年我国私人乘用电动汽车的平均电池容量已达到45~50kWh[5]，甚至部分车型超过 100kWh[4]，而城市私家车日平均出行电耗仅为约 7kWh。这表明车辆电池资源较为充裕，能够在不影响日常使用的前提下，为能源系统提供巨大储能调蓄潜力。根据 2012 年以来我国电动汽车的产量及寿命数据预测：2020~2040 年，电动汽车保有量将处于快速增长期，2030 年，我国电动汽车的保有量将接近 1 亿辆，在 2035 年预计达到 1.9 亿辆，2040 年达到 3 亿辆；2040 年后，我国电动汽车将逐渐趋于饱和，预计 2050 年保有量约为 3.5 亿辆。随着我国市场的快速发展及相关政策法规的完善，电动汽车与可再生能源结合的车网互动（V2G）将发挥巨大的潜力。

建筑配电系统并非时刻处于满负荷运行工况。城市建筑每日峰值功率与配电额定容量的比值在全年的平均值仅为 20%～30%，而且平均仅有不足 2%～3%的时间运行在接近或达到其各自的全年峰值功率。在建筑大量的低负荷运行时段完全能够为车辆充电提供配电资源，满足充电需求。通过将两者优势结合，合理布局充电桩并实施智能调控策略，能够在满足车辆出行需求的同时，减少城市电网的扩容压力，并利用电动汽车的移动储能资源为分布式光伏消纳、电力系统调蓄提供巨大潜力。

住宅建筑则是车与建筑能源互动的最主要场景。城市私家车行为与住宅建筑的联系尤为紧密，大量统计数据表明[6]，典型城市的私人电动汽车平均约有 39%～67%的时间停留在住宅建筑停车场。这种长期而稳定的停留特征，为车辆与住宅建筑的能量互动提供了充足的时间和空间条件，使住宅建筑成为电动汽车充电、储能和车网互动的主要场景之一，图 5-2 为不同地区车辆工作日停留位置。

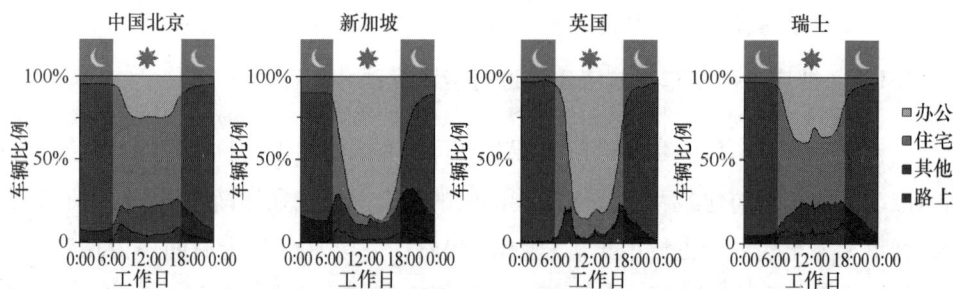

图 5-2 不同地区车辆工作日停留位置[6]

当前电动汽车充电的主要问题是无序充电，即车主往往根据个人用车需求和便利性随机选择充电时间，而非遵循统一规划的时间表。无序充电可能导致电网在高峰时段承受较大压力。但另一方面，电动汽车充电的灵活性也是一个关键优势。随着技术的发展和充电基础设施的完善，电动汽车车主能够根据自身的出行计划和电网负荷情况灵活调整充放电时间。当车辆闲置时，预先进行一定程度的放电，然后在适宜的时段再进行完整的充电过程，不仅有利于电网平衡，还可借助部分地区的分时电价优惠政策，降低充电成本。住宅建筑停车场内的充电负荷通常在晚间达到峰值，这与住宅用户的用能峰值高度重合。通过在住宅建筑停车场合理布局智能充电桩，可在建筑用电的晚高峰时段延迟充电甚至放电，随后利用夜间低谷电力为电动汽车充电，以满足次日的出行需求。由此，既能够满足车主的充电需求，又能减轻配电系统在高峰时段的压力。这种模式有助于缓解配电网扩容压力，充分发挥电力需求侧的柔性能力，为电力系统提供灵活调节。

5.2　住宅场景互动潜力及充电桩系统

5.2.1　住宅场景车与建筑互动潜力分析：双向充放模式潜力巨大

在住宅场景中，充电桩的充电策略对电网负荷分布具有显著影响，不同的策略在削峰填谷、提高能源利用效率方面各具特点。当前主要分为无序充电、有序充电以及双向充放电三种主要充电策略。

预计到 2050 年，中国约有 3 亿辆非商用乘用车。若均为电动汽车，按照每辆车的平均电量约 60kWh 估算，车载储能的容量将接近 180 亿 kWh，与中国每天消费的总电量基本相当。非商用车目前平均年行驶里程为 1.2 万 km，耗电不超过 2000kWh，每次充电 50kWh 的话，每年仅需要充电 40 次。数据表明，典型城市的私人电动汽车平均约有 39%～67% 的时间停留在住宅小区停车场，住宅是非商用车的主要停留地，车主通常在返回住宅时充电。

对于无序充电情形，车辆的电池不仅不能给住宅提供储能资源，车辆用电负荷在大范围内的随机波动，如晚高峰等时刻扎堆充电，更会给住宅小区电力系统的安全稳定运行造成压力。

对于有序充电情形，每辆车每天平均约 7kWh 用于行驶，车辆能发挥的储能作用便是将每日的充电负荷转移到建筑用电低谷期。这样可以使得住宅建筑在安装充电桩后基本不增容，但是车辆能够提供的调蓄作用也有限，每辆车每天可提供的调节容量为 7kWh。

对于双向充放电情形，每辆车如果每天充放电一次，以充放电效率平均 92% 计算损耗，每天平均 7kWh 用于行驶，7kWh 由于电池存放电过程而损耗。在双向充放电模式下，仍有 36kWh 电量可供电力调峰使用。可以看出，若车辆采用双向充放电，不仅能够既满足车主的充电需求，又能够通过发挥车辆电池的调蓄作用来减轻配电系统在高峰时段的压力。这种模式有助于缓解配电网扩容压力，调蓄潜力巨大。

有研究通过蒙特卡罗模型对电动汽车行为进行仿真[7]，利用荷电状态和出行需求数据，对电动汽车充放电功率边界和充放电能量边界进行数字化建模，在2025年的居民用电场景下模拟了电动汽车通过有序充电调整充电时间和充电功率将充电负荷移至居民负荷低谷阶段。研究结果表明，在30%电动化率情况下，相比于无序调控，车辆全部参与双向充放电可以使日均峰谷差降低约75%，而单向有序充电则为25%，图5-3为不同充电模式下配电网峰谷差。

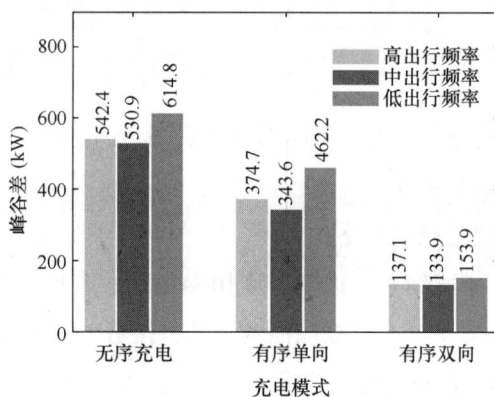

图5-3　不同充电模式下配电网峰谷差

5.2.2　住宅场景充电桩系统接入建筑及调控模式分析

智能充电桩是车辆与住宅建筑互动系统中的关键设备，其通过设计智能充放电策略对电动汽车充电功率和时间进行智能调整，从而实现用户侧用能互补、互动，做到对电网友好。

（1）住宅场景充电桩系统接入建筑模式：布局在住宅小区的停车场中，达到"一位一桩"。要求电动汽车"既停既接"、实行"双向有序"的充放电服务。图5-4为充电桩系统原理图。停车场一位一桩，每不超过50个充电桩连接为一个充电桩配电网，采用统一的DC750V为这些桩供电。配电网通过AC/DC与所邻建筑的内部配电网连接（建筑配电网的容量应在1.5~2倍于10kW×充电桩数量），或居住小区配电网台区变压器以下。智能充电桩的充电策略是通过接收母线电压信号来对充电桩充电功率进行自适应调节。

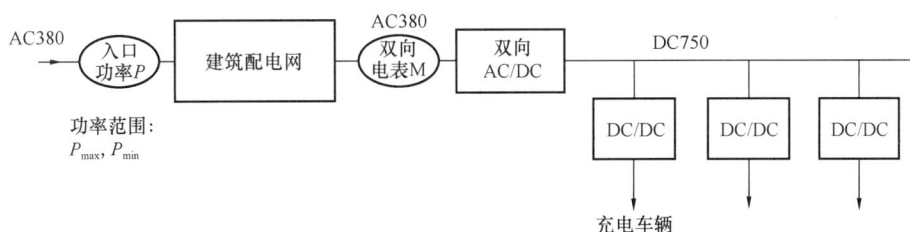

图 5-4　充电桩系统原理图

（2）住宅场景充电桩系统运行调节方式：智能充电桩系统供电的 AC/DC 接收分时电价信号或接收"动态碳排放责任因子"信号，根据所接收的信号通过调节直流母线电压，调控充电/放电功率。以下根据"动态碳排放责任因子" C_r 来说明调控住宅区域内的充电桩充放电功率的逻辑为例说明调控方法。

① 住宅区域 C_r 计算：对于一个住宅区域，对外联系通过若干个台区变压器，每个台区变压器连接一条联络线，对应于另外一个供电区域。域内包括：直接的电力用户（直接接入或通过变压器降压接入），电源（发电机组、风光电电源、储电机组），下行的台区变压器，与下一个电压等级的供电区域连接，如果认为下行的台区变压器与对外输出的联络线相同，可以不考虑下行的台区变压器。当台区变压器下行功率没有达到额定功率的 90%，上行功率没达到额定功率的 85% 时，本区域 C_r 为（各联络线进入本区域的功率与各联络线对应的 C_r 之和＋域内火电厂转移出的碳排放责任＋域内可集中调控的储能输出的碳排放责任）／（联络线输入功率之和＋火电输出功率之和＋域内可调控集中储能输出功率之和）。为防止线路和台区变压器过载，需对区域内 C_r 进行修正，当联络线或台区变压器下行超载时，需增大与此关联的用电侧对应的碳排放责任，当联络线或台区变压器上行超载时，则减少与此关联的用电侧的碳排放责任。

② C_r 调节系统母线电压：AC/DC 实时接收电力调度发布的 C_r 的信息，同时接收所连接建筑配电网与外电网连接处的智能电表电功率信息，并预先设定建筑配电网最大的输入功率 P_{max}。AC/DC 根据 C_r 值确定充电系统直流配电的母线电压 U_d，C_r 越高，U_d 越低；反之 C_r 越低则 U_d 越高。同时还要实时检查建筑配电网入口功率，当其接近 P_{max} 时，就要立即降低母线电压，从而不使建筑配电网入口功率超限。当建筑配电网入口功率接近功率下限（P_{max} 的 1%），则加大母线电压 U_d，以减少各个充电桩放电从而避免建筑向电网反向输出电力。

③ 智能充电桩调节：母线电压升高或保持在高位，意味着 C_r 较低，对于智能

充电桩而言，可提高充电桩充电的总功率；当母线电压降低，意味着 C_r 较高，对于智能充电桩而言，则需要降低充电桩的总充电的功率。智能充电桩将接收母线电压信号 U_d、电动汽车荷电状态 SOC 和电动汽车最大充电功率 P_{max} 等数据对电动汽车充电功率进行实时调控，智能充电桩系统调节原理图如图 5-5 所示。其中，车辆实际充电功率 P_{max} 与 U_d 正相关，C_r 较低时，母线电压升高，充电桩功率增大，与 SOC 负相关，使得相同母线电压下，车辆电池荷电状态更低的车辆优先以更大功率充电。

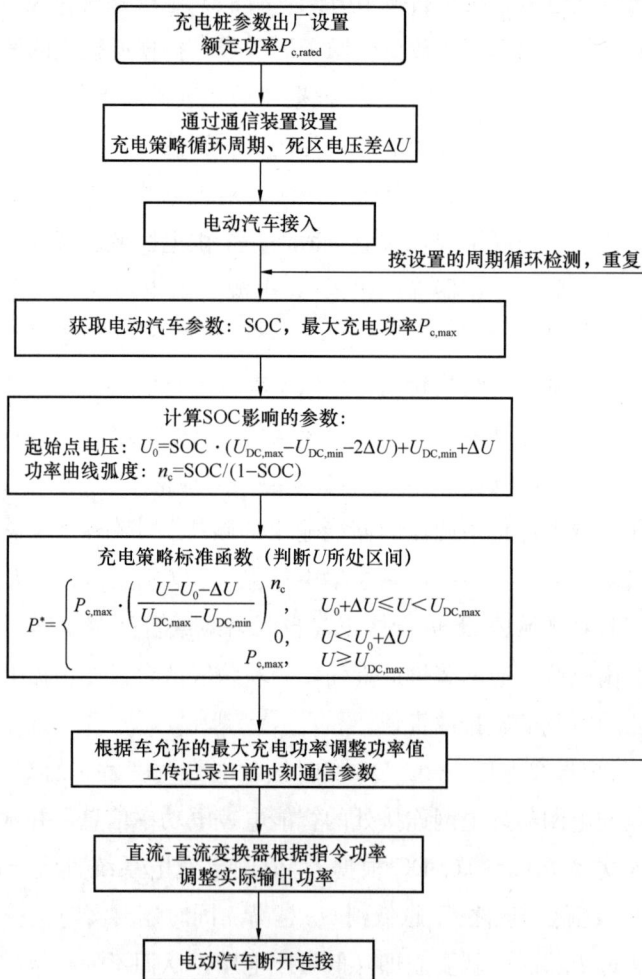

图 5-5　智能充电桩系统调节原理图

5.2.3　住宅场景双向充放模式：提升电动汽车电池寿命

在对住宅场景下车与建筑互动潜力以及充电桩系统模式的分析中，本书探讨了双向充放模式在互动过程中带来的巨大储能潜力。此外，双向充放模式对于电池寿命还有积极影响。在住宅场景下，车辆作为移动的储能单元，与建筑的电力系统紧密相连，而双向充放模式通过合理的能量调度和智能管理，能够在日常的充放电过程中有效控制车辆电量，进而延长电池使用寿命。

电动汽车在参与住宅能源系统的过程中，可以通过调整电池的荷电状态（SOC）来管理并改变电池的日历衰减速度。针对锂电池放电性能衰减机理的研究表明[8]，控制车辆进行动态的充放电，相比传统恒定电流充放电可以延长电池寿命。此外，针对锂电池日历衰减机理的研究表明[9]，若电池长期处于较高的 SOC水平（尤其是接近满充状态，如 90%～100%区间），日历衰减会显著加速；随着SOC 的降低，其日历衰减速度迅速减小。在引入 V2G 应用后[10]，通过合理设计充电策略，允许电池在适当的 SOC 范围内进行充放电，可以显著减轻日历老化效应。例如，电动汽车 SOC 原来通常处于 90%～100%区间，通过 V2G 将 SOC 下调至50%的 SOC 附近，电池衰减速率可得到显著降低。因而，电动汽车在有序充电/V2G 模式下通过科学调整 SOC 水平，可以在一定程度上调控电池的日历衰减速度。某研究结果表明，有序充电模式通过智能充电而避免了因电动汽车用户的充电焦虑带来的平均 SOC 过高现象。相比于电动汽车在无序快充/慢充模式下的 81%/79%的 SOC，有序智能充电的 SOC 降低到了 67%。计算结果表明，使用有序充电可以使得车辆电池的年衰减率从 7.9%下降到 6.8%，不同充电模式下充电效果如图 5-6 所示，充电模式对电池衰减的影响如表 5-7 所示。

除了可以控制车辆的平均电量，部分研究结果[11]也表明合理设置车网互动条件下的充放电电流和频率能够改善电池固体电解质界面（SEI）膜的生长，实现相同时间下电池循环充放电的衰减低于纯搁置过程。通过对充电电流、电压以及SOC 的精确调控，减少不利因素对 SEI 膜的影响，进而抑制 SEI 膜过度生长和不均匀沉积，保持其良好的稳定性和致密性，有助于延长电池的整体寿命。目前，利用充放电循环过程改善电池的衰减仍然处于研究的初期，还需进一步开展深入分析。

电动汽车参与高频车网互动过程，还能够辅助电池的低温加热，提高电动汽车的低温适应性和续航里程。在低温环境中，锂离子电池的性能会显著下降，表现为

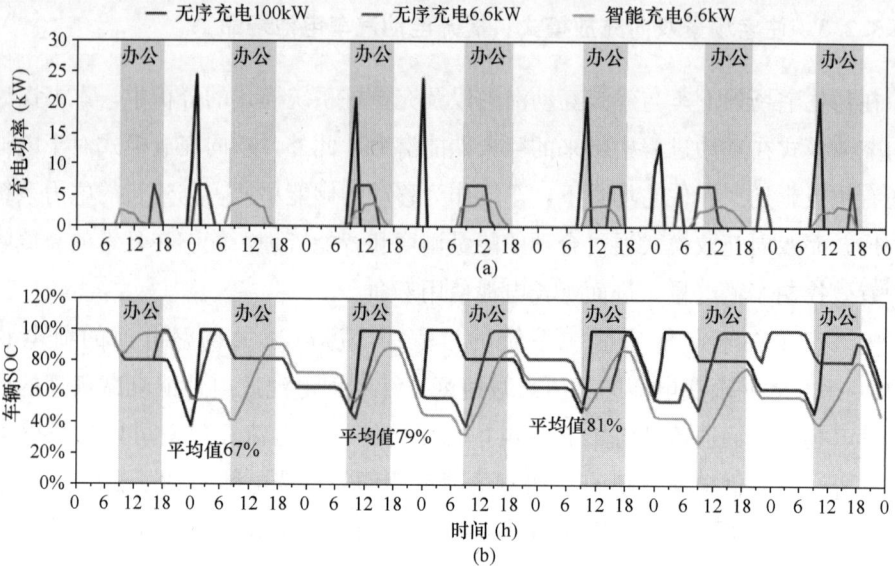

图 5-6　不同充电模式下充电效果

（a）充电功率；（b）车辆 SOC

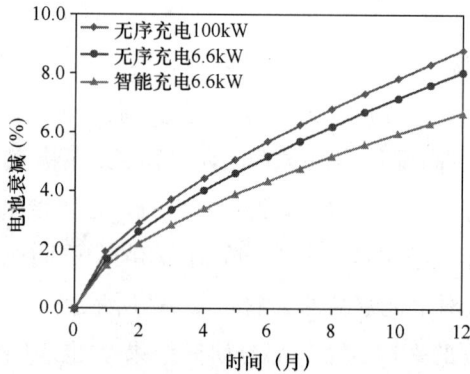

图 5-7　充电模式对电池衰减的影响

充电效率低、可用容量下降以及内阻增加。通过高频车网互动，动力电池在电压极化作用下发生产热升温，恢复或达到常温下的性能。车辆可以在充电前或充电期间利用双向充电进行预热，提高电池内部温度至适宜的工作范围。这样缩短了电池充电的时间，有效减少低温导致的充电效率损失，并保护电池避免因低温充电带来的不可逆损伤。

　　总的来看，住宅建筑中的有序充电策略因其实施门槛低、成本效益高，适合现阶段推广应用；而双向充放电策略优化潜力巨大，但其带来诸如电池衰减等经济与技术方面的挑战需要进一步研究。在未来的住宅场景中，通过结合智能充电策略与建筑用电负荷管理，进一步提升削峰填谷的效果，将为车与建筑的深度互动提供更为坚实的基础。

5.3　住宅场景充电桩建设及管理模式

5.3.1　新建住宅建筑充电桩建设和管理模式

在新建住宅场景中，智能有序慢充充电桩可作为重要基础设施进行统一建设和管理。充电桩必须能够实现智能有序充电/充放电才能够发挥出电动汽车的调蓄作用，避免对新建住宅的配电容量造成过大影响。因此在建设阶段，充电桩可由开发商统一设计并推动采购，以确保调节功能和设备质量；在交付后运行阶段，充电桩可由物业公司统一维护管理，以有效规避潜在的安全隐患。由于电动汽车的充电设备涉及电力设施改造、负荷管理等专业技术，若由住户自行购买和安装，不仅容易导致住宅区配电网过载，还可能因布线混乱而增加火灾及触电风险。而统一建设和管理，不仅可以确保安装的专业性与规范性，还能通过统一规划有效协调资源配置，保障住宅社区电力系统的稳定运行。智能充电系统可以在电网负荷较低的时段自动调度电动汽车充电，避免高峰时段出现过多充电需求，减少对小区内配电设施的压力。当前北京、深圳等地都提出了超级充电站的发展计划，但在城市建筑等非适宜场景中进行超级充电站建设会造成较大问题。大功率快速充电需求主要存在于车辆短时停留场景（如高速公路充电站）以及营运类车辆的快速补电场景（如公交车、出租车充电站）。在城市中住宅、办公等建筑中则不适宜建设超级充电站。针对城市建筑场景，应主要发展有序慢充，需将智能有序充电桩合理接入原有建筑的配电系统，通过有序充电充分利用其现有配电资源，避免大规模电网扩容及储能投资。

此外，为应对电动汽车数量的快速增长，新建住宅小区可按照"一位一桩"全面预留充电桩安装的空间和配电条件，在此基础上适当超前建设。相较于当前住宅小区停车位售价，由于增加充电桩造成的车位价格售价上升并不明显，同时给业主带来了充电的便利性。通过合理规划，提前预留充电设施的安装条件，能够在车辆增长的同时实现扩展性部署，避免后期大规模改造的高昂成本和对住户生活的干扰。这一点在《国务院办公厅关于进一步构建高质量充电基础设施体系的指导意见》（国办发〔2023〕19号）中同样被重点强调："压实新建居住区建设单位主体责任，严格落实充电基础设施配建要求，确保固定车位按规定100%建设充电基础设施或预留安装条件，满足直接装表接电要求。"为了进一步推动新建小区充电桩管理模式的落地与完善，地方政府应出台相关政策，规范充电桩的建设与管理，并为充电设施的建设和运营提供支持。例如，政府可以通过补贴政策鼓励开发商在新建小区中预留充电桩安装空间，并为小区物业提供技术支持，帮助其建立智能化管理系统。此外，政策还应明确小区物业在充电桩管理中的责任，确保充电设施的安全、维修和日常运营。

免费充电是实现双向充放电功能的最佳选择。双向充放电的计量过程极为复杂，需要精确记录车辆在不同时间段的充电和放电电量，并根据峰谷电价进行结算。这种复杂的计量不仅需要高精度的双向智能电表，还需要建立一套完善的核算系统来处理海量数据。根据行业数据，一套高精度双向计量系统的成本可能高达数千元，且维护成本也不容小觑。此外，复杂的计量过程还可能导致计费错误和纠纷，进一步增加管理成本和社会成本。相比之下，免费充电模式可以有效规避这些复杂计量带来的问题。通过简化计量流程，减少计费纠纷，免费充电不仅降低了技术门槛和管理成本，还能快速推动双向充放电功能的普及。

对于经营者，车辆充电费用相较于停车费用来说相对较低。根据市场调研，停车费用通常是车主的主要支出之一，而充电费用仅占其日常开支的一小部分。例如，在一些城市中心区域，停车费用可能高达每小时10元，长期停留的月租金也通常在300～1000元，而充电费用（以谷时电价0.30元/kWh计算，日均耗电量7kWh）仅为每日2.1元。同时，经营者还能通过免费充电，车辆可以在谷时低价充电，并在峰时将多余电量放回电网，获得额外收益。这种模式不仅优化了电网运行，也为运营商创造经济价值。此外，免费充电还能增强用户黏性，吸引更多车主选择智能充电桩作为其日常充电方案。这种经济激励不仅有助于快速推广双向充放电功能，还能为停车场和充电桩运营商带来长期稳定的用户群体。对于车主，享受到了免费的充电服务，也更容易积极参与到双向充放电过程中。且技术分析章节也指出，参与到车网互动中，并不会对车辆的电池寿命有损害。

综上所述，新建小区建筑充电桩管理模式需以安全性为前提，以"一位一桩"为目标，以智能有序慢充为关键技术要求，通过开发商和物业公司的统一建设和管理实现科学规划和资源高效利用，并推广免费充电模式，加速推广电动汽车普及。

5.3.2 既有住宅建筑充电桩建设和管理模式

在大量既有住宅小区中，安装智能有序充电桩以解决"充电难"问题，是推动私家车辆电动化的关键，应加快在住宅小区安装充电桩的进程。若在既有住宅建筑充电桩无法智能调控车辆的充电功率，则车辆的随机充电负荷会导致整体负荷超过小区现有配电容量约束，导致无法安装充电桩或需求额外的配电投资。但若建造智能双向有序充电桩，则可以在满足车主充电需求的同时，发挥车辆的调蓄作用，避免超容现象的发生。这种情况下，在既有住宅建筑中安装充电桩对电力系统不是负担，反而是有利的，即使在配电容量紧张的小区中也能够安装充电桩。因此，对于既有住宅建筑，关键点是大力推广智能有序充电桩。优先采用有序充电，充分利用既有配电容量；在既有配电容量不足的情况下，适当进行配电扩容，但仅用于满足小功率有序充电桩的接入要求。

在既有住宅建筑中的管理模式则和在新建建筑中充电桩管理模式一样，需要充电桩运营公司与住宅小区业主及物业公司达成一致后建设充电站，作为公共设施供业主使用，充电桩运营公司负责运营管理。为了能够确保充电桩的安全可靠并且具备智能有序充电功能，需依据相关标准进行"统一建设、统一运营"。

此外，与住宅小区周边建筑停车场合作也是解决既有住宅小区"停车难、充电难"的有效途径。在现有部分城市老城区中，住宅小区内部停车位数量少，停车本身就是一个亟待解决的问题。这种情况下可以通过在小区周边办公、商业建筑建设公共充电站、共享充电桩的方式来缓解充电桩数量不足的问题，满足车主的停车和充电需求。通过与周边机构合作共建充电桩，不仅可以提高充电设施的利用率，还能够促进充电网络的互联互通，解决居民出行中的充电焦虑。

以北京某办公园区为例[14]，其夜间开放园区停车场供周边居民进入停车，仅允许同意参与有序充电的车辆进入园区停放，由此共同参与园区能量有序调控，不仅为小区车主提供了车位，也促进了办公园区的屋顶光伏消纳，某车位全年停留情况如图 5-8 所示。

政策方面，部分城市已经开始探索并推广居民小区统一建设管理以及与周边办公区域停车位和充电桩共享的政策和实践，例如：（1）上海市在政策中明确提出支持停车位和充电桩的共享模式。例如，《上海市居民小区电动汽车充电设施建设管理办法》中提到，居民小区的停车位和充电桩可以通过协商委托充电运营商进行统

办公园区及周边住宅共享车位

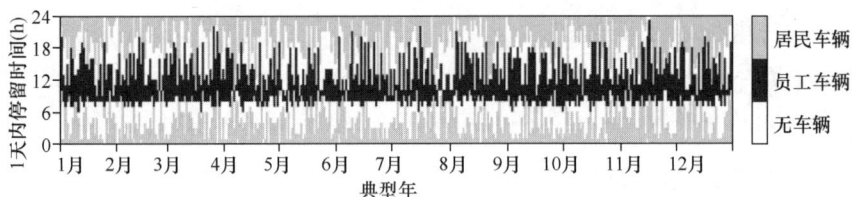

图 5-8　某车位全年停留情况

一管理，并鼓励错时共享。此外，上海市还通过老旧小区改造，推动在有条件的小区增设共享新能源机动车充电桩；（2）金华市在《金华市推进充电基础设施建设促进新能源汽车下乡行动方案（2023—2025年）》中提出，既有居住区可以利用周边公共建筑配建停车场或社会公共停车场统一建设公用充电设施，推动停车位充电桩"统建统营"，并鼓励"分时共享""临近车位共享"等模式。

综上所述，既有住宅建筑的充电桩管理模式的关键点在于推广智能有序充电桩的安装，避免因充电桩的安装带来大量额外的配电投资。在小区统一建设、统一管理智能充电桩的同时注重与周边建筑停车场及其配电系统的联动，为居民提供更高效、便捷、安全的充电服务。

参 考 文 献

[1]　国务院办公厅. 国务院办公厅关于进一步构建高质量充电基础设施体系的指导意见[Z].
2023-06-08. https：//www. gov. cn/zhengce/content/202306/content_6887167. htm.

[2] 北京市发展和改革委员会．北京市"十四五"时期应对气候变化和节能规划[Z]．2022-08-14．

[3] DAI Y，LIU X C，LI H，et al. Building-related electric vehicle charging behaviors and energy consumption patterns：An urban-scale analysis[J]．Transportation Research Part D：Transport and Environment，2025，141：104663．

[4] 中国汽车动力电池产业创新联盟．2024 年 12 月动力电池月度信息[R/OL]．2025-01-13 [2025-04-30]．2024．

[5] ZHANG X，ZOU Y，FAN J，et al. Usage pattern analysis of Beijing private electric vehicles based on real-world data[J]．Energy，2019(167)：1074-1085．

[6] LIU X C，FU Z，QIU S Y，et al. Building-centric investigation into electric vehicle behavior：A survey-based simulation method for charging system design[J]．Energy，2023，271：127010．

[7] Li Y. The potentials of vehicle-grid integration on peak shaving of a community considering random behavior of aggregated vehicles[J]．Next Energy，2025(7)：100233．

[8] GESLIN A，XU L. Dynamic cycling enhances battery lifetime[J]．Nat Energy，2025(10)：172-180．

[9] LAN V N，CUI X STROEBL F，et al．A decade of insights：Delving into calendar aging trends and implications[J]．Joule，2025，9(1)：101796．

[10] FU Z，LIU X C. Orderly solar charging of electric vehicles and its impact on charging behavior：A year-round field experiment.[J]．Applied Energy，2025，381：125211．

[11] XU X，TANG S，HAN X，et al. Flexible bidirectional pulse charging regulation achieving long-life lithium-ion batteries[J]．Journal of Energy Chemistry，2024(96)：59-71．

[12] 北京市发展和改革委员会，北京市城市管理委员会．北京市新能源汽车高质量超级充电站发展行动计划[Z]．北京：北京市人民政府，2023．

[13] 深圳市发展和改革委员会．深圳市新能源汽车超充设施专项规划（2023—2025 年）[Z]．深圳：深圳市发展和改革委员会，2023．

[14] LI H，WANG H，LI Z J，et al. Unlocking the energy flexibility of vehicle-to-building by parking and charging infrastructure sharing：A case in an office and residential complex[J]．Energy and Buildings，2025(344)：116000．

[15] 上海市人民政府．上海市居民小区电动汽车充电设施建设管理办法[Z]．上海：上海市人民政府，2023．

[16] 金华市发展和改革委员会．金华市推进充电基础设施建设促进新能源汽车下乡行动方案（2023—2025 年）[Z]．金华：金华市发展和改革委员会，2023．

第6章 建筑电气化技术

6.1 电炊事设备

炊事作为日常生活的重要组成部分,其能源使用对环境和气候变化具有深远影响。根据国际能源署(IEA)数据,炊事所产生的碳排放约占全球温室气体排放的3%,占建筑碳排放的56%[❶]。传统炊事设备依赖化石燃料,燃烧过程中释放大量温室气体。而通过采用电炊事设备,可以显著减少这些温室气体排放。根据北京市调研数据显示,家庭炊事中,管道燃气仍占炊事用能的74%,而电炊具仅占13%。因此,为了降低碳排放,全面加速炊事电气化势在必行。

6.1.1 电炊事设备发展现状

我国的饮食文化源远流长,烹饪方式多样,包括蒸、煮、煎、炒、炸等多种方式。同时,人们的一日三餐离不开各类炊具的使用。随着炊事电气化的发展,各类电炊事设备层出不穷,包括电蒸锅、电煮锅、电饭煲、电磁炉、电炒锅、电压力锅、电火锅、电饼铛、微波炉、烤箱等。随着城镇生活节奏的加快,很多手工操作逐渐被个性化的电炊事设备替代,如豆浆机、榨汁机、咖啡机、煮蛋器、空气炸锅等。同时,随着智能家居的兴起,智能化的电炊具如智能电饭煲、智能烤箱等也纷至沓来,可通过手机或语音助手控制,为人们提供方便快捷的烹饪体验。

电炊事设备的能效等级及热效率是影响炊事用能的关键影响因素。为了提高电炊事设备的效率,最新国家标准《家用和类似用途厨房电器能效限定值及能效等级》GB 21456—2024 中对已有能效限定值进行了提高。通过对电饭锅进行调研发现[❷],如图 6-1 所示,从市场销售情况统计,1 级能效的产品占比仅为 7%,2 级能效的产品占比为 14%,3 级能效的产品占比最多,为 68%,不达标的产品产比约

---

❶ 数据来源:International Energy Agency(IEA),Net Zero by 2050:A Roadmap for the Global Energy Sector(Paris:IEA,2022).

❷ 数据来源:《家用和类似用途厨房电器能效限定值及能效等级》GB 21456—2024.

为 11％。可见目前市场上电饭煲的整体能效水平较低，并存在一些能效不达标的产品。为深度推进炊事电气化，减少能源浪费和环境影响，用户应选用高能效的电炊具设备，避免采用不达标的电炊具设备。

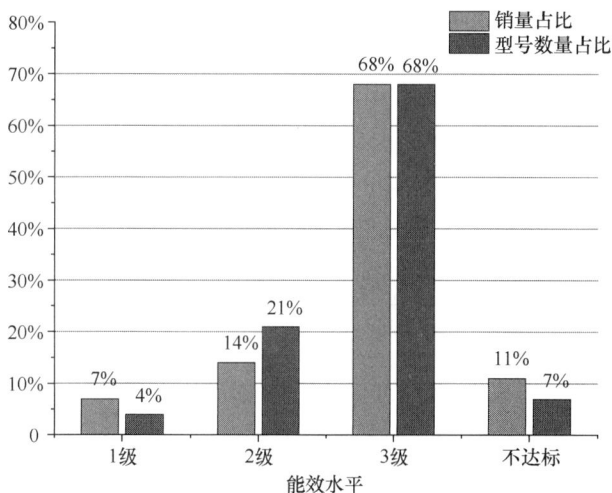

图 6-1　电饭锅产品各能效能级分布

虽然各类电炊事设备层出不穷，但由于中国居民长期以来"无火不成灶，无灶不成厨，无厨不成家"的明火烹饪习惯，燃气灶仍是众多居民首选的炊事工具。但是燃气灶存在不环保、不安全、不健康、低能效等缺点。在环保方面，每燃烧 $1m^3$ 的天然气会产生 $12m^3$ 的一氧化碳、二氧化碳、氮氧化物等气体污染物。在安全方面，燃气灶可能存在爆炸、起火、泄漏中毒等安全隐患。在健康方面，燃气灶产生的有害气体（如一氧化碳、氮氧化物等）对空气质量有显著影响，特别是在通风不良的厨房中。长期暴露在这些污染物中，可能会导致呼吸系统问题等疾病。在能效方面，燃气灶的能效往往较低，约为 $55％\sim63％$，热效率较低，热损失较大。同时，燃气灶依赖燃气供应，在偏远地区应用比较受限。

由于电磁炉的高效性、安全性、环保性、便捷性，越来越多的用户采用电磁炉替代燃气灶。电磁炉是基于电磁感应原理将电能转变为热能，通过热传导将锅具的热量传递给食物，几乎没有热量损失，其能效约为 $84％\sim90％$。电磁炉没有明火，可避免火灾和爆炸的风险，其安全性更高。电磁炉插电即可使用，并且通常配备温控系统，可以精确调节加热温度，在移动性和便捷性上更优。电磁炉在加热过程中不需要氧气，室内无废气产生，在未来高比例可再生电力能源结构下也没有直接和间接碳排放。以上海住宅厨房为例[5]，如图 6-2 所示，采用电磁炉可比燃气灶减少 51％的能源消耗，减少 25％的碳排放。假设上海市住宅建筑中 50％的炊事方式改为电磁炉，这将每年减少约 107 万 t 碳排放（约 9.98％）及 409 万 t 直接碳排放。

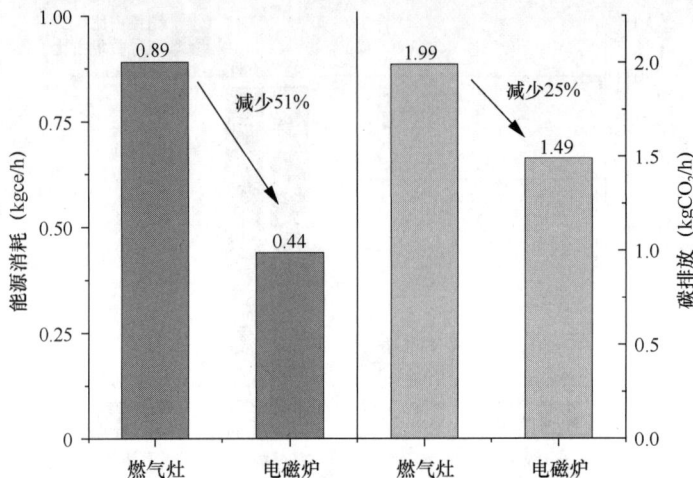

图 6-2　燃气灶及电磁炉的用能及碳排放量对比

同时，电磁炉还具有较好的性价比。表 6-1 是市面上的燃气灶和电磁炉产品。如果分别按照 4 元/m³ 的燃气价格和 0.5 元/kWh 的电价算，单位热值的电费比燃气费用贵 20％；但是电磁炉在热效率上有明显优势，按目前产品中普遍达到的电磁炉 3 级能效为 86％，燃气灶 1 级能效为 63％，满足同样加热量所需的电量热值仅为燃气热值的 73％，所以综合来看电磁炉的能源成本比燃气灶还低 12％。因此，虽然电磁炉的初投资高于燃气灶，但电磁炉的运行成本略低于燃气灶。并且，未来随着电磁炉热效率的提升和天然气成本的升高，电磁炉的节能和经济优势会愈发明显。

市面上的燃气灶和电磁炉产品参数　　　　　　　　　　　　　　表 6-1

炊事设备	产品	单灶热负荷	额定热效率/能效等级	价格（元）
燃气灶	A1（双灶）	4.5kW	63％/1 级	450
	A2（双灶）	5kW	63％/1 级	398
	A3（双灶）	5.2kW	67％/1 级	698
电磁炉	B1（单灶）	2.2kW	86％/3 级	359
	B2（单灶）	3.5kW	86％/3 级	509
	B3（双灶）	2.2kW	86％/3 级	1399

6.1.2　新型电炊事设备

虽然电磁炉具有诸多优势，但自其发明 20 余年来，在中国取代燃气灶的步伐相对缓慢，主要原因之一就是电磁炉在边缘加热不均匀，且缺乏传统燃气灶的明火爆炒功能。如图 6-3 所示，电焰灶作为一种新型炊事设备，结合了燃气灶及电磁炉的优势，可以利用低温等离子技术，将电能转化为热能，模拟传统燃气灶的火焰效果，同时兼顾绿色、安全与环保特性。在目前市面上的产品中，其电弧火焰的温度高达 1200℃（天然气 600℃左右），功率可达 2500W，热效率高达 78%，其运行费用也低于燃气灶。电焰灶炒菜时间短，熟得快，不破坏食材的纤维结构，营养物质、水分等不容易流失，保持食材的原汁原味。并且，电焰灶具有多挡火力调节和多重安全保护功能，如自动熄火保护、过热保护和防干烧功能等。然而，由于目前电焰灶的价格通常是传统燃气灶的 4～5 倍、电磁炉的 2 倍，因此电焰灶的普及还受到经济成本的制约。但随着技术的进步以及人们对健康和环保关注的提升，电焰灶有望在未来成为厨房新宠，加速推动炊事电气化的发展。

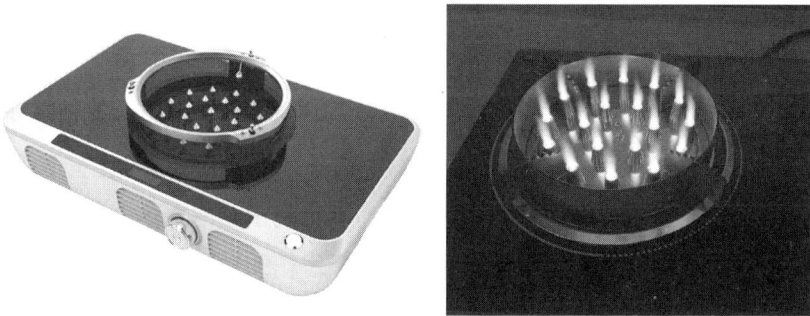

图 6-3　电焰灶

随着炊事电气化需求的不断增长，越来越多节能高效且充分考虑用户需求的电炊事设备应运而生。随着产品技术的不断升级、价格的逐步降低及智能化功能的发展，电炊事设备将逐步替代传统炊具，得到越来越多用户的认可和采用，全电厨房也将成为未来发展趋势。这些技术也将进一步推动我国建筑用能终端全面电气化，助力碳中和目标的实现。

6.2 电热水器设备及其柔性调蓄技术

6.2.1 电热水器设备

实现建筑部门零碳转型的过程中，居民家庭生活热水的全面电气化同样具有重要作用。现有的以电为能源的热水器主要可分为即热型和储热型两大类，其中储热型热水器的加热功率要远低于即热型热水器，对于建筑配电的要求及电网的冲击相对较小；另一方面，储热型热水器的蓄热能力也能够成为未来建筑需求侧响应的一种方式，促进建筑柔性用电。因此，储热型热水器应当是未来居民家庭生活热水电气化的发展方向。

近年来，电热泵热水器（也称"空气能热水器"）在我国家用热水器市场上逐渐兴起。根据相关产业数据，我国电热泵热水器总销量从 2014 年的 52 万台上升到 2019 年的 123 万台，且市场规模仍在保持上涨的趋势。对比电热泵热水器与普通的储热型电热水器，电热泵热水器具有高能效的特点，电热水器热效率一般在 95％左右，而电热泵热水器 1 份电可以产生 3 份热，热效率可以达到 300％，在相同用水量的情况下要远比普通的电热水器节能。对比燃气热水器、普通蓄热式电热水器以及电热泵热水器的初投资和运行费用如表 6-2 所示，可见在同样的用水量下，电热水器的运行费用要高于燃气热水器的运行费用，但电热泵热水器运行费用要低于燃气热水器，即使考虑热泵热水器的蓄热水箱的散热损失，电热泵热水器的年运行费用也基本可以做到与燃气热水器相当。

各类热水器运行费用对比　　　　　　　　　　表 6-2

	燃气热水器	电热水器	电热泵热水器
年用水量（L）	50L/d×365d＝18250L		
热效率（％）	90	95	300
用能量	82.8 m³	784kWh	248kWh
能源费用（元）	248.4	376.5	119.2

目前，电热泵热水器的设备价格仍显著高于普通的燃气热水器与电热水器，但未来随着市场规模的扩大，其价格也会逐渐下降。从我国建筑领域零碳转型以及节能减排的角度来看，应当大力推广电热泵热水器以实现生活热水的电气化。

6.2.2 电热水器的柔性调蓄技术

电热水器的灵活调蓄可为建筑电力系统的柔性用能提供重要技术支撑。在住宅建筑柔性用能的众多技术中，利用电热水器的蓄水箱作为灵活储能设备，为建筑用能调节提供了一个低成本、高潜力的解决方案。通过对电热水器的智能控制和热储能优化，可以实现电力系统与建筑用能需求之间的动态平衡，不仅提升了建筑的能源利用效率，还为电网的稳定运行提供了重要支持。

电热水器的核心部件是蓄水箱，其本质上是一个具有显热储能功能的装置。通过将电能转化为热能，电热水器在水箱中储存热水，为用户提供供暖、洗浴和其他热水需求。不同于其他家用电器，电热水器的运行可以脱离实时需求，其工作时间和运行功率具有一定的灵活性。通过提前加热或推迟加热，可以将电力需求从高峰时段移至低谷时段，实现电网的负荷转移。此外，蓄水箱具有较高的保温性能，能够在较长时间内保持水温稳定，这使其成为一个低成本的短期热储能装置。

利用这一特性，电热水器可以作为一种"热储能电池"，参与住宅建筑的柔性用能调节。电热水器的调蓄作用示意图如图 6-4 所示，通过对电热水器阀门进行实时监测可以得到用户的用热水需求，通过机器学习可以预测用户的生活用热水规律。通过优化控制，在满足用户用热水需求的情况下，在电价较低的谷电时段（如夜间）及电力动态碳排放责任因子 C_r 较低时段（如光伏发电富裕的午后），可以利用电热水器储存足够的热水备用。而在电价较高的峰电时段及 C_r 较高的时段，可以通过暂停电热水器，减少建筑用电需求，从而缓解电网压力。同时，为了充分利用可再生资源，生活热水用能的柔性调节还可以与太阳能热水器相结合，利用较大

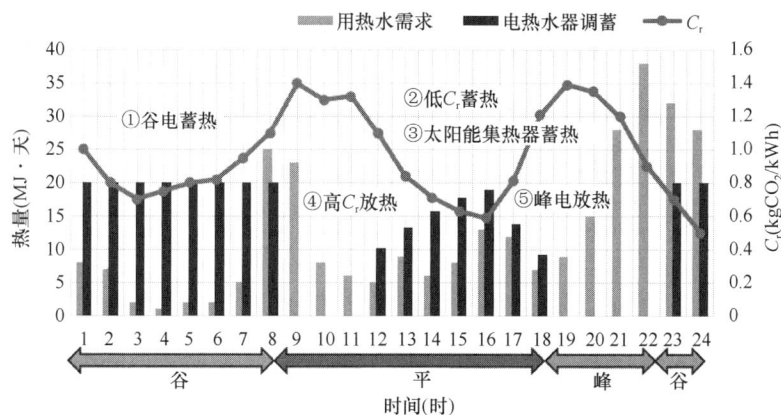

图 6-4 电热水器的调蓄作用示意图

的蓄水箱对日间太阳能集热器产生的热水进行蓄存，辅以夜间低谷电时的电辅热蓄存，基本可以满足城镇住宅住户一天的生活热水需求。这种基于热储能的调节方式，不仅能够削峰填谷，还能优化用户的用电成本，提高可再生能源的利用率。

C_r 在全年的波动范围在 $0.0 \sim 1.7 kgCO_2/kWh$ 之间，可见不同时段的 C_r 差异可达 10 倍以上。目前，国家能源局规定峰谷电价价差原则上不低于 4：1，未来不同时刻的分时电价差异也将达 10 倍以上。而电热泵热水器的热效率至高可达 300%～400%，可见，充分发挥电热水器的调蓄作用，采用机器学习等优化控制方法，可以在满足用户用水需求的同时，以较低的电价及较低的 C_r 来获取生活热水，具有很大的发展潜力。

根据目前典型城镇住宅的生活热水使用情况和电热水器性能参数进行估算，城镇住宅家庭每日生活热水需求约为 60L，热水温度最高一般为 60℃，自来水供水温度一般为 15℃，则每日生活热水的热需求为 3.12kWh；按照电热水器加热功率为 2kW 计算，完成生活热水加热大约需要 1.5～2h。根据电热水器水箱的调研数据，水箱的导热系数一般为 0.5 W/（m² · K），水箱表面积按 1m² 估算，室内温度取 25℃，则每小时漏热量约为 0.0175kWh，假设热水储存时间为 18h，则总漏热量约为 0.315kWh。即采用蓄热水箱进行生活热水用能柔性调控，热损失量约为生活热水热需求的 10% 左右。以上估算分析表明，利用电热水器进行柔性调蓄，对于普通城镇住宅用户，每日可实现 3.5kWh 的电量在 18h 时段内的柔性调控能力。如果全国 3.7 亿户城镇住宅用户均参与到电热水器的柔性调蓄响应中，每日可实现 12.95 亿 kWh 的电量在 18h 时段内的柔性调蓄，是一项非常可观的柔性用能资源。同时，不同于电热泵热水器，受容量及热效率限制，电热水器可以通过提高热水温度，提高储热效率，存储更多热量用于调蓄。通过以上分析可以看出，利用电热水器蓄水箱进行柔性用能调节，能够充分利用低谷电价，转移电网高峰负荷，同时热损失较低，且对用户热水需求基本无影响。结合智能控制技术，该方法不仅能优化家庭用电成本，还能显著提升建筑能源系统的灵活性，为电力系统削峰填谷、平衡负荷提供了有效途径。

为了充分发挥电热水器的调蓄作用，未来可以开发兼具智能调度、实时监测和远程控制功能的电热水器产品。这类产品能够根据电网负荷及用户需求，智能调整加热时间和功率，从而降低用户用电成本、提升用电效率。也可以根据用户用热水习惯，通过细化水箱功能，开发双水箱电热水器，进一步提高电热水器的效率。其中，一个水箱用于满足用户集中用水需求，该水箱具有较大的柔性调节能力，另一个水箱用于满足用户日间分散用水如洗手、做饭等需求，该水箱对于实时用热水的要求较高。此外，还可以提供基于电热水器的能源管理服务，为用户定制个性化的热水器调储策略，实现精准、高效的能源管理。通过这些措施，加速电热水器调蓄功能的产业化落地，既能为用户侧降低能耗和成本，又能增加电力系统的灵活调储能力，推动用户和电网的双向共赢。

6.3 蓄能多联机技术

6.3.1 蓄能多联机技术原理

蓄能多联机技术是一种将传统多联机空调系统和蓄能技术相结合的创新技术。蓄能装置内部，一般储放着水或其他相变蓄能材料。由于水具有非常大的蓄能能力，且具有成本低、存量多、安全性高的优点，故水是优秀的蓄能材料选择，下文以水为蓄能材料进行说明。

针对蓄能多联机系统，蓄能装置（图 6-5）一般采用内融冰形式，其中的水为一次性灌注，不参与系统循环，所以也无须增设驱动蓄能材料循环的水泵或板式换热器等装置，对于工程来说十分方便。蓄能装置内部的换热管一般为蛇形盘管，制冷剂在换热管内流动的过程中与水进行换热，从而储存能量或获取已存储在水中的能量。

蓄能装置的额定蓄冷量可以按照如下方式估算。蓄冷量主要包含两部分：冰的潜热和水的显热，冰潜热量为

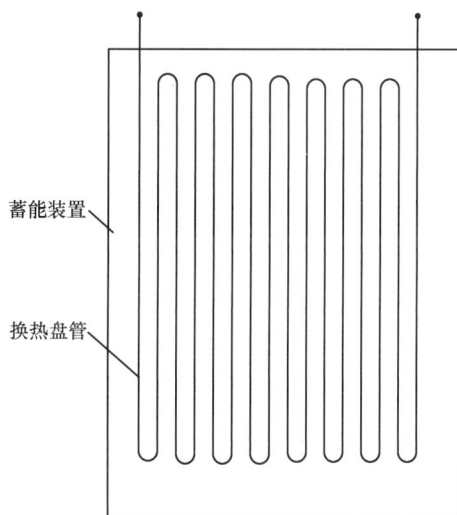

图 6-5 蓄能装置示意图

335kJ/kg，比热容为 4.216kJ/(kg·℃)，考虑蓄能器中水不一定完全结冰，以结冰率90%计算，那么对于一台装载 1.5m³ 水量的蓄能装置，其额定蓄冷量约为 178kWh。

此外，大部分使用外融冰式系统和动态制冰式系统的空调设备，都不具备蓄热和释热功能，而蓄能多联机可以通过将水加热为热水和降低热水温度这一循环，实现蓄热和释热。储蓄的热量一般在冬季制热时用来为多联机化霜。同样考虑一台装载 1.5m³ 水量的蓄能装置，由于不会发生冰水相变，故其额定蓄热量仅包含显热量，约为 53kWh。可以看出额定蓄热量（53kWh）远小于额定蓄冷量（178kWh），这

也是为什么一般不会用蓄能装置为制热提供热量，而是仅用作化霜的原因。

为了实现以上蓄能和释能的目的，制冷季节里，蓄能多联机至少具有以下3种模式：蓄冷模式、常规制冷模式、释冷制冷模式。在冬季等制热季节里，蓄能多联机还能够进入蓄热、常规制热和释热化霜模式。

（1）蓄冷模式（图6-6）里，蓄能装置相当于一台室内机，室外机对其进行制冷，在此过程中，将蒸发温度控制到结冰温度以下，以保证水能够顺利结冰。多联机系统一般在谷电期间进行蓄冷，以充分利用低谷电力，实现填谷效果。需要指出的是，由于蓄冷过程中蒸发温度较低，多联机的能效往往低于常规制冷模式，因此蓄冷耗电量往往较大。综合考虑蓄冷和释冷，蓄能多联机一般是不能够节省总耗电量的，仅能够转移耗电量。

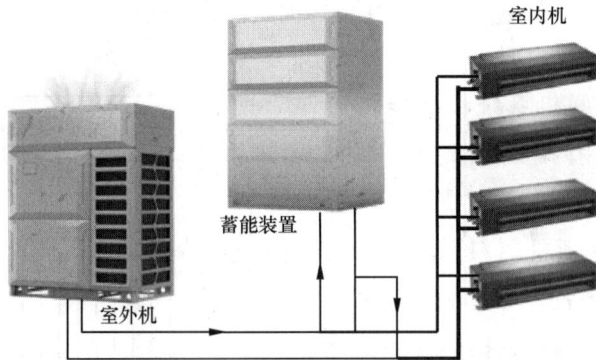

图 6-6　蓄冷模式示意图

由图6-7所示是蓄冷过程中水温变化示意，水温逐渐下降至0℃后开始结冰，当完全结冰后冰的温度可以继续下降。阶段1为水的显热蓄冷阶段，阶段2是冰的潜热蓄冷阶段，阶段3是冰的显热蓄冷阶段。冷量分别以水的显热、冰的潜热和冰的显热储存在蓄能装置中。

（2）常规制冷模式（图6-8）里，蓄能装置不进行工作，关闭内置的阀门断开与系统的连接，系统相当于一台常规多联机，室外机直接对室内机供冷。

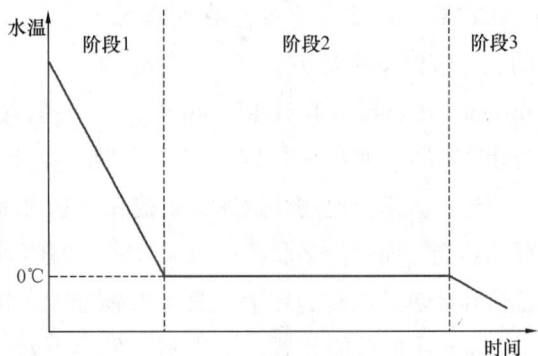

图 6-7　蓄冷过程中水温变化示意图

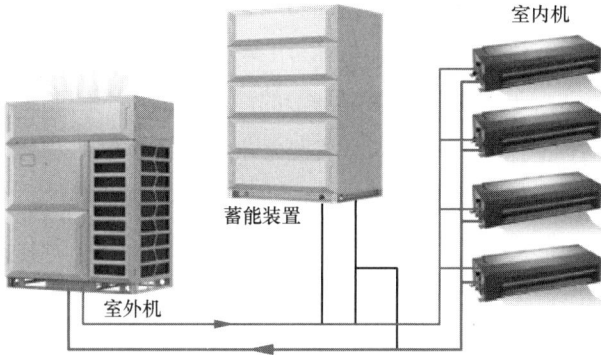

图 6-8　常规制冷模式示意图

（3）释冷制冷模式里，包含无制冷剂泵模式（图 6-9）和有制冷剂泵模式(图 6-10)。

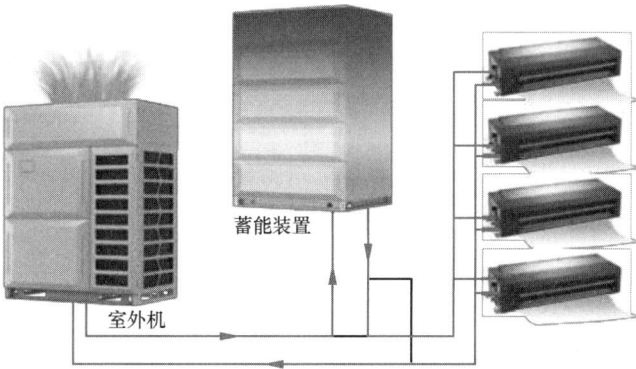

图 6-9　无制冷剂泵释冷制冷模式示意图

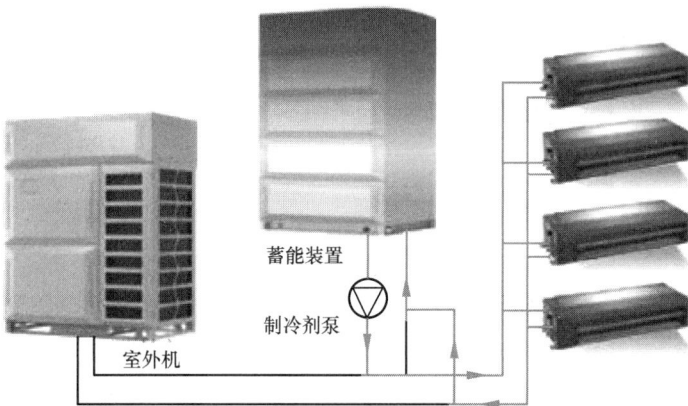

图 6-10　无制冷剂泵释冷制冷模式示意图

无制冷剂泵模式里，蓄能装置通过控制内置阀门组合切换流路为释冷流路，制冷剂从室外机流出后，流经蓄能装置与冰/水换热，吸收冷量后流入室内机中进行制冷。这个过程中，由于增加了制冷剂携带的冷量，制冷剂的制冷能力增强，故在同一室内负荷条件下，释冷制冷的多联机与常规制冷的多联机相比，其压缩机输出需求降低，因此可以降低压缩机运转频率，达到降低功耗的目的，可以有力减少多联机系统对峰段电力的需求。与此同时，蓄能装置中的冰逐渐融化，完全融化后水温继续升高，直到水温上升至与室外机制冷剂出管温度相当时（约 30℃）则冷量释放完毕。

有制冷剂泵模式里，室外机停机，其压缩机及风机都停止工作。取而代之的是启动制冷剂泵，同时蓄能装置控制内置阀门组合切换流路为释冷流路。制冷剂在蓄能装置和内机之间流动，在蓄能装置与蓄能材料换热并吸收冷量、在室内机中蒸发释放冷量实现制冷功能。由于在此过程中室外机中的压缩机和风机这些高功耗元件停止工作，仅制冷剂泵低功耗运行，因此在制冷能力不改变的条件下，多联机系统功率能够下降至常规制冷系统的 20% 或者更低，从而有力降低多联机系统对峰段电力的需求。

（4）蓄热模式（图 6-11）里，多联机对蓄能装置进行制热，将水加热（最终温度可达到 35~45℃），从而储蓄热量。

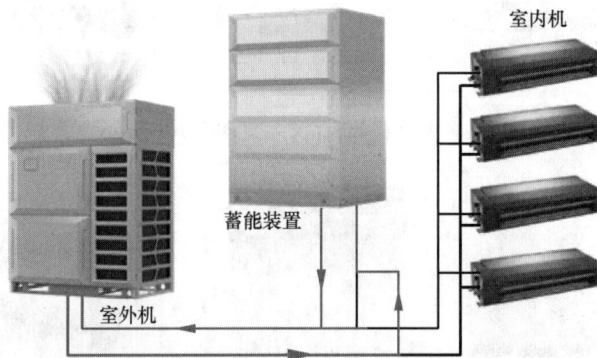

图 6-11　蓄热模式示意图

（5）常规制热模式（图 6-12）里，蓄能装置不进行工作，关闭内置的阀门断开与系统的连接，系统相当于一台常规多联机，室外机直接对室内机供热。

（6）释热化霜模式，如图 6-13 所示。在冬季制热时，多联机室外机由于需要从室外低温环境中吸收热量为室内供热，故室外机换热管路中的制冷剂温度很低，

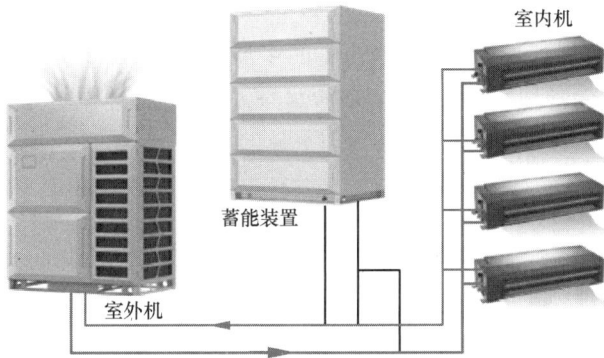

图 6-12　常规制热模式示意图

往往低于 0℃。室外空气中所含的水汽与低温换热管路接触，会逐渐在室外机换热器上凝结并结霜，当霜层积累到一定厚度时，多联机需要停止制热，反而从室内侧取热来加热室外机换热器，融化霜层。在此过程中，由于从室内侧取热，会引起不舒适感，并且再次切换为制热模式时，室内机管温也需要重新加热，导致不舒适时间延长。而蓄能多联机则可利用储蓄的热量进行释热化霜模式，该模式中，系统关闭室内机，从蓄能装置中取热，融化霜层。研究发现，释热化霜和常规化霜相比，释热化霜能够缩短化霜耗时、缩短制热能力恢复时长、延长制热周期等。一般约3h 蓄热可以提供超过 13 次化霜所需的热量。

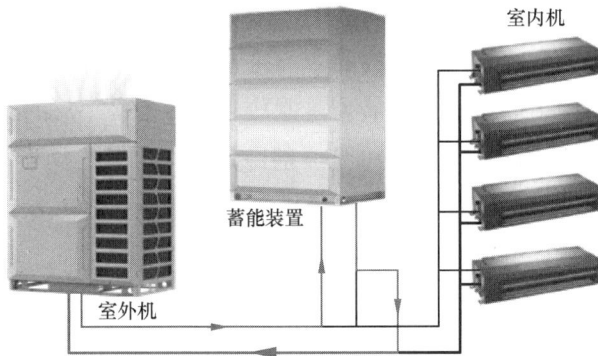

图 6-13　释热化霜模式示意图

6.3.2　蓄能多联机的技术效果

若要覆盖一栋典型住宅楼 5000m² 的制冷面积，满足其一周期内 10h 制冷需求，其中前 5h 对应于平电时期，后 5h 对应于峰电时期，则需要搭配蓄能装置的水容量在 30m³ 左右。以覆盖相同住宅面积的常规多联机为基准，考核一套蓄能多联机的蓄冷释冷功耗，得到如图 6-14 所示的蓄能多联机耗电量时间表。其中蓄冷持续 8h，然后进行 5h 的常规制冷和 5h 的释冷制冷。

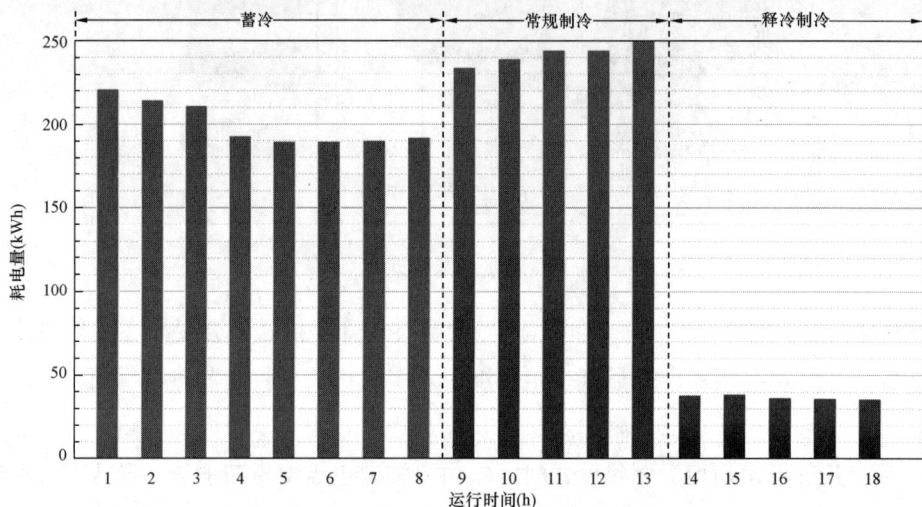

图 6-14   蓄能多联机耗电量时间表

在蓄冷的 8h 里，系统目标蒸发温度随水结冰的过程动态变化，进行 5h 后逐渐稳定，尽管蓄能装置的蓄冷能力需求低于常规制冷能力需求，但由于结冰时需要提供低于 −8℃ 的蒸发温度，故蓄冷时的机组输出量实际与常规制冷时基本相当，蓄冷过程的平均功耗为常规制冷时功耗的 81% 左右。蓄冷结束后，将共计 10h 的制冷时间拆分为前后两个 5h，分别进行常规制冷和释冷制冷。从图 6-13 中可以清晰看到常规制冷和释冷制冷期间的耗电量区别：其平均功耗约仅为常规制冷期间的 15%，即峰电时段 5h 内，共转移约 85% 耗电量。综合整 10h 制冷时间内的耗电量，与常规机组相比耗电量可共转移约 43%。

6.4   空气源热泵地板供暖技术

空气源热泵地板供暖（简称热泵地暖）技术是一种以空气源热泵作为热量供给来源，以地板辐射供暖为热量需求末端的建筑供暖方式，空气源热泵相比于传统燃气供暖使用了电力进行驱动，可以充分结合利用可再生能源发电带来的降碳能力，并且地板辐射供暖末端具有较大的蓄热能力，可以续存可再生能源发电热泵供暖的热量，促进城镇住宅供暖的节能低碳发展。近年来，市场上涌现出了一批热泵两联供产品。该产品以空气源热泵为冷热源，可同时满足建筑的制冷、制热需求，其采用风机盘管或风管机进行供冷，以地板供暖进行供热。

6.4.1　系统组成与原理

热泵两联供机组由三部分组成：空气源热泵主机、风机供冷末端和地板供暖末端。根据冷热量传输介质主要分为三类系统：天水地水系统、天氟地水系统和天氟地氟系统。

（1）天水地水系统（图 6-15）的热泵主机含有氟-水换热器，可将制冷剂中的冷量或热量传递到水中，再通过水将冷量传输到风机盘管中进行供冷，或通过水将热量传输到地埋水管中进行供暖。系统比较简单且易于维护，是最早进入市场的热泵两联供产品。

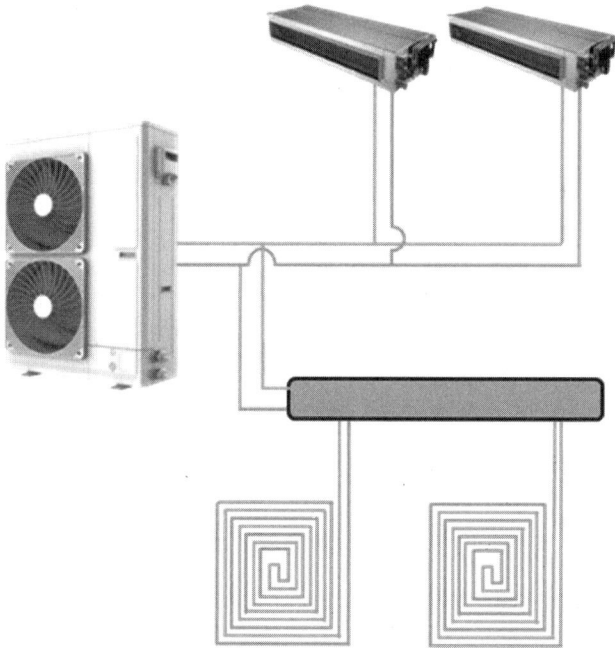

图 6-15　天水地水系统

（2）天氟地水系统（图 6-16）在制冷时与传统的多联机空调相同，直膨式风管机末端直接通过制冷剂蒸发对室内进行供冷；在制热时，通过在热泵主机外置或内置氟-水换热器，将制冷剂冷凝后产生的热量传递到水中，再通过水将热量传输到地埋水管中进行供暖。相对于天水地水系统，由于制冷时减少了换热环节，天氟地水在制冷时的节能性更高且响应更快，是目前市场上主推的热泵两联供产品。

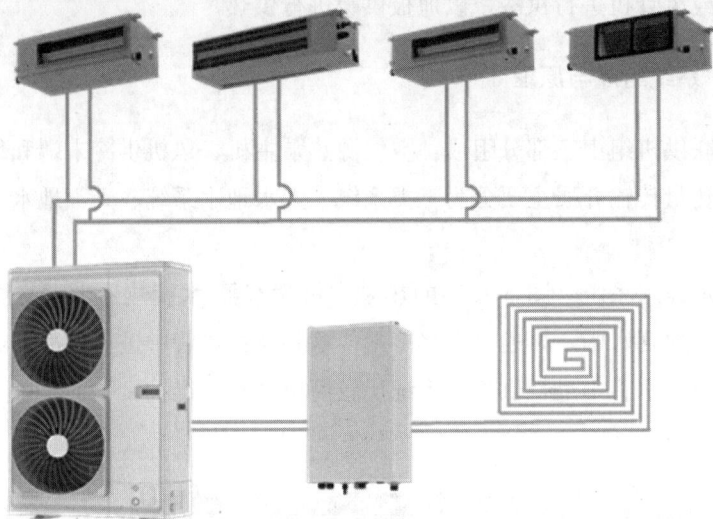

图 6-16　天氟地水系统

（3）天氟地氟系统（图 6-17）在制冷和制热时均采用制冷剂进行末端的直接换热，即在制冷时采用直膨式风管机进行换热，制热时通过地暖转接器对主机中的制冷剂进行分流，并采用直凝式地埋毛细管进行换热，在三种热泵两联供系统中具有最高的换热效率与节能性，是市场上的新兴产品。

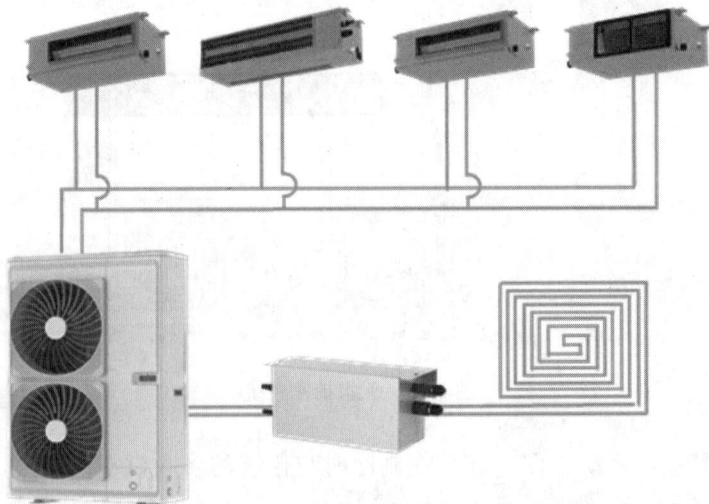

图 6-17　天氟地氟系统

热泵两联供系统在制冷时可选择部分室内机末端进行开启，具有"部分时间、部分空间"的特点；在制热时，同样也可以通过地暖分水器或地暖分氟箱进行分区域的地暖控制，达到节能的效果。但由于地暖启动阶段的室温上升具有滞后性，为了实现更好的舒适性效果，也可采用全屋地暖的方式进行供暖，即各区域的地暖同时开启和关闭。

6.4.2　运行特性分析

热泵地暖的运行特性可从舒适性、节能性和经济性三方面进行分析。

在舒适性方面，地暖除了前述的"温足凉顶"的优势外，还具有室温恒定的特点，主要是因为地板具有较大的蓄热能力，在热泵热量输出发生变化时可起到"缓冲"的作用，减少室温的波动。图 6-18 展示了地暖间歇运行室温变化情况，在停机阶段，地板蓄存的热量能继续为室内供热，停机后 10h 的室温降幅小于 1℃（以某工程为例）。因此，当空气源热泵主机进行停机化霜时，室内温度几乎没有变化，相对于风机供暖（机组化霜时室温下降）的舒适性显著提升。

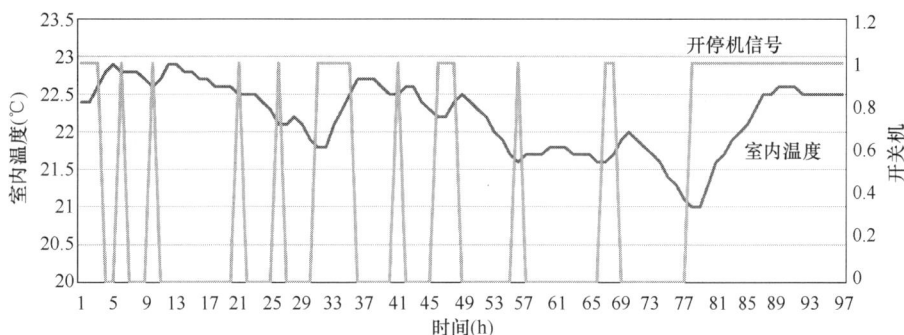

图 6-18　地暖间歇运行室温变化

在节能性方面，地板供暖由于采用整个地板作为"换热器"，相对散热器和送风末端来说，换热面积大，在相同的换热量情况下换热温差较小，也就是供热温度可降低：一般的地暖供热温度为 35℃，而散热器和送风末端的供热温度往往需要达到 50℃。因此，对于热泵主机来说，地暖末端更具节能性。同时，由于地暖主要采用辐射的方式对人体进行供暖，在人体热舒适性相同的前提下，辐射供暖房间的设计温度可以比对流供暖（如风管式送风末端）时降低 2℃，从而一定程度上减少冬季的建筑负荷。

在经济性方面，热泵地暖目前主要用于夏热冬冷地区，可将其与传统的燃气地暖进行对比。以浙江省某 100m² 套内面积的建筑为例，其在冬季（12～次年2月）的燃气消耗量约为每天 20m³/hm²，总供热量约为每天 700 MJ，按每立方燃气 3.00 元计算，燃气地暖的冬季运行费用为 5400 元；在总供热量相同的情况下，空气源热泵平均能效取值为 4，热泵地暖的日均耗电量约为 49kWh，每度电费用按 0.60 元计算，热泵地暖的冬季运行费用为 2646 元，相较于燃气地暖降低了 51%，具有显著的经济效益优势。

6.4.3 节能降碳方案

在我国"碳达峰、碳中和"目标背景下，为了进一步提升热泵地暖的节能降碳能力，可从以下三方面进行努力：

（1）用户行为：地暖具有较大的蓄热能力，用户可根据自身的室温需求，在供暖负荷较小时关闭热泵机组，利用地暖蓄存的热量进行间歇供暖，减少热泵的运行时间实现节能。另一方面，对于部分天水地水和天氟地水系统，用户在使用地暖时可对供水温度进行设置，根据《辐射供暖供冷技术规程》JGJ 142—2012（表6-3），地暖在 35℃供水温度的供热量相较于 40℃供水温度降低了 20%～50%。因此，可通过合理地设定供水温度，有效降低热泵地暖的热量输出，防止过度供热并降低热泵能耗，水泥、石材或陶瓷面层单位地面面积的向上供热量和向下传热量如表6-3所示。

水泥、石材或陶瓷面层单位地面面积的向上供热量和向下传热量（W/m²）　　　表 6-3

平均水温（℃）	室内空气温度（℃）	加热管间距（mm）									
		500		400		300		200		100	
		向上供热量	向下传热量	向上供热量	向下传热量	向上供热量	向下传热量	向上供热量	向下传热量	向上供热量	向下传热量
35	16	64.4	18.4	72.6	18.8	81.8	19.4	91.4	20.0	100.7	21.0
	18	57.7	16.7	65.0	17.0	73.2	17.4	81.7	18.1	89.9	19.0
	20	51.0	14.9	57.4	15.2	64.6	15.6	72.1	16.1	79.3	16.9
	22	44.3	13.1	49.9	13.3	56.0	13.7	62.5	14.2	68.7	14.9
	24	37.7	11.3	42.4	11.5	47.6	11.9	53.0	12.2	58.2	12.8
40	16	82.3	23.1	93.0	23.6	105.0	24.2	117.6	25.2	129.8	26.5
	18	75.5	21.4	85.3	21.8	96.2	22.4	107.7	23.3	118.8	24.4
	20	69.7	19.6	77.6	20.0	87.5	20.6	97.9	21.4	107.9	22.4
	22	62.0	17.9	69.9	18.2	78.8	18.7	88.1	19.4	97.1	20.4
	24	55.2	16.1	62.3	16.4	70.1	16.8	78.3	17.5	86.3	18.3

（2）工程施工：地暖的实际使用效果与工程选材、铺设与调试密切相关。如图 6-19 所示，地暖末端的结构复杂，包含了保温层、反射膜、钢丝网、供暖管、混凝土和地面装饰层，其中相关材料的传热与蓄热性能将显著影响地暖的节能效果，举例来说，瓷砖地板相对于木质地板具有更好的传热性能，在达到相同传热量的情况下，瓷砖地板所需的

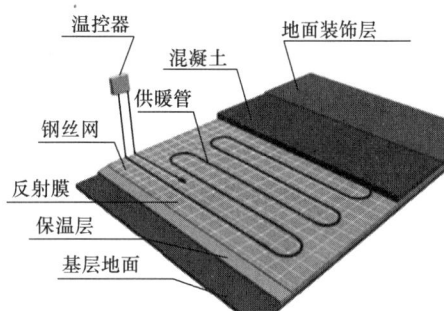

图 6-19　地板供暖末端结构示意图

供水温度更低，可有效提升热泵的运行能效，而保温隔热层的铺设可有效降低地暖的向下传热量和户间传热量，减少地暖的热量耗散；另一方面，为了提升地暖的蓄热能力，可采用相变蓄热地板[2]，相较于没有相变材料的传统地暖系统，使用相变材料可大幅延长停机时地板的放热时间，将相变蓄热地板技术与间歇供暖相结合，可实现电网移峰填谷的目的，从而减少碳排放。

（3）机组控制：空气源热泵机组的运行能效与室外温度、负荷率等因素相关，通过优化热泵地暖的运行策略可有效提升机组能效并实现节能。基于以上思路，图 6-20 展示了一种基于地板蓄热的热泵地暖系统动态运行模型[3]，通过大数据建立热泵地暖系统的动态运行模型，热泵机组可根据天气预报数据预测未来建筑负荷需求，并结合地板的蓄热能力规划最佳的热泵运行时间与能力输出，在保证室内热舒适的前提下实现系统节能，节能率可达 32% 以上。

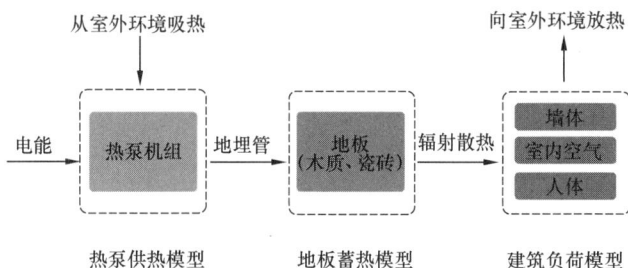

图 6-20　热泵地暖系统动态运行模型

为了进一步提升系统的降碳效果，空气源热泵机组还可与光伏发电设备相结合，在白天室外温度较高时，热泵机组能效提升且可使用光伏电能进行驱动，此时机组可在供暖的同时将多余的热量存储在地板中，并

在夜晚尽可能通过地板放热进行供暖，减少热泵机组的耗能。同时，热泵地暖在运行时需考虑实时的"电力动态碳排放责任因子"C_r[4]，在电力系统处于负荷低谷时，C_r 数值较低，热泵机组可加大用电功率并进行地板蓄热（地板升温），从而有

效帮助电网消纳风光电力、减少弃风弃光；当电力系统处于顶峰负荷时，C_r 数值较高，热泵机组降低用电功率，通过地板放热（地板降温）进行建筑供暖。举例来说，为了尽可能降低住宅建筑在夜晚峰电期间（18:00～22:00）的用电负荷，热泵机组可在此时段停止运行，通过地板蓄存热量进行供暖，相关计算表明（见本章附件）：为满足夜晚峰电期间（4h）的建筑供暖需求，地板温度仅需降低 2℃，可有效保证热泵停机时的室内热舒适性。

参 考 文 献

[1] 王昭俊，刘畅，苏小文，等 . 基于人体最不舒适部位的供暖温度研究[J]. 暖通空调，2021，51(11)：95-98，47.

[2] 郑晨潇，刘嘉淇，崔彦岗，等 . 相变蓄热地板的研究现状与展望[J]. 中国塑料，2024，38(10)：70-74.

[3] 熊建国，余凯，赵柏扬，等 . 基于地板蓄热的高效热泵关键技术与应用[Z]. 空调设备及系统运行节能国家重点实验，2023.

[4] 江亿，张吉，张涛，等 . 电力动态碳排放责任因子[J]. 中国电机工程学报，2024，44(17)：7024-7039.

[5] LI J, LI S, ZENG Y, et al. Cooking-related thermal comfort and carbon emissions assessment：Comparison between electric and gas cooking in air-conditioned kitchens[J]. Building and Environment，2024，265：111992.

附件：

地暖的蓄热能力主要来自建筑地板的混凝土材料，混凝土的比热容约为 1kJ/(kg·K)，密度约为 $2200kg/m^3$。假设地板面积为 $100m^2$，厚度为 50mm，则地板的总热容为 11000kJ/K；同时冬季住宅建筑单位面积热负荷约为 $50W/m^2$，则总负荷为 5000W，夜晚峰电期间（18:00～22:00）总需热量为 20000J。

根据前述地板总热容，在热泵停机时，地板放热需下降约 2℃ 即可提供夜晚峰电期间的供暖需求。由于地板温度一般在 30℃ 以上，与室温的温差达 10℃ 以上，因此地板在放热降温时的地暖供热速率基本不变，可保证夜晚峰电期间热泵停机的室内热舒适性需求。

需要说明的是，地板若采用相变材料（如六水氯化钙，密度与混凝土相当，比热容约为混凝土的 3 倍），地板蓄热能力增加，在提供相同热量的情况下放热所需下降的温度可有效减少，在热泵停机时，地板可维持更长时间的室内热舒适性。

第7章 城镇住宅室内环境营造技术

7.1 城镇住宅建筑环境需求

近年来，我国经济社会快速发展，人民生活水平逐步提高，城镇居民住宅消费观念和需求正在发生重大变化，住宅发展已经从"量"的需求提升到"质"的享受，住宅建设已从"功能型"转变到"舒适型"，居民利用供暖、制冷设备提高室内生活质量成为趋势。然而，在城镇住宅室内环境营造领域，也面临诸多新的挑战与矛盾：是选择恒温恒湿还是可变环境，是优先机械通风还是自然通风，以及如何在服务品质与能耗之间实现最优平衡。本节将围绕这三个核心问题展开深入探讨。

7.1.1 恒温恒湿与可变环境

恒温恒湿环境能够提供稳定的热舒适感受，使人体免于冷热刺激而无需进行热调节，人们可能感到舒适性较高。但从住户个体化需求来看，其舒适性存在局限性。我国地域辽阔，南北跨越热带、温带、寒带等多个气候带，气候类型多种多样，加之不同性别、年龄等人群的热适应性差异，统一的恒温恒湿设置难以满足多样化的舒适需求。例如，老人偏好温度高一些，年轻人偏好温度低一些；对同一温度（如26℃），不同个体的感受可能截然相反——有人感到舒适，有人却觉得过热。这种个体差异在集中控制的恒温恒湿系统中无法得到充分体现。在集中控制的恒温恒湿住宅里，各家各户的室内温度被统一设定，住户无法按照自己实际需要对室内温度进行个性化调节，这种标准化模式无法真正满足住户的实际舒适需求。

事实上，住宅室内环境需求具有高度的动态性和个性化特征。这包括室内有人还是无人，睡眠、休息还是娱乐、喧哗等。处在不同的状态，对温度、湿度、通风状况，以及是否需要开窗等都有很不一样的要求，甚至住宅室内环境需求还与居住者心情有关。这样，真正舒适的、人性化的住宅很难通过高度自动化控制调节的空调、供热和通风系统来实现。因为这样的系统很难了解居住者真实的需求。而居住者真正需要的是根据自己的意愿对室内环境进行全面掌控的能力。

从生理学角度来看，人体经过长期进化形成了完善的热调节能力，能够应对自然环境中的冷热变化。如果人体保持了良好的热调节能力，那么当人体处于一定热舒适偏离的环境下也能够轻松应对，并不会感到显著的不舒适。然而，过度依赖人工制冷和供暖设备会削弱人体自身的热调节能力。研究表明，长期处于空调、供暖环境中的居住者对室内热舒适的要求较高，其舒适温度范围呈现向极端温度偏移的趋势。相比之下，非空调环境下生活的人群由于经常经历温度波动，骨骼肌、汗腺等生理机能得到了锻炼，一定程度上提高了人体的热调节能力，从而能够适应更广泛的环境温度。

长期处于恒温恒湿环境可能导致"空调适应不全综合征"，表现为皮肤汗腺和皮脂腺收缩、腺口闭塞、血流不畅等。当室内外温差过大时，人们在进出空调房间时会经历过度的冷热冲击而导致不适，甚至会影响居住者的健康，除了容易因冷热刺激而感冒外，还会引起中暑、头疼、嗜睡、疲劳、关节疼痛等症状。因此，长时间停留于恒温恒湿的空调环境，虽然免除了冬夏冷热极端温度给人们带来的不适，但却改变了人体在自然环境中长期形成的热适应能力，对健康产生不利影响。

实际上，空气调节设备从发明到普及仅历经数十年，而人类长期依赖建筑隔热、自然通风、服装调节等被动方式降温，充分展现了人体适应自然环境的生理调节能力。这种低碳环保的生活方式至今仍为大多数居民所推崇。我国多地的调研表明，在相同温湿度条件下，自然通风环境较空调环境更受居民青睐。居民普遍对空调采取"非必要不使用"的态度，只要室内温度处于可接受范围，更愿意选择开窗通风或使用电风扇等降温方式。当室内温度显著偏离舒适范围时，间歇式使用空调既能缓解不适，又不会明显影响人体的热适应能力，是平衡舒适与健康的最佳选择。

7.1.2 机械通风与自然通风

住宅通风方式关系住户的健康与舒适，以及建筑用能水平，承担着非常重要的作用。通风不仅影响着室内的热湿环境，还关乎室内空气质量。

通风对室内热湿环境和能耗有双重影响：当室外温湿度适宜时，通风可有效排除室内产生的余热余湿，减少空调开启的时间，降低能耗；当室外高温高湿或寒冷时，通风反而会造成室内额外的热湿负荷或冷负荷，导致空调能耗增大。同时，通风也是排除室内各类污染从而维持良好室内空气质量的重要手段。通过引入新风可以稀释室内 CO_2、VOC 等污染物，保持室内健康环境。然而，当室外污染严重时，如雾霾天气、$PM_{2.5}$ 浓度超标时，通风可能会引入更多有害颗粒物。

因此，理想的通风技术应在满足环境需求的同时尽可能降低能耗。目前主要有三种通风方式：（1）门窗渗透通风：通过建筑缝隙自然换气，是最简单的通风方式；（2）开窗自然通风：通过开启窗户获得灵活可调的室内外通风换气量，能够很容易实现较大的换气次数，例如每小时 5～10 次换气（ACH）或更高；（3）机械通风：需要消耗电力驱动通排风机，可精确地控制实际的室内外通风换气量。

在欧美等发达国家，机械通风系统已成为建筑通风的主流方式。这种系统能够精确控制室内外通风换气量，但由于改变了室内外压差，通常要求建筑具备较高的气密性（以防止自然渗风），甚至禁止安装可开启的通风窗（从而无法实现开窗通风），同时需要消耗大量电力驱动风机。虽然其配备过滤器可在室外污染严重时改善室内环境，但也存在明显缺陷：在占全年 95％以上的良好天气条件下，使用者往往继续依赖机械通风而非转为开窗自然通风，这不仅无法进一步提升室内空气质量，还会造成持续的风机能耗。此外，若维护不当，机械通风系统可能成为细菌滋生的温床，将更细微的颗粒物或细菌送入室内，反而成为污染源。相比之下，市场上流行的房间空气净化器更具优势，它由居住者根据室外污染情况和自身感受灵活控制，在室外环境良好时可通过开窗通风而不启动净化器，使用更为合理。

值得注意的是，住宅通风需求并非恒定，而是随人员数量、污染源强度等因素动态变化。以建筑装修材料为例，其 VOC 释放量会随时间推移逐渐降低，这意味着通风需求在装修初期较高，随后逐步减少。此外，当室内无人时，过度的通风换气并无必要；即便无人时通风不足，也可在人员返回后通过加大通风量来满足空气质量要求。然而，现行机械通风系统的设计基于固定新风量标准，其最小新风量规定值为持续通风所需的通风量，无法准确反映住宅实际的动态通风需求。这种设计缺陷导致机械通风系统在实际运行中往往出现两种问题：要么通风量超出实际需求，造成能源浪费；要么通风量不足，无法满足室内空气质量要求。

此外，国外在使用机械通风时还存在其他问题。例如，由于供暖费用增加，许多居民选择不开启机械通风装置；即使在开启的居民中，每天开启的时间也较短。这种情况下导致室内污染物无法有效排除，对人体健康构成威胁。

保持适度的建筑气密性，通过自然渗透、主动开窗以及自然通风器等手段实现间歇通风，是我国当前大多数建筑采用的通风方式。选择合适的门窗气密性以满足建筑的基本通风需求，同时配合间歇开窗或自然通风器灵活调节通风量，这种模式实现了节能与室内空气质量的平衡。在这种模式下，居住者可根据实际情况自主调节门窗开度和开窗时间：在室外温度适宜时开窗换气，在夜间或极端天气时关闭窗户。当自然通风不足时，再借助自然通风器等设备补充通风量。这种以自然通风为主导的模式，在室外温湿度和清洁度合适时，居住者可以开窗充分利用自然方式营造良好的室内环境，不仅避免消耗额外的风机电耗，而且还能降低通风造成的冷热量损失。给居住者提供了更大的自由和更舒适的环境，是一种可持续发展的通风模式。

从气候条件来看，在大多数地域，全年一半以上的时间室外环境都处于人体舒适范围内（这一范围本质上反映了人类进化过程中适应的大多数气候条件），此时开窗通风即可获得足够舒适的室内环境。人类历史上就一直把自然通风这一措施作为维护和营造室内适宜环境的重要途径。人体生理特征决定了自然通风能够提供更宽泛的热舒适范围，而适度的环境变化也有利于人体健康和舒适。因此自然通风是一种更健康、绿色的室内环境控制措施，值得大力推广。

适度气密及间歇开窗的自然通风模式给予了居住者足够的自由来调节室内外的通风量，营造了更加健康和舒适的动态室内环境，并且在能源消耗上大大降低，是我国应该大力提倡的住宅通风模式。

7.1.3　服务品质与能耗

建筑运行能源的 70% 以上都用于建筑物室内环境控制，即温度、湿度、室内外通风换气等。运行能耗的高低主要取决于居民是对建筑室内环境的"全面控制"还是仅仅满足于"改善"；是尽量使室内与外界隔离还是尽量维持与外界的联系；是严格控制各物理参数于"符合居住者需求的最佳值"还是在满足居住者的基本需求的前提下尽可能接近自然环境。无论是住宅还是办公建筑，同一类型建筑中能耗出现的巨大差异并非源于是否采用了建筑节能的先进技术，而更多地源于建筑物所提供的不同的室内环境，及建筑物使用者的生活模式。如果住宅要保持恒定的温湿度、空气质量及噪声控制等，则需要持续运行大量的设备，尤其是在极端天气条件下，设备的负荷会大大增加，导致能耗急剧上升。

从某种意义上讲，建筑物的基本功能就是向居住者提供服务，评价建筑物的优劣当然应该考察其提供的服务质量，人类为什么不应该追求尽善尽美的服务质量，为人类提供最好的生活环境？如图 7-1 所示，建筑物可提供的服务水平与提供这一服务所需要的能源消耗之间并非线性关系。

当建筑物只提供基本的服务功能时，所需要的能源消耗量很低。改进建筑物系

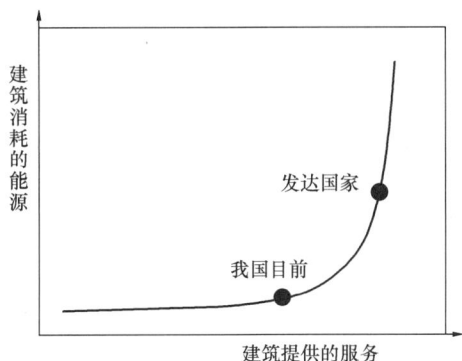

图 7-1　建筑物耗能水平与服务水平关系图

统，使其提供基本舒适的服务功能时，能源消耗就有所增加。而当达到室内环境长期稳定不变时，所需要的能源消耗又要大幅度增加。要"掌控全局"，实现"最优的"室内环境状态，在这一目标的前提下，再通过各种技术创新，提高系统效率，可以使能源消耗量有所降低，但很难出现大幅度改进，能源消耗量一般总是远高于"改善型"的室内环境控制。

中国只能在保持人均建筑用能强度基本不增长的前提下，通过技术创新来改善室内环境，进一步满足居住者的需要；不能借"提高居民生活水平"之名而放任人均建筑能耗大幅度上涨，这是中国建筑节能工作必须面对的问题。我们应平衡和协调这种需求关系，适当地抑制这种对服务的无止境需求，更多地从节约能源、节约资源、保护环境去考虑。尽可能优先利用各类自然环境条件，而不是直接考虑利用机械方式和人工制取的方法，所需要的能源就会有巨大差别；适当的调整营造目标，实现"部分空间""部分时间""有一定不保证率"但被建筑物使用者或居住者接受或容忍的目标。使其更接近当时的自然环境条件，就可以最大可能地利用自然环境条件而减少对机械方式和人工制取方式的依赖。这是营造低能耗建筑、实现建筑节能关键。

7.1.4　总结

综上所述，我们需要的住宅环境是自然优先、适度可变、自主调控的居住空间。从自然环境出发，通过各种被动式手段和居住者自身的调整（如开窗通风、遮阳等）营造适宜的居住环境，同时通过人体自身的调整和适应能力与自然环境协调与适应。在最终仍不能满足环境状态要求时，通过机械的（或人工的）手段进行补充。在这种环境控制理念下，无论是室内温度、湿度、通风换气量，都不是设法维持在某一设定点，而是当被动式手段达到的效果远离要求的舒适范围后，才启用机械手段来改善室内环境。对室内环境并无"控制欲望"，而仅是出现不适状况时才适当地进行改善。由此付出的能源消耗代价很低。

相比之下，将办公室的高科技环境控制系统搬到住宅中，即通过全套的机械系统提供恒定不变的住宅室内环境，既非必要也不合理。一些类似"五恒"即恒温、恒湿、恒氧、恒洁、恒静的住宅项目在国内相继推出。这些项目追求的往往是一种恒定的所谓"最佳状态"，放弃了居住者能否自主对居室环境进行调节这一最重要的需求，试图依靠统一的高科技手段提供最佳服务。这种模式忽视了人与自然的互动，还造成大量不必要的能源消耗，不是未来住宅应该发展的主流方向。

随着经济社会的发展，人民的生活水平显著提高，对美好生活的向往也日益增强。然而，"五恒"作为一种理想化的室内环境控制技术，并非美好生活的正确方向。"五恒"系统追求的是室内环境的绝对稳定，忽视了人员对环境的差异化、动态化需求，甚至可能对部分居民的健康产生不利影响。此外，这种系统的实现依赖于高能耗的技术设备，进一步加剧能源消耗和碳排放，不利于实现"碳达峰、碳中和"目标。因此，"五恒"并非居民美好生活向往的方向。真正符合人民对美好生活追求的方向，应当是充分利用自然条件，合理利用机械手段以满足居民差异化需求，即以人为本、健康舒适、绿色低碳的居住环境营造理念。

7.2　新型智能围护结构的发展

据统计，我国建筑运行用能导致的碳排放约占全社会碳排放的1/4。在建筑能耗分项统计中，由建筑围护结构导致的制冷、供暖能耗占有相当大的比例。有研究表明，由于围护结构性能不佳而导致的建筑物制冷或供暖能量损失超过30％。因此，开发并利用高效的建筑围护结构，从而降低建筑运行过程中的能耗和碳排放，是促进建筑领域"碳中和"的主要途径之一。此外，随着新材料、新技术的出现和智能化需求的提升，目前已经不断产生围护结构的新概念、新方案，为工程应用提供了适宜性好、性能优良的新型围护结构。本节将从调节方式（主动调节和被动调节）以及围护结构类型（透光围护结构和非透光围护结构）出发，如图7-2所示，用几项典型技术作为案例介绍新型智能围护结构的发展现状，为相关从业者提供技术参考。

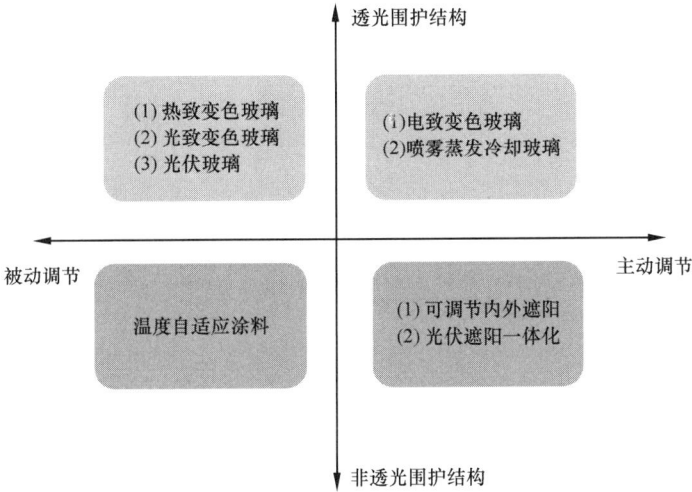

图 7-2 新型智能围护结构分类

7.2.1 透光围护结构被动式自适应调节

1. 热致变色玻璃

热致变色玻璃可通过温度间接调节自身的太阳光透射率，从而实现建筑的被动节能。玻璃表面的热致变色响应材料随温度的变化，从非着色状态可逆地转变为着色状态。常见的热致变色响应材料包括 VO_2、离子液体、钙钛矿、水凝胶等，将其镀制于普通玻璃表面后，材料薄膜的表面温度会随天气条件而变化；当表面温度高于相变温度时会可逆地转变为着色状态，由绝缘相转变为导体相，改变太阳光的透射率，从而实现不同季节对太阳光热的调控[1]。

在实际应用中，该技术仍面临许多挑战：如太阳光调节能力不够、可见光透射率低及相变温度过高等。太阳光调节范围介于热致变色材料的两个状态之间，因此调光范围可能受到一定限制。VO_2 被认为是热致变色玻璃优良的镀膜材料，但由于其固有颜色为棕黄色，且相变后为半透明状态，对可见光的透射率较低，因而无法满足居住者利用自然光的需求。大部分热致变色材料的相变温度较高，而在实际应用中要求相变温度接近室温。

目前，热致变色玻璃主要适用于夏季日照时间较长、冬季日照时间较短的夏热冬冷地区。然而，热致变色材料过高的相变温度阻碍了其在温暖气候地区的应用，且常用的镀膜材料 VO_2 具有毒性，对人体健康有害。在后续的研究中，除了要解决上述提到的三个关键问题，还应关注室内人体舒适性要求的太阳光谱波段和镀膜材料的安全性。

2. 光致变色玻璃

光致变色是指材料在不同光照条件下（通常指紫外线或太阳光），吸收部分光能后动态调整其颜色和透明度，从而改变其反射能力。将光敏材料（如银盐、含氮化合物或有机分子等）以薄膜或颗粒形式附着在玻璃表面，即形成光致变色玻璃。根据光敏材料的类型，可分为有机光致变色材料、无机光致变色材料以及无机－有机杂化光致变色材料[2]。

目前，光致变色玻璃在智能建筑门窗、幕墙、汽车窗户、太阳眼镜等多个领域均有使用。特别是在建筑领域，光致变色玻璃通过感知外部太阳辐射，能够有效调节进入室内的光线强度，提升视觉舒适度；同时还能阻隔热量传递，降低空调负荷，从而显著减少能源消耗。尽管如此，光致变色玻璃仍面临一些局限性，包括反应速度较慢、变色范围和效果有限、使用寿命较短以及在极端环境下性能不稳定等问题。通过改善现有光敏材料的性能，并与太阳能光伏、热致变色材料、电致变色等创新技术相结合，光致变色玻璃可以成为多功能集成的高效绿色材料，实现更广泛和有效的应用，图 7-3 为光致变色玻璃示意图。

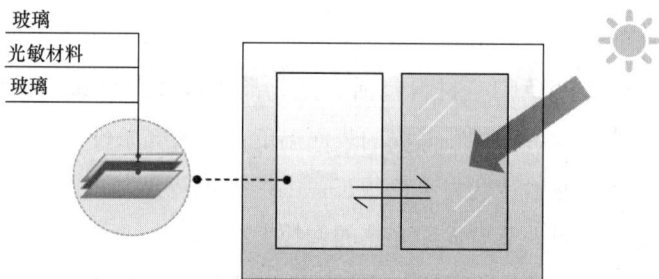

图 7-3　光致变色玻璃示意图

3. 光伏玻璃

光伏玻璃是指能在光/热作用下使材料在透光和不透光之间切换且能进行光伏发电的玻璃。光伏玻璃按结构不同主要分为两类：模块化光伏玻璃和一体化光伏玻璃，如图 7-4 所示[3]。

光伏玻璃会受到环境温度或者光照强度的影响而发生相变，从而改变透光性和颜色，而且能吸收太阳光并将其转换为电能。这种玻璃通过材料的透光与不透光状态间的往复切换，能够在不额外消耗能源的情况下调节室内光照强度，并实现室内

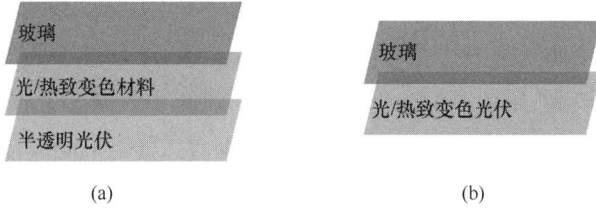

图 7-4 两种光伏玻璃

（a）模块化光伏玻璃；（b）一体化光伏玻璃

温度、照度的智能调控，达到节能和产能的双重作用。材料选择、光电转换效率、光/热致变色响应速度、环境适应性以及封装方法等都会影响光伏玻璃性能。

光伏玻璃适用于建筑、汽车、飞机等场景，可以减少照明、供热、空调系统的能源消耗。目前，光伏玻璃面临相变温度与实际应用环境不匹配、光电转换效率与光/热致变色性能之间不平衡，以及长期稳定性和封装要求等方面的挑战。未来光伏玻璃将朝着具有更高光电转换效率、更好的光/热致变色性能以及更佳的环境适应性方向发展。

7.2.2 非透光围护结构被动式自适应调节

温度自适应涂料是指能够根据温度变化调节其辐射特性的涂料。其辐射参数（如短波吸收率和长波发射率）能够随着环境温度的变化而进行动态调整，以优化建筑围护结构外表面的热交换行为（调节围护结构的得/散热量），从而实现更高效的能量管理。如图 7-5 所示，一般要求涂料在环境空气温度较高时具有较低的短波吸收率和较高的长波发射率，以减少太阳辐射热的吸收并增强长波辐射散热，从而维持建筑物内部凉爽的环境；而当环境空气温度较低时，涂料的短波吸收率升高、

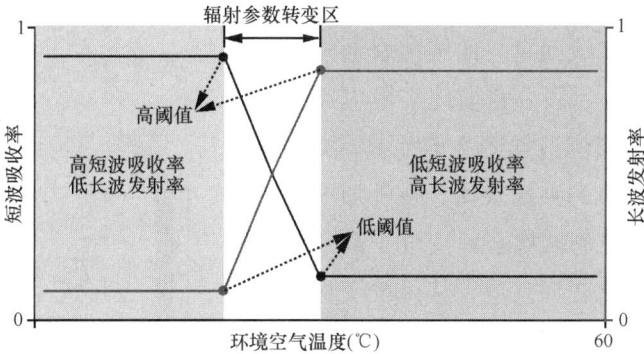

图 7-5 适用于建筑的温度自适应涂料辐射参数变化趋势

长波发射率降低，以尽可能多的吸收太阳辐射并减少长波辐射热损失，从而保持建筑内部温暖的环境[4]。

温度自适应涂料的辐射参数可变，一般是通过在不同温度下改变涂料中相应功能成分的相态、颜色或结构等实现的，而涂料辐射参数的高低阈值与辐射参数发生转变时的温度则与原材料的本身性质相关。因此，可根据实际需要选择不同的原材料来制备辐射特性不同的温度自适应涂料。该技术尤其适用于夏热冬冷等同时存在较高制冷和供暖需求的地区，依靠其智能调控能力可大幅降低建筑制冷和供暖的能耗，同时提高居住环境的热舒适性，满足建筑在不同季节的使用需求。此外，温度自适应涂料对于其他的人工环境营造也具有较好的应用潜力，如汽车、货仓、储油罐等。但是，温度自适应涂料在一定程度上会挤压建筑光伏的安装空间，其节约的建筑能耗不一定超过光伏电力带来的收益。例如，农村屋顶面积巨大，且并非所有的房间都需要制冷/供热，因此在农村屋顶安装光伏的能源收益是大于涂料带来的节能收益。未来，温度自适应涂料在应用时要考虑充分发挥建筑空间的经济性潜力。

在目前的研究中，温度自适应涂料辐射参数的高低阈值和辐射参数发生转变时温度与建筑实际运行工况的匹配性几乎没有被考虑，导致该涂料在不同环境条件中应用的节能效果达不到最佳，从而限制了涂料的推广与应用。进一步的研究需明确辐射参数高低阈值及辐射参数转变温度的优化设计原则，同时开发针对不同气候条件和建筑类型的评估模型，全面验证涂料在各个场景下的节能效果，确保涂料在实际使用环境中达到最佳性能。

7.2.3   透光围护结构主动式智能调节

1. 电致变色玻璃

电致变色玻璃是一种通过电流改变其光学特性（如透明度或颜色）的智能材料。作为一种有效的节能手段，目前已广泛应用于建筑围护结构，其构造如图 7-6 所示，类似于由 5 层材料制成的夹层玻璃。在外加电场的作用下，电致变色玻璃会发生电子和离子的转移，产生氧化还原反应，从而改变材料的透光率。在氧化状态下，玻璃通常呈透明或浅色；而在还原状态下，玻璃颜色变深，

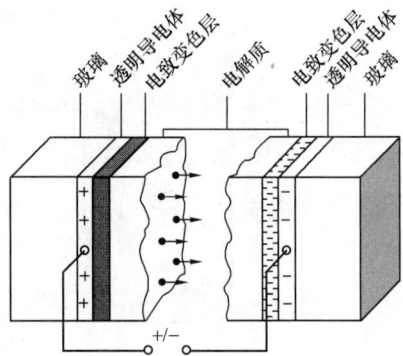

图 7-6   电致变色玻璃构造

表现出吸光或反射光的特性。这种变化是可逆的，即电场改变后，玻璃可以在透明和不透明状态之间切换，且无需机械运动[5]。

电致变色玻璃的性能受多种技术因素的影响，其中材料的选择和离子导体层的性质尤为关键。材料的电化学稳定性直接影响其变色速度、颜色范围以及使用寿命，而离子导体层的离子迁移率则决定了电荷传递效率和整体响应时间。同时，电致变色玻璃还具有变色速度较慢、能耗以及适用范围有限等问题，进一步限制了它的使用。

未来，电致变色玻璃将朝着更高效、更经济、更耐用的方向发展。通过与传感器和智能控制系统的集成，有望实现更加智能化的光线调节和多功能应用。随着制造工艺的优化和技术的成熟，其应用前景将更加广阔。

2. 喷雾蒸发冷却玻璃

喷雾蒸发冷却玻璃结构如图 7-7 所示，由屋顶玻璃、水管、雾化喷嘴、控制阀和水箱组成。其基本的运行过程是：通过控制阀和水管将水箱的水送入屋顶玻璃表面布置的雾化喷嘴中，然后以喷雾的形式降低屋顶玻璃外表面的温度，同时遮挡太阳辐射，进一步降低建筑能耗。有研究表明，喷雾的节能效果要优于喷水，这是因为喷雾可以增加与玻璃表面的接触面积，有利于蒸发；同时水滴在空中停留时间更久，能起到遮阳的效果[6]。影响喷雾蒸发冷却玻璃效果的主要因素有：喷嘴的类型、喷嘴的布置方式（喷嘴的数量、安装角度、排列间距等）、喷嘴流量等。喷雾蒸发冷却玻璃可以应用于南方地区大型商业建筑以及交通枢纽建筑的屋顶，在不影响室内采光需求的同时降低建筑能耗。目前该系统还需要改进喷嘴的性能，同时需要降低水泵的运行能耗。

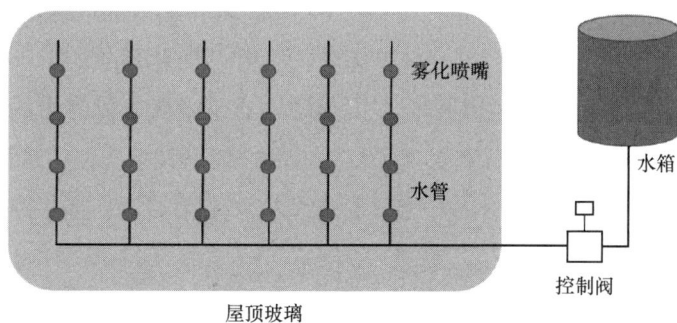

图 7-7 喷雾蒸发冷却玻璃结构

7.2.4 非透光围护结构主动式智能调节

1. 可调节内外遮阳

可调节内外遮阳系统通过调整外遮阳的遮阳构件的角度，以及调整内遮阳的遮阳帘开闭来控制遮阳量。通过仿真技术和自动遮阳控制算法等，在光照强烈时增加遮阳量，以减少眩光以及太阳辐射的进入量，维持室内良好的光环境与热环境；在光照微弱时减少遮阳量，获得更多的自然光照[7]。可调节内外遮阳系统在建筑设计中已早有应用，早在1987年，让·努维尔已经在巴黎的阿拉伯世界研究中心应用了可变的遮阳表皮。他采用了各种光敏传感器来控制机械结构调整结构变化，以达到控制阳光进入量的目的，图7-8为可追随太阳角度的围护结构外立面图示。

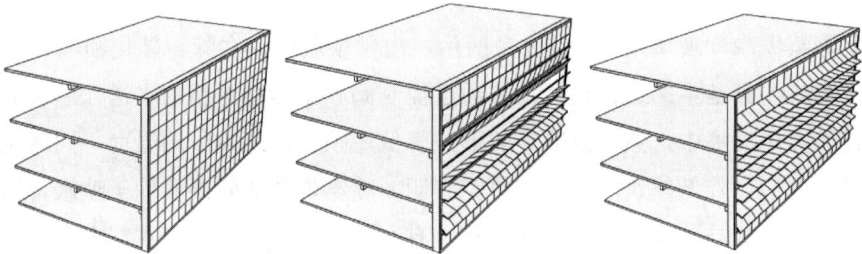

图 7-8 可追随太阳角度的围护结构外立面图示

可调节内外遮阳系统的本质上是在太阳辐射的物理隔断中加入了智能控制，影响其效果的重点在于算法是否合理考虑了采光与热舒适的要求。但是在适用的场景方面，内外两种遮阳方式有较大的不同：可调节外遮阳要求统一设计，耗费资金大，对立面的影响大，一般适用于大型新建项目；而可调节的内遮阳虽然效果比外遮阳稍差，却有立面影响小、投资少等优势，适用于旧建筑的改造。未来，可追随太阳角度的围护结构可以与光伏结合，成为增加建筑光伏装机潜力的手段。此外，当前的可调节内外遮阳系统虽然引入了智能控制，但是其系统往往是孤立的，未来或将引入多个系统的集成控制，将遮阳系统纳入建筑整体的智能体系中，营造更好的建筑环境。

2. 光伏遮阳一体化

光伏遮阳一体化结构用光伏组件取代传统遮阳板（图7-9）。光伏组件一方面作为光伏板，接收入射的太阳辐射进行发电；另一方面作为遮阳板，有效阻隔太阳辐射进入室内，在防止夏季室内温度大幅度升高的同时减少太阳直射引起的眩光问题[8]。

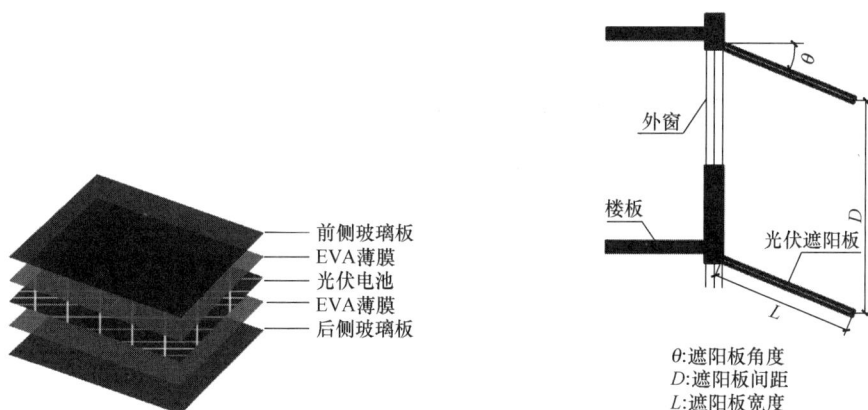

图 7-9　光伏组件作为遮阳板

　　光伏遮阳一体化技术的影响因素可分为：（1）光伏组件材料影响：光伏电池是光伏组件构造的核心材料，电池种类多样且在材料成本、太阳能利用效率和设计难易程度等方面存在差异。（2）光伏组件安装影响：光伏组件安装位置（如水平式或者垂直式）、组件倾斜角、宽度以及朝向等因素影响太阳辐射接收效果，进而影响组件发电量和遮阳效果。（3）环境条件影响：对于整体气候环境，不同气候环境下光照强度发生动态变化，进而影响光伏遮阳综合性能；对于个体微环境，灰尘、雨雪等因素对光伏组件造成污染，导致部分太阳辐射无法到达光伏电池，进而降低发电效率。

　　目前，光伏遮阳一体化结构主要应用于建筑物外立面遮阳等场景。但考虑成本、技术等因素，该结构目前还以固定安装为主，缺乏对更加高效利用太阳辐射并提升遮阳效果的动态光伏遮阳板的研究。因此，实现智能动态化调控对促进光伏遮阳一体化技术发展具有重要意义。同时，光伏遮阳一体化也是未来增加建筑光伏装机潜力的有效手段。

　　综上所述，目前的新型智能围护结构的优缺点以及应用场景如表 7-1 所示。可以看出，智能围护结构相比起传统的围护结构最大的特点是灵活性，即可以适应多种气候条件，因此更适合于气候多变的地区以及夏热冬冷地区。另外，在实际应用中需要考虑设备的经济性，分析效益和成本的关系，以及其应用对于建筑美观的影响。在"双碳"目标的牵引下，随着光伏成本不断降低，未来建筑表皮与光伏的模块化结合是充分挖掘建筑外表皮潜力、降低建筑运行能耗和碳排放的有效手段。这需要克服两个难题：（1）光伏板的寿命只有20～25年，不到建筑寿命的1/3，因此该模块需要实现光伏板的灵活更换；（2）光伏板散热问题，尤其是在与建筑围护结构模块化结合的情况下，发热引起的效率降低问题更应该引起重视。未来应该尽可能在建设设计中考虑增加光伏的安装空间，避免尖锐、堆叠的外观设计，避免建筑中的遮挡降低光伏效率；也可以应用建筑装饰化的光伏组件，如光伏瓦、光伏窗户等，兼顾建筑美学和光伏装机。

新型智能围护结构特征总结　　　　　　　　　　表 7-1

控制类型	是否透光	围护结构	优点	缺点	适用场景
被动调节	是	热致变色玻璃	不消耗能量，增加遮阳	玻璃本体透光性较差，材料有毒	夏热冬冷地区建筑
	是	光致变色玻璃			
	是	光伏玻璃	增加可再生电力	发电效率低	大落地窗或玻璃幕墙
	否	温度自适应涂料	适应冬夏两种工况	涂料辐射参数阈值与建筑实际运行工况不匹配	夏热冬冷地区建筑，人工环境如汽车、货仓、储油罐
主动调节	是	电致变色玻璃	变色可控	变色速度慢	大落地窗或玻璃幕墙
	是	喷雾蒸发冷却玻璃	运行能耗低	可能影响美观和照明	大空间公共建筑屋顶
	否	可调节内外遮阳	动态调节适应全天不同需求	外遮阳投资高，对外立面影响大；内遮阳效果有限	外遮阳：大型新建项目；内遮阳：旧建筑改造
	否	光伏遮阳一体化	增加可再生电力	可能有遮挡，发电效率低	处在空旷地带的低层建筑

7.3　既有居住建筑改造

7.3.1　节能改造基本要点

在进行建筑节能改造之前，应先对建筑运行能耗进行调查，并与现行建筑能耗标准进行比对，对超出建筑能耗指标约束值的居住建筑宜进行节能改造。主要原因在于既有居住建筑由于建造年代不同，围护结构各部件热工性能和供暖空调等设备及系统能效不同，在制定节能改造方案前，要进行建筑运行能耗的调查并与国家现行标准《民用建筑能耗标准》GB/T 51161等进行标准比对分析，对超出建筑能耗指标约束值范围的可考虑进行节能改造。

实施建筑节能改造前应先进行节能诊断，并根据节能诊断结果，确定全面或部分节能改造的范围和改造目标。

针对确定的节能改造范围和改造目标，综合技术可靠性、可操作性和经济性等原则，制订节能改造方案和技术措施，并最大限度地挖掘现有设备和系统的节能减排潜力；在节能改造方案的基础上，进行节能改造设计。

节能改造方案或设计通过评审及业主方同意后，组织工程实施；节能改造工程验收后，应对节能改造效果进行评估。

既有居住建筑节能改造主要是针对在二步建筑节能水平以下，且改造后主体结构使用年限不少于 20 年的建筑。

我国地域辽阔，气候条件和经济技术发展水平差别较大，既有居住建筑节能改造需根据实际情况，结合当地的地理气候条件、经济技术水平，对建筑围护结构、供暖通风空调系统进行全面或部分的节能改造。围护结构的全面节能改造包括外墙、屋面和外窗等各部分均进行改造，部分节能改造指根据技术经济条件只改造围护结构中的一项或几项。供暖通风空调系统的全面节能改造包括热源、室外管网、室内供暖系统或通风空调系统等各部分均进行改造，部分节能改造指只改造其中的一项或几项。有条件的地方，可以选择全面节能改造。

对严寒和寒冷地区，主要是提高外墙、门窗和屋面等围护结构重点部位热工性能和供暖系统能效。

对夏热冬冷地区，以建筑围护结构节能改造为主，优先提高外窗热工性能和屋面隔热性能。

对夏热冬暖地区，优先提高外窗遮阳性能、屋面和东西外墙的隔热性能及改善房间自然通风条件。优先采用减少太阳辐射吸收的方式，比如反射隔热、遮阳隔热、通风隔热、绿化隔热等。另外，可加大外窗开启面积，改善室内通风。

由于各地气候资源、节能降碳政策、节能水平、经济水平等条件不一，在满足当地节能降碳政策要求的前提下，各地宜给出最低节能改造目标要求。实施全面节能改造的建筑，除应满足当地节能降碳政策要求的外，严寒和寒冷地区建筑能耗宜比节能改造前降低 30% 及以上，其他气候区建筑能耗宜比节能改造前降低 20% 及以上。实施部分节能改造的建筑，改造部位节能性能宜有两项及以上，且不应少于一项满足现行国家标准《建筑节能与可再生能源利用通用规范》GB 55015 的要求。主要涉及外墙、屋面、外窗、遮阳措施、建筑设备系统等。条件允许时，也包括楼地面、分户墙等节能改造。

7.3.2   外门窗及遮阳

严寒、寒冷和温和 A 区外窗改造应同时满足传热系数和气密性要求,并兼顾隔声性能。寒冷 B 区条件允许时可增设外遮阳措施。

夏热冬冷地区外窗改造应在满足传热系数要求的同时,满足外窗的气密性、可开启面积、可见光透射比和太阳得热系数等要求,并兼顾隔声性能。

夏热冬暖地区外窗改造应满足可开启面积和太阳得热系数要求,兼顾外窗隔声性能、可见光透射比、气密性和传热系数要求。

清华大学建筑节能研究中心会同中国建筑科学研究院有限公司等单位对北方地区 60 余项既有居住建筑进行了整体气密性调查。调查结果表明,由于施工质量不好和外窗存在变形等问题,我国 20 世纪 90 年代以前建成的建筑物密闭性差,门窗关闭后仍存在严重的漏风现象,换气次数可达 $1.5h^{-1}$ 以上。近年来,新建建筑和既有建筑节能改造工程使用了节能门窗、采用了外墙外保温技术,建筑物整体气密性能得到显著改善,部分建筑物的换气次数可实现 $0.5h^{-1}$ 以下。建筑物换气次数实测结果见图 7-10。近年来随着围护结构外窗气密性的提升,夏热冬冷地区的门

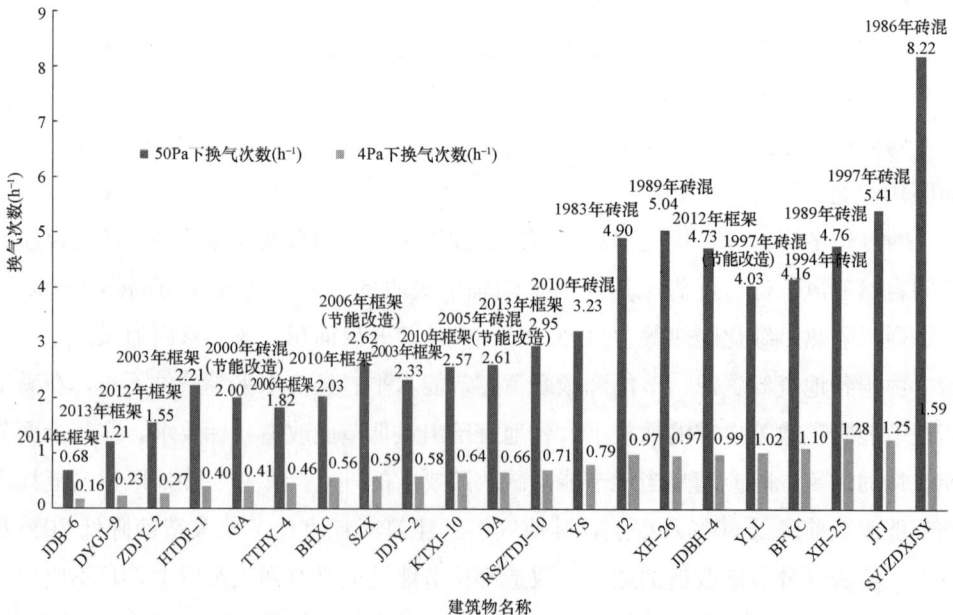

图 7-10   建筑物换气次数实测结果

窗气密性有待提升，实测夏热冬冷地区住宅换气次数如图 7-11 所示，多数住宅换气次数为 $1\sim2h^{-1}$，20 世纪 80 年代的老建筑其换气次数可高达 $3.2h^{-1}$，较差的气密性会导致较大的渗风量，从而提高供暖负荷。

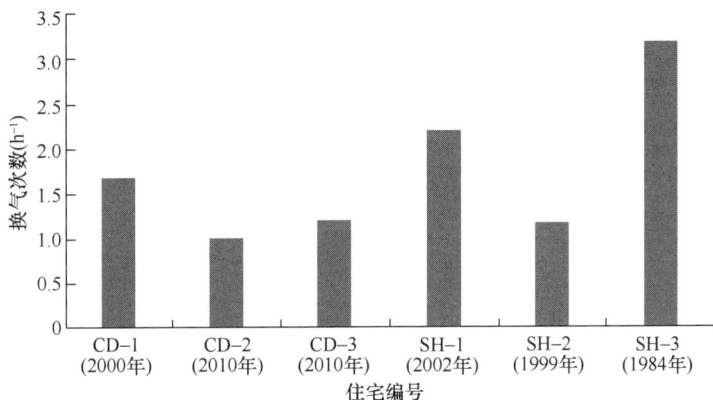

图 7-11　实测夏热冬冷地区住宅换气次数（鼓风门法，4Pa）

透光围护结构外门窗、透光幕墙是围护结构中的薄弱环节，节能标准中外门窗的传热系数要比非透光围护结构屋面、外墙的传热系数高很多，且窗墙比越高，对外门窗的热工性能更严格，传热系数越小。节能率越高，外门窗对建筑能耗的影响就越明显。此外，外门窗气密性差还会造成冷风渗透，增加能量损失，降低室内舒适度。因此，对外窗进行改造，提高外窗的热工性能和气密性，对提高室内舒适度、降低建筑能耗意义重大。在南方夏热冬冷和夏热冬暖地区，加强外窗的遮阳性能也是外窗节能改造的重点之一。

外门窗的改造要根据既有居住建筑的具体情况确定，需要综合考虑安全、隔声、通风和节能等性能要求和住户意愿，可以采用更换窗户、增加一层窗户的方法。当既有居住建筑中门窗的热工性能经诊断达不到现行国家或地方标准要求，且无法继续利用原窗框时，可实施整窗拆换的改造措施。当不想改变原外窗，窗台又有足够宽度时，可以考虑加窗改造方案，在原有外窗的外（或内）侧再增加一樘窗户。采用增加一樘窗户的做法时，两层窗之间的间距要经过计算，满足窗户的热工性能指标，合理布置。若原窗户窗框不动，只将单层玻璃更换为双层玻璃，或现场已是双层中空玻璃窗且热工性能满足要求时可不更换，如不满足热工性能要求时，可通过权衡判断适当增加其他围护结构的热工性能来补足。

居住建筑外门窗多会随着二次装修进行更换，即便是同一栋建筑，外门窗也会存在千差万别的情况，型材、玻璃配置等都可能不同。同时，外窗热工性能的判断通过现场检测的方法较难实现。因此，对原有外门窗性能的初步判断可以结合现场勘察结果和查阅资料的方式进行。表 7-2 给出了不同玻璃的传热系数，可供参考。型材热工性能则可以通过材质、厚度、建设或更换年代等进行初步判断。

在考虑外窗传热系数的同时，还应注意外窗的太阳得热系数，这一参数主要由玻璃配置决定。太阳得热系数不仅考虑了直接透过透光围护结构的太阳辐射量，还考虑了外窗构件吸收辐射后向室内外的二次传热过程，与遮阳系数相比，能够更全面、精确的将室内辐射得热考虑进来。对于严寒和寒冷地区，太阳得热系数高可以很好的降低冬季供暖能耗，提高室内舒适度；对于夏热冬暖和夏热冬冷地区，较低的太阳得热系数可以很好的降低夏季制冷能耗，提高室内舒适度。

不同玻璃的传热系数

表 7-2

玻璃类型	玻璃间隙距离（mm）	传热系数［kW（m² · K）］
单层玻璃	—	6.4
双层中空玻璃	6	3.4
	12	3.0
三层中空玻璃	12	2.0
双层低辐射镀膜中空玻璃	12	1.6

当项目所在地对外门窗有遮阳措施要求且具有实施条件时，可以考虑增加固定或活动外遮阳设施，如窗口遮阳板、百叶、卷帘外遮阳等。当增加外遮阳构造或设施时，要经过荷载计算。当不具备实施条件时，也可以考虑贴装建筑窗膜的方法，易于实施、花费较少且效果良好。

对于居住建筑，除了开敞式阳台上的门外，单元口也可增设集保温隔热、防火、防盗等一体的单元门，特别是严寒和寒冷地区，同时，可根据项目具体情况增设门斗。

外窗热工性能的提升主要依赖于窗框构造、玻璃配置及隔离条等配件性能的提升，通常，窗框可以通过增加厚度和宽度、填充保温隔热材料等措施来实现性能的提升，玻璃性能则可以通过增加玻璃层数、控制玻璃间隙、采用真空玻璃、设置Low-E 膜、提高隔离条性能等方式提升。近年来随着节能标准要求的提升以及超低能耗建筑的推广示范，外窗行业有了很大的技术进步，以用量较大的断桥铝合金、铝包木型材和 PVC 型材为例进行说明。

满足严寒和寒冷地区现行节能标准的断桥铝合金型材一般为 60、65、70 系列，隔热条厚度通常在 20mm 左右,当采用三玻双中空玻璃配置暖边隔离条,同时增加型材断面厚度 90 系列时,外窗传热系数可以降低到 1.0W/（m² · K）以下。塑料型材（PVC）通常为 60、65 系列带 3 个腔体,为保证稳定性,型材内通常采用钢衬,当型材提高到 80 系列以上,增加腔体到不少于 6 腔,同时在功能腔体内填充保温材料并采用合适的玻璃配置时,同样可以将传热系数降到 1.0W/（m² · K）以下。采用同样的技术手段,铝包木型材同样可以实现极佳的保温隔热性能。

玻璃边缘的间隔条是影响窗户整体传热系数的另一个因素,也是外窗中传热最多的薄弱环节,金属材质的冷边间隔条会在玻璃嵌入矿体的部位形成较明显的热桥,特别是铝合金材质的隔离条,存在冷凝结露、发霉等风险。采用由玻纤增强材料等制成的暖边间隔条,可以降低热桥系数,避免发霉结露,进而降低外窗整体的传热系数。

当无法采用外遮阳措施时,增加建筑窗膜可以在保证适度透光的条件下提高玻璃的遮阳性能,达到隔热的作用。建筑窗膜一般应装贴于建筑物外窗内表面;个别内贴难度较大的部位可采用外贴膜,外贴膜需要具有外表面层抗紫外和更好耐候性。

7.4　高效热泵设备与末端

热泵型空调器和多联机等空气源热泵是城镇住宅夏季空调主要设施,也是非集中供暖地区和集中供暖地区非供暖季的重要供热系统,并且随着未来建筑电气化的推进,将承担更多城镇住宅建筑的供暖和热水供给功能。近期,住宅建筑用热泵装置受能效提升、舒适性提高及环保制冷剂替代等需求的牵引,发展聚焦于高效、环保和智能化方向。应用高舒适热泵末端保障用户舒适性,采用变频技术、压比适应技术等提升系统能效,通过太阳能集成及储能技术,实现系统经济性与可持续性,助力建筑领域碳中和目标的实现。

7.4.1　低环境温度空气源热泵

空气源热泵是住宅热泵的最主要形式。相较于较为稳定的室内空气温度,室外环境空气温度的大范围变化导致空气源热泵运行工况显著变化。住宅用空气源热泵应能适应室外环境变化,保持充足的制冷、制热能力的同时实现较高的能效,尤其是低环境温度下的制热性能。

1. 压比适应技术

压缩机是空气源热泵系统主要耗能部件，也是系统工况变化影响最大的部件。实现空气源热泵全年大范围变工况条件下的高能效运行，必须实现压缩机的工况适应调节。既有研究表明：制冷运行时，空气源热泵的系统压比一般在2~3之间变化，制热运行时则增加到3~5，甚至更高。因此，住宅热泵用压缩机应具有大范围主动适应变压比的能力。

近年来，在前期涡旋压缩机补气技术、涡旋压缩机提前排气技术转子压缩机单转子补气技术和转子压缩机多缸并串联等技术的基础上，又有新型压比适应压缩机技术得到发展。合肥某公司开发了一种单机双级涡旋式压缩机，可用于高温热水和蒸汽制取。图7-12展示了双级涡旋压缩机原理图。该压缩机采用双级涡旋盘设计，动涡旋盘具有双侧涡旋齿，动涡旋盘的下侧涡旋齿与下定涡旋盘相配合形成低压级压缩机，动涡旋盘的上侧涡旋齿与上定涡旋盘相配合形成高压级压缩机。压缩机在运转过程中，气体通过吸气管直接进入低压级涡旋，经一次压缩后排入压缩机内部腔室Ⅱ，与补气管排入腔体Ⅱ中的制冷剂气体混合后，经由高压级涡旋二次压缩后进入压缩机内部的腔室Ⅰ，最后经排气管排出壳体。据估计，该方式可降低涡旋轴向力30%，减少摩擦损耗60%。双级压缩涡旋压缩机实现了更大的压比范围，通

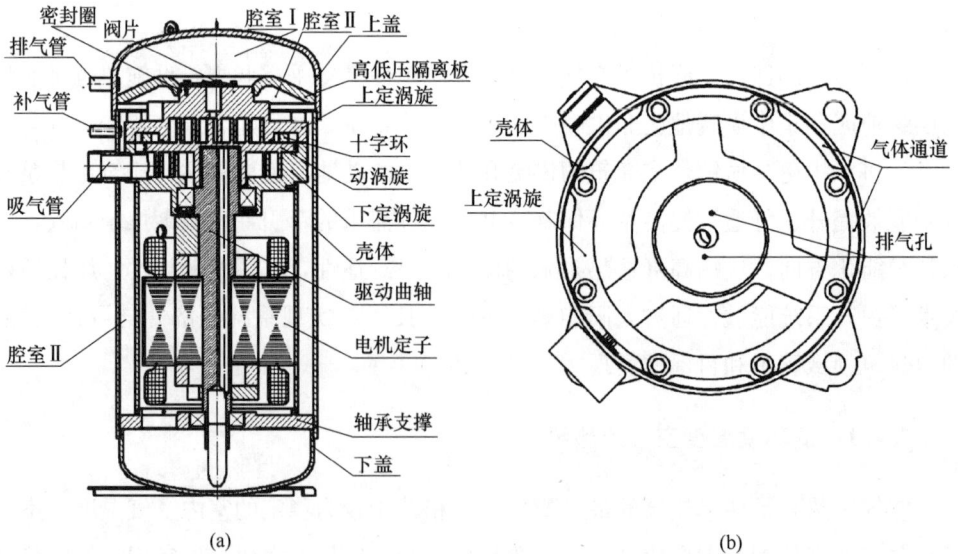

(a)　　　　　　　　　　　　　　　　　　(b)

图7-12　双级涡旋压缩机原理图

(a) 正视图 (b) 俯视图

过补气，内压比可在 3～7 内自行调整，适用运转范围更大，最低蒸发温度可达到 $-40℃$，最高冷凝温度 65℃。测试数据表明，采用该压缩机的热泵装置在低温标准制热工况（环温干/湿球温度：$-12℃/-14℃$，出水温度 41℃）制热 COP 为 2.62，在标准制热工况（环温干/湿球温度：7℃/6℃，出水温度 45℃）制热 COP 可达 3.44。该压缩机也已经被用于开发高效热泵蒸汽机组。

2. CO_2 热泵

CO_2 热泵具有良好的制热性能，前期在热泵热水器等领域得到了较好的应用。然而，高压导致的成本增加成为限制 CO_2 热泵在供暖等领域大规模应用的主要障碍。然而，随着国家清洁供暖政策的推动和 CO_2 压缩机等关键部件的国产化，CO_2 热泵供暖近期得以加速发展。

图 7-13 为一种 CO_2 半复叠式带再冷器空气源热泵的 T-s 图和原理图。与常规跨临界二氧化碳热泵不同的是，该系统在气冷器出口和热水入口之间增设常规 R134a 热泵，一方面实现气冷器出口 CO_2 的过冷，提高 CO_2 热泵效能，另一方面预热入口热水，提高制热能力。中国建筑科学研究院有限公司对采用上述技术的秦皇岛某公共建筑和石家庄某居住建筑热泵供暖系统进行了测试[3]（图 7-14）。测试结果表明，秦皇岛项目在室外日均温度 $-10.9～2.5℃$ 的工况下，1 号和 2 号机组实测日均 COP 范围分别为 2.75～3.09 和 2.76～3.15。在室外最低温度 $-18℃$ 时，1 号和 2 号机组 COP 仍可达到 2.19 和 2.88。石家庄项目在室外日均温度为 $-6.6～12.5℃$ 的工况下，1 号和 2 号机组实测日均 COP 范围分别为 2.32～2.38 和 2.21～3.06。

7.4.2　热泵除霜技术

防除霜是影响空气源热泵高效运行的另一关键技术。传统逆循环除霜、热气旁通除霜、蓄热除霜等并不能完全同时实现系统的高效和高舒适。近期，热气直通等新型除霜方案被提出，旨在优化除霜过程，确保供暖连续性并缩短除霜时间。与逆循环除霜技术不同，热气直通除霜技术[4]在化霜过程中无须进行四通换向阀的换向操作，其制冷剂流向与除霜过程压焓图如图 7-15 所示，与正常制热运行时相同，压缩机排出的高温高压制冷剂先进入室内侧换热器，通过增加"急开型"电子膨胀阀的开度，保证化霜过程中制冷剂尽量小的节流热损失，让较高温度的冷媒到室外机进行除霜。制冷剂在室内侧和室外侧均进行热量传递，在化霜过程中仍可持续给房间供应部分热量，有助于提升室内舒适性。

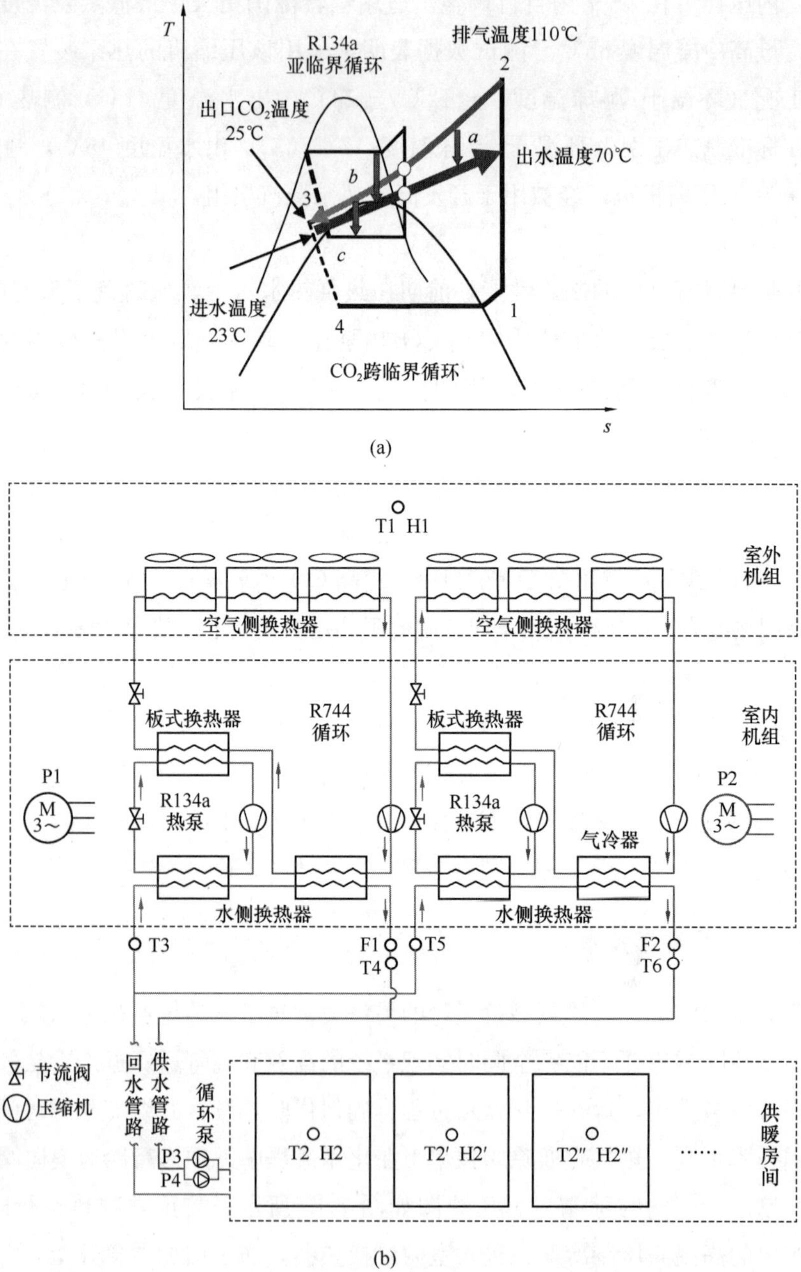

(a)

(b)

图 7-13　CO_2 半复叠式带再冷器空气源热泵分布式集中供暖系统

(a) T-s 图；(b) 原理图

图 7-14　CO_2 半复叠式带再冷器空气源热泵系统现场照片

（a）秦皇岛；（b）石家庄

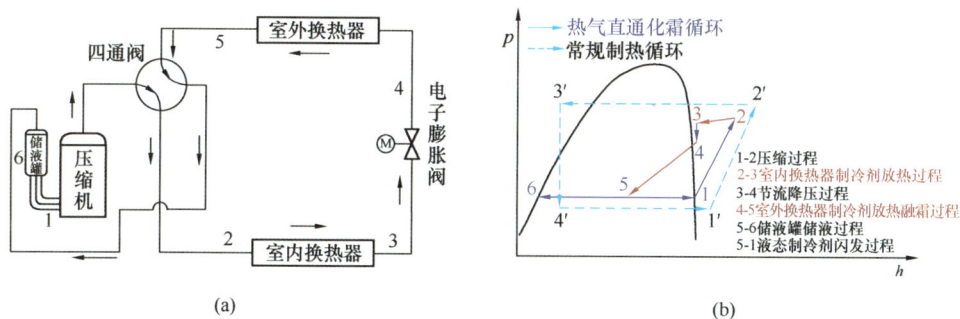

图 7-15　热气直通除霜技术制冷剂流向与除霜过程压焓图

（a）制冷剂流向图；（b）压焓图

进入室外侧换热器的冷媒热量决定了热气直通除霜速率的快慢，因此应尽量减少图 7-15（b）中 3→4 节流过程的热量品位损失，但如果将室内换热器和室外换热器连通，将造成系统压缩比持续降低，难以维持稳定的化霜热量供给。因此，热气直通除霜过程必须保证一定程度的节流来实现持续除霜，通过现场实验测量 R32 制冷剂热泵系统不同膨胀阀开度下除霜效果，发现为同时保证化霜热量和化霜速度，热气直通除霜过程中电子膨胀阀开度对应的空气流量应处于 $50\sim70L/min$ 之间。

对比不同结霜量下逆循环除霜与热气直通除霜两种方式的除霜效果，如表 7-3 所示，可以看出，热气直通除霜技术在薄霜区域（初始结霜量小于 0.4kg）具有明显优势，虽然实际除霜时长与逆循环除霜基本相当，但恢复供热时长仅占逆循环时间的 45%，能够保证更好的室内制热舒适性。

不同结霜量下不同除霜技术运行效果对比 表7-3

初始化霜量（kg）	除霜方式	除霜总热量（kJ）	除霜时长（s）	恢复供热时长（s）
1.4	逆循环	381.4	275.5	578.5
	热气直通	365.4	741.5	777.5
0.9	逆循环	249.1	235.1	538.1
	热气直通	260.0	486.5	522.5
0.4	逆循环	128.7	175.6	478.6
	热气直通	149.7	182.3	218.3

7.4.3 高舒适热泵末端

住宅热泵常规采用对流或者辐射末端。对流末端具有快速响应的特性，但舒适性差，尤其是冬季面临吹风感、大室内垂直温差等问题。另一方面，辐射供热末端具有良好的热舒适性，但其存在启动慢、供热功率低等缺陷。因此，改良现有热泵末端，对于推动热泵在住宅中的应用至关重要。

1. 传统末端的改善

直接改善热泵空调器等对流末端的结构特征使其满足冬季舒适性，例如：气流贴附作用对出风流道进行冷热分流送风设计，实现沐浴式制冷、地毯式制热（图7-16），夏季通过超大曲率风板引导冷风上扬，全域防直吹；冬季引导热风向下，落地后在房间内向前扩散，热风铺满地面而后自然上浮；提出贯流式双侧分区送风解决方案，设计了高效双侧送风技术和双区立体送风自适应控制方法，旨在优化工作区的吹风感和温度调节效果。

空气源热泵热风机是一种落地安装的直膨式空气源热泵机组，上出风口通过灵活调整角度迅速向人员活动区供暖，而下出风口贴地流动、扩散，达到类似于地暖供热舒适的效果，近年来成为北方地区特别是农村地区用户满足供暖需求的主要设备。

2. 两联供系统

"天氟地水"是为满足冬夏热舒适而提出的一种两联供系统，得到了较好的市场推广。冬季采用热水通入地板辐射供暖，使人"头凉脚热"，实现较好热舒适。夏季，系统则使用直膨式末端高效制取冷风，采用顶出风方式保证室内的快速制冷效果和温度均匀性。此外，市面上还存在"天水地水系统"和"天氟地氟系统"（图7-17）。目前，两联供系统中"天水地水""天氟地水"和"天氟地氟"产品占

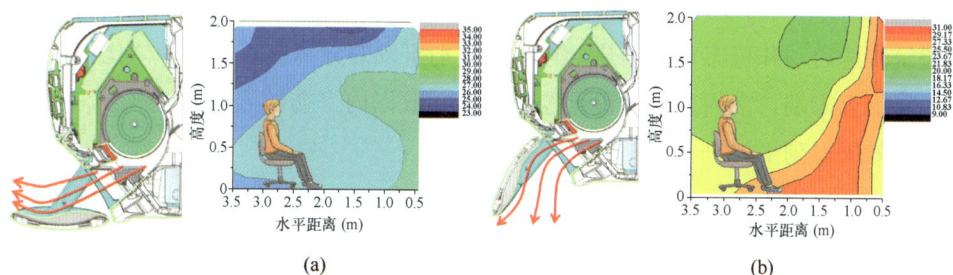

图 7-16　改善空调器的结构特征实现舒适送风

(a) 沐浴式制冷；(b) 地毯式制热

比分别为 60.7%、38.2% 和 1.1%。但是，如果上述末端冬季均采用连续辐射供暖、虽然机组能效比提升，但其连续运行导致运行时间长，能耗可达现在的4~5倍以上，无法适应夏热冬冷地区"部分时间、局部空间"的冬季室内建筑环境的营造。

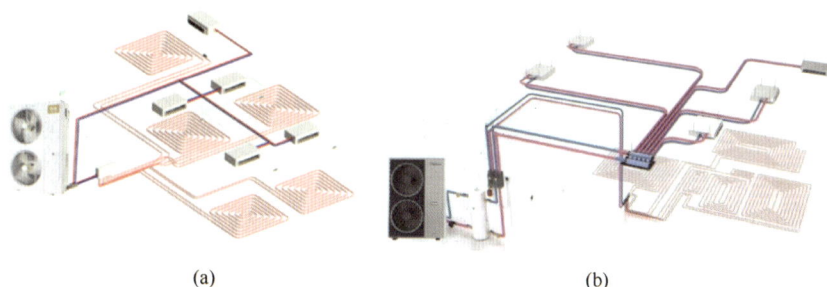

图 7-17　典型的两联供系统

(a) 天氟地水系统；(b) 天水地水系统

因此，一些学者提出改善辐射末端的间歇性，使其应用于间歇供热，包括提升末端的传热效率、降低蓄热量，如地板架空后增加空气层架空表面，在架空地板下方设置风机，将室内风经地板加热送入室内，但目前缺少产品化应用。

3. 对流/辐射耦合末端

两联供系统是将对流末端和辐射末端在系统上进行集成，在冬季、夏季分别运行。由于对流末端和辐射末端在间歇性和舒适性方面各有优势，使得其可以在同一季节共同使用。为此，业界提出对流/辐射耦合末端，通过启动阶段对流主导的换热和稳态阶段辐射主导的换热对房间进行供暖与制冷，实现高效间歇的舒适室内环境营造，在保障以人为本的舒适性基础上实现环境营造的节能。已有研究提出了对流/辐射耦合末端的设计方法，其中对流和辐射单元容量设计比应大于4.0，可保证建筑快速启动和稳态舒适制热。近年来分别研发的分离式直膨、一体化直膨、热管式等耦合末端，室内升温过程可控制在30min以内（初始温度为10℃），间歇供暖营造效果得到了提升。

分离式直膨末端是最基础的对流/辐射耦合末端，由多组直膨式辐射板和对流单元组成（图7-18）。直膨式辐射板采用微通道扁管，实现制冷剂与空气、围护结构的直接换热；研发小管径扁管，避免制冷剂充注量过大；设置背板和中间折弯翅片，强化从中间流道因受热膨胀上升的换热能力。分离式末端系统灵活度高，可根据人员位置和需求自由布置，但产品化程度低。在此基础上，研发了一体式直膨末端结构及样机（图7-19），将对流单元和辐射板集成一体，并对管道流路进行优化，制热时冷媒依次经过对流翅管换热器A、辐射换热器、对流翅管换热器B，使得辐射表面均匀换热、同时避免过热和无法充分过冷导致的系统稳定性问题。目前，分离式直膨末端和一体化直膨式末端已在现场应用，启动时间小于20min、舒适性较传统对流末端提升20%。

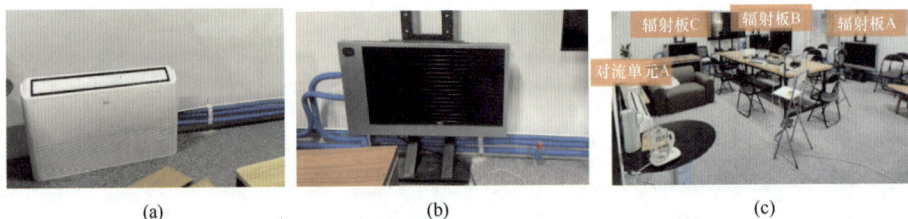

图 7-18　分离式直膨末端及其在现场的应用
（a）对流单元；（b）辐射单元 ；（c）现场应用

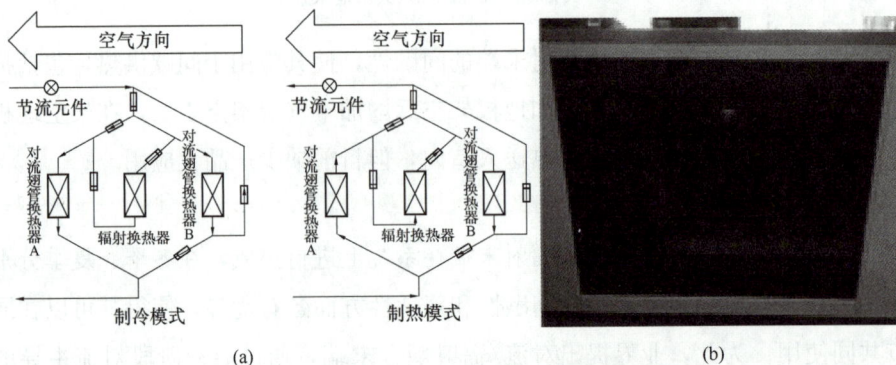

图 7-19　一体式直膨末端结构及样机
（a）制冷、制热模式流路示意图；（b）末端样机

热管具有结构简洁美观、换热快速均匀的优势。构建一体化的新型对流/辐射平板热管末端，并将末端与空气源热泵相结合。在平板热管相变换热作为辐射面的基础上，开展了增加翅片、增加贯流风机、平板热管上下双通道的换热器结构、换热器内部打孔的制冷剂通道设计等优化设计，使得最大供热量（热源温度 70℃）提升至 1194.6W。另一方面，提出基于三介质换热器和重力热管的一体化末端，三介质换热器可实现"热源－热管－空气"三种介质的两两换热。结果表明，末端实现整体换热能力在 673～5753W 可调，辐射单元换热量占比在 5.5%～38.7%范围内变化且垂直方向上温差可控制在 1℃/m 以内。

在上述直膨式、热管式末端不同运行策略研究中，采用变频启动能够节约能源且效果最佳，但启动时间较长。控制工位操作温度可以在不同温度下实现舒适性和节能的双重控制。此外，调整对流辐射参数，如增加末端温度和减少风速，能够改善室内环境。进一步的，通过耦合能量模拟与计算流体力学的联合模拟方式能够准确建立对流-辐射型末端"热源-末端-室内"的动态环境营造模型，探究不同运行模式下动态室内环境的变化，结果表明，启动阶段最大能力对流与稳态阶段等负荷辐射的运行模式是对流-辐射耦合环境营造是"部分时间、局部空间"需求下的最优调控策略，图 7-20 为对流辐射耦合末端实验室及模拟结果。

7.4.4 住宅热泵用制冷剂

当前，我国住宅热泵领域主要采用的制冷剂包括 HFC-32 和 R410A（HFC-32 与 HFC-125 混合物）等。然而，受《蒙特利尔议定书〈基加利修正案〉》约束，包括 HFC-32 和 HFC-125 等在内的 18 种温室气体氢氟碳化物（HFCs）需逐渐被低 GWP 制冷剂替代。我国于 2019 年正式加入该公约，并需要在 2024 年冻结生产和使用量的基础上，实现从 2029 年的逐渐消减。

为应对这一挑战，多个国际组织和主要经济体，尤其是欧盟、美国和日本，已经采取了具体的行动，通过制定并实施相关法规与政策来指导和规范未来热泵领域制冷剂的使用情况。2023 年 6 月 12 日我国制定了《中国消耗臭氧层物质替代品推荐名录》。这一名录的出台，旨在履行《关于消耗臭氧层物质的蒙特利尔议定书》，推动我国逐步淘汰那些对臭氧层具有破坏作用的物质。名录中特别指出，将 HC-290（丙烷）和 R744（二氧化碳）这两种环保型制冷剂作为住宅用热泵替代制冷剂的推荐方案，如表 7-4 所示。

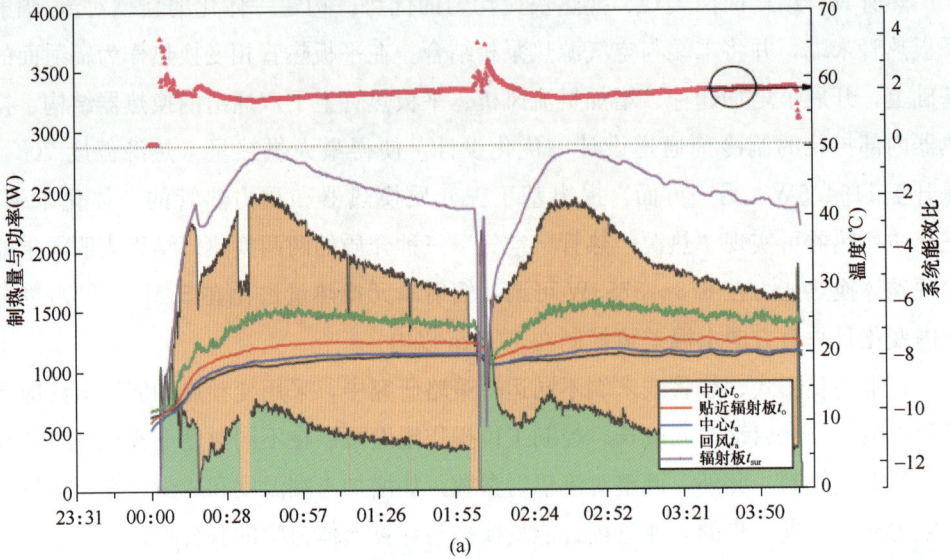

(a)

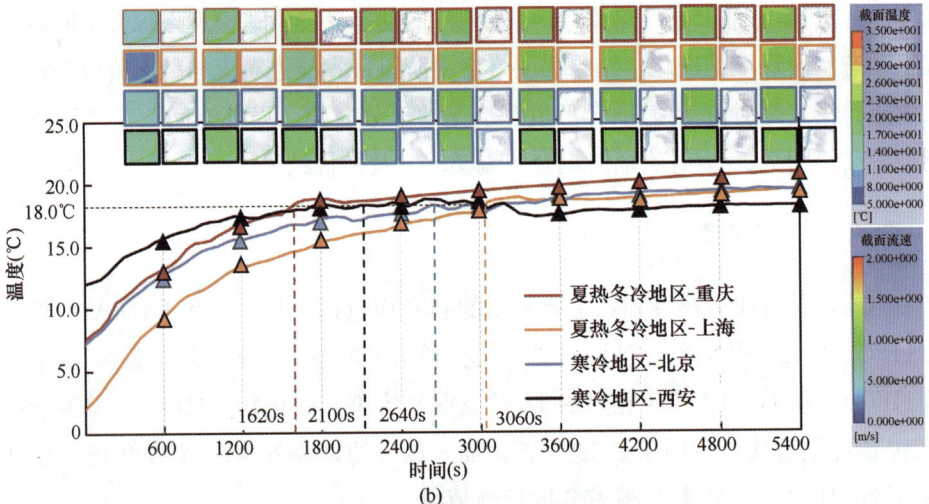

(b)

t_o—操作温度；t_a—干球温度；t_{sur}—表面温度

图 7-20　对流辐射耦合末端实验室及模拟结果

（a）环境实验室末端性能测量结果；（b）末端性能测量结果

《中国消耗臭氧层物质替代品推荐名录》热泵领域相关替代制冷剂　　　　表 7-4

替代品名称	ODP	GWP	主要应用领域	被替代的 HCFCs 名称
HC290	0	<1	房间空调器、家用热泵热水器、商业用独立式制冷系统、工业用制冷系统	HCFC-22
R744	0	1	家用热泵热水器、工业或商业用热泵热水机、工业或商业用制冷系统、冷库	HCFC-22

　　HC-290 作为一种碳氢制冷剂，具备优良的制冷效果和环保特性，是我国和世界范围内被认为具有极大一个应用潜力的住宅建筑热泵用制冷剂。然而需要注意的是，HC-290 为 A3 类可燃制冷剂，这意味着它具有高可燃性，这无疑给其应用带来了一定的挑战与限制。一方面，为了确保使用 HC-290 的制冷系统的安全性，必须严格控制系统中可燃制冷剂的充注量。近期，制冷剂减充技术不断发展，例如微通道换热器已成为人们关注的节能降碳的高效部件。另一方面，HC-290 的可燃性也对使用这种制冷剂的设备在安全管控措施方面提出了更为严格的要求。因此，深入探究制冷剂的泄漏特性，并研发提升安全性的创新措施，已成为推动可燃制冷剂应用不可或缺的关键议题。此外，另外一种天然制冷剂二氧化碳（CO_2）由于具有优异的制热特性成为热泵热水器和严寒地区供暖热泵较为理想的工质。然而，当前阶段，由于 CO_2 在工作时具有较高的压力，这导致了系统零部件的设计与制造面临技术和经济性挑战，发展成本合理的关键部件成为二氧化碳在住宅用热泵领域实现规模化发展的关键因素[17]。总结起来，HC-290 是我国未来住宅建筑供暖用热泵的最主要替代制冷剂候选，而 CO_2 则有望在热泵热水器和严寒地区供暖热泵中得到推广。

7.5　城镇住宅室内空气质量

7.5.1　住宅环境室内空气质量现状

1. 住宅环境主要污染物种类

　　随着城市化进程的加快和工业化程度的提高，室内空气质量已成为影响人类健康的一个重要因素。尤其在我国，室内污染已成为一个日益严重的健康问题。室内环境中的主要污染物包括颗粒物（PM）、甲醛（HCHO）、挥发性有机化合物（VOCs）、半挥发性有机化合物（SVOCs）以及微生物等，这些污染物对人体健康构成了显著威胁。

　　日常居室环境中的颗粒物污染日趋严重，颗粒物是影响室内空气质量的重要污染物，根据《室内空气质量标准》GB/T 18883—2022，颗粒物根据其粒径大小可分为不同的类型，包括可吸入颗粒物（PM_{10}）和细颗粒物（$PM_{2.5}$）两类。可吸入颗粒物（PM_{10}）是指空气中粒径小于或等于 $10\mu m$ 的颗粒物。这类颗粒物在空气中传播较为广泛，容易被吸入人体呼吸道并进入气管和支气管，长期吸入可引发呼吸系统的疾病，如气喘、慢性支气管炎、肺气肿等。PM_{10} 主要来源于室外空气污染、建筑施工、交通排放等，并且也受到室内燃烧、烹饪等活动的影响。细颗粒物（$PM_{2.5}$）是指空气中粒径小于或等于 $2.5\mu m$ 的颗粒物，具有更强的穿透能力，可以深入肺泡，甚至进入血液循环。由于其体积小、表面积大，$PM_{2.5}$ 容易携带有害化学物质如重金属、挥发性有机化合物（VOCs）等，导致对健康的危害更为严重。$PM_{2.5}$ 与呼吸系统、心血管系统疾病密切相关，是全球范围内重要的公共健康问题。它的主要来源包括燃烧不完全产生的烟雾、工业排放、交通尾气，以及室内燃烧过程中的烟雾和烹饪产生的油烟等。

气态污染物可分为无机和有机两类。其中，无机气态污染物主要包括二氧化硫（SO_2）、二氧化氮（NO_2）、一氧化碳（CO）、氨（NH_3）等。这些污染物主要来源于室内燃料燃烧、外部空气污染物的渗透、建筑材料散发等。无机气态污染物对人体的健康危害非常大，特别是对呼吸系统和心血管系统。CO 可以与血红蛋白结合，导致一氧化碳中毒；NO_2 和 SO_2 则可能引发呼吸道炎症、哮喘等疾病。NH_3 对人体有较大的危害，对人的口、鼻黏膜及上呼吸道有很强的刺激作用，短期吸入大量氨气后，会出现流泪、咽痛、头晕、恶心和呕吐乏力等症状，严重的会发生肺水肿、成人呼吸紧迫综合征。

有机污染物还可分为挥发性有机化合物（VOCs）和半挥发性有机物（SVOCs）。

VOCs 是室内空气污染的重要成分，常见的有甲醛、苯、甲苯、二甲苯、乙醛等。VOCs 来源于家具、装修材料、清洁剂等。长期接触这些有毒有害气体可能引发头痛、呼吸急促、过敏反应，甚至增加癌症风险。甲醛作为 VOCs 中最具代表性的污染物，是一种已知的致癌物，对人体的危害尤为严重。

SVOCs 是一类分子量较大、低挥发性的有机化合物，其种类众多，在室内广泛存在的主要有邻苯二甲酸酯类（phthalate esters，简称 PAES）、多环芳烃类（polycyclic aromatic hydrocarbons，PAHs）、多氯联苯类（polychlorinated biphenyls，PCBs）以及多溴联苯醚（polybrominated diphenyl ethers，PBDEs）四类。

其中 PAES 有六种在很多标准中被限制使用，包括邻苯二甲酸二（2-乙基己基）酯（DEHP）、邻苯二甲酸丁卡酯（BBP）、邻苯二甲酸二丁酯（DBP）、邻苯二甲酸二异壬酯（DINP）、邻苯二甲酸二异酯（DIDP）和邻苯二甲酸二正辛酯（DNOP）。除了上述六类物质之外，在室内检测出的邻苯二甲酸酯可能还包括如邻苯二甲酸二异丁酯（DIBP）等物质。多环芳烃类（PAHs）主要来自燃烧不完全产物，美国环境保护署将七类污染物认定为可疑致癌物，包括苯并［a］蒽、苯并［a］芘、苯并［b］荧蒽、苯并［k］荧蒽、屈（Chrysene）、二苯并［a，h］蒽、茚并［1，2，3-cd］芘（indeno［1，2，3-cd］pyrene）。另外，空气中的多氯联苯类（polychlorinated biphenyls，PCBs）主要是二氯、三氯和四氯联苯物这类低氧化联苯物。这类物质以前主要用于变压器等电器中的阻燃剂，由于其致癌性，这类物质已经在很多国家被禁用，但由于其散发的长期性和难以降解性，目前在室内还有诸多该类物质存在。而多溴联苯醚（PBDEs）主要被用于电子器件等的阻燃剂。

在颗粒物和化学污染之外，室内空气中的微生物污染同样不可忽视。微生物污染主要包括细菌、真菌和病毒等，其来源多种多样，如室内湿气积聚、空调系统不当使用等。这些微生物往往依附在颗粒物表面，或者通过人咳嗽和打喷嚏产生的飞沫传播，从而进一步加剧室内空气污染的复杂性。当这些污染物悬浮在空气中时，不仅可能导致过敏反应，还可能引发呼吸道感染等疾病，对人体健康造成多方面威胁。

另外，放射性污染也是室内环境的重要威胁之一。氡（^{222}Rn）气是天然存在的无色、无味、不挥发的放射性惰性气体，是世界卫生组织（WHO）确认的主要环境致癌物之一。在居住建筑中，氡的源头来自土壤气体，而有些建材特别是石材也会散发氡气。

2. 主要污染物来源

室内环境中 VOCs 的大量存在对人体健康有着重要影响，是导致病态建筑综合征的主要原因之一。建材和家具作为室内挥发性有机化合物的主要散发源，对室内空气质量有重要影响。人造板及涂料是家装中基础性装饰装修材料，也是室内空气主要污染物来源之一。我国有 80% 以上的人造板大量使用脲醛树脂作为胶黏剂，保证一定量的富余甲醛是人造板在室内使用过程中会常散发甲醛的原因。不合格装修材料中的游离甲醛等有害物质在住宅环境中长期释放，造成空气污染。除了甲醛以外，家装装修期间应用的各种油漆、涂料、胶黏剂、稀释剂等也会导致苯、二甲苯等 VOC 的释放。我国先后出台并不断修订的多部建筑材料产品标准中也对 VOC含量提出了限值要求，如《低挥发性有机化合物含量涂料产品技术要求》（GB/T 38597—2020）等。

近年来，SVOC 作为一种新型污染物愈发受到人们的重视。SVOC 包括人体暴露于 SVOC 可能对健康产生不利影响，甚至可能导致肿瘤。室内 SVOC 的主要来源包括添加到多种家用产品里的阻燃剂、炊事及香烟的燃烧副产物、塑化剂、胶黏剂、除虫喷雾以及化妆品、除臭剂等个人防护用品等。就与当前环境问题的相关性而言，用作增塑剂主要成分的邻苯二甲酸酯和用作阻燃剂主要成分的有机磷酸酯类对室内环境具有重要意义。针对建材 SVOC 含量，虽然已有描述建材产品中半挥发性有机化合物（SVOC）释放量的测试方法的国家标准《建材产品中半挥发性有机化合物（SVOC）释放量的测试》GB/T 42898—2023，但是我国尚未制定直接限制建材中 SVOC 含量的强制性标准。

炊事等室内燃烧活动产生的污染物也不容忽视。中式厨房的炊事过程中包含大量的炒、煎、炸等烹饪手法，这过程中产生的油烟颗粒物即 $PM_{2.5}$ 颗粒物的散发是造成住宅空气质量下降的主要原因。此外，液化石油气、天然气和煤燃烧时也会产生 CO、NO_x 等无机污染物以及多环芳烃等 SVOC，这些物质对人体健康构成严重威胁。减少固体炊事燃料使用能有效减少颗粒物、黑炭和有机碳等污染物的排放，降低居民空气污染物暴露水平，具有积极的环境及健康影响。

还有一些其他因素也会导致住宅环境污染，如尘螨、霉菌、细菌和病毒等微生物在室内环境中容易滋生，通过空气传播可引起呼吸道感染等疾病；吸烟产生的烟草烟雾中含有多种致癌物质，长期吸入可增加患肺癌等疾病的风险；混凝土中可能释放部分氡元素（^{222}Rn）对建筑内空间造成放射污染；静电除尘器释放电晕产生二次污染物 O_3 从而影响室内空气质量等。

综上所述，我国住宅环境的主要污染物来源多种多样，包括装修材料、家具、软装产品、日常用品等多种散发源。

3. 住宅环境主要污染物浓度标准

我国现行的《室内空气质量标准》GB/T 18883—2022 包括了物理性、化学性、生物性及放射性等十九项指标。该标准要求室内空气应无毒、无害、无异常嗅味，对于主要污染物的浓度标准规定见表 7-5。

《室内空气质量标准》GB/T 18883—2022　　　　　　　　　　表 7-5

序号	指标	计量单位	要求	备注
1	臭氧（O_3）	mg/m^3	≤0.16	1 小时平均
2	二氧化氮（NO_2）	mg/m^3	≤0.20	1 小时平均
3	二氧化硫（SO_2）	mg/m^3	≤0.50	1 小时平均

续表

序号	指标	计量单位	要求	备注
4	二氧化碳（CO_2）	%[a]	≤0.10	1 小时平均
5	一氧化碳（CO）	mg/m^3	≤10	1 小时平均
6	氨（NH_3）	mg/m^3	≤0.20	1 小时平均
7	甲醛（HCHO）	mg/m^3	≤0.08	1 小时平均
8	苯（C_6H_6）	mg/m^3	≤0.03	1 小时平均
9	甲苯（C_7H_8）	mg/m^3	≤0.20	1 小时平均
10	二甲苯（C_8H_{10}）	mg/m^3	≤0.20	1 小时平均
11	总挥发性有机化合物（TVOC）	mg/m^3	≤0.60	8 小时平均
12	三氯乙烯（C_2HCl_3）	mg/m^3	≤0.006	8 小时平均
13	四氯乙烯（C_2Cl_4）	mg/m^3	≤0.12	8 小时平均
14	苯并［a］芘（BaP）[b]	ng/m^3	≤1.0	24 小时平均
15	可吸入颗粒物（PM_{10}）	mg/m^3	≤0.10	24 小时平均
16	细颗粒物（$PM_{2.5}$）	mg/m^3	≤0.05	24 小时平均
17	氡（^{222}Rn）	Bq/m^3	≤150	年平均[c]（参考水平[d]）

注：[a] 体积分数。

[b] 指可吸入颗粒物中的苯并［a］芘。

[c] 至少采样 3 个月（包括冬季）。

[d] 表示室内可接受的最大年平均氡浓度，并非安全与危险的严格界限。当室内氡浓度超过该参考水平时，宜采取行动降低室内氡浓度。当室内氡浓度低于该参考水平时，也可以采取防护措施降低室内氡浓度，体现辐射防护最优化原则。

此外，为控制建筑材料和装饰材料对室内环境的污染，由住房和城乡建设部发布的《民用建筑工程室内环境污染控制标准》GB 50325—2020（表 7-6）也在建筑竣工验收时发挥着重要作用。

《民用建筑工程室内环境污染控制标准》GB 50325—2020　　　表 7-6

污染物	Ⅰ类民用建筑工程	Ⅱ类民用建筑工程
氡（Bq/m³）	≤ 150	≤ 150
甲醛（mg/m³）	≤ 0.07	≤ 0.08
氨（mg/m³）	≤ 0.15	≤ 0.20
苯（mg/m³）	≤ 0.06	≤ 0.09
甲苯（mg/m³）	≤ 0.15	≤ 0.20
二甲苯（mg/m³）	≤ 0.20	≤ 0.20
TVOC（mg/m³）	≤ 0.45	≤ 0.50

注：Ⅰ类民用建筑包括住宅、医院、老年建筑、幼儿园和学校等；Ⅱ类民用建筑包括办公楼、商店、旅馆、文化娱乐场所、书店、图书馆、展览馆、体育馆、公共交通候车室、餐厅和理发店等。

7.5.2　住宅环境污染物浓度水平和健康危害

1. 污染物测试分析方法

采样检测对于识别、认识、定量污染物从而评估暴露所造成的健康风险十分重要。传统的污染物采样方法主要分为两类，被动采样和主动采样，被动采样是指在无空气泵的前提下，通过物理扩散的方式使污染物以可控制的速率被吸附在吸附剂上，主动采样则是通过采样泵使一定体积的空气通过吸附剂，从而将目标物质吸附在吸附剂上。

被动空气采样器，由于其成本低廉、布置方便、适用于大规模或危险环境采样、适用于长期的个人暴露平均水平监测等优点，已被广泛使用。被动采样器从形式上可以设计为单相或两相。单相被动采样器是指直接暴露于采样基质的单一吸附介质，例如聚氨酯 PUF 片、固相微萃取、薄膜微萃取等。而两相被动采样器更为常见，两相被动采样器是由吸附剂屏障和吸附剂组成。吸附剂屏障可以消除或最大限度地减少环境因素的影响，有助于确保相对稳定的采样率，这对于定量分析至关重要。常见的两相被动采样器根据形态可以分为管式采样器、徽章式采样器和径向采样器。其中，管式采样器即 TENAX 管已有商业化的分析设备，分析便捷，被作为一种被动采样装置广泛应用。被动采样装置使用过程中最大的难点是如何定量污染物气态浓度，许多研究聚焦于该领域。最常见的方法是在实验室中标定其采样率，即在实验室建立已知浓度的实验舱，将被动采样器置于其中固定的时间，并确定采样量,采样量和采样时间与浓度的比值就被定义为采样率。

传统的主动采样方式,如 TENAX 管、PUF 管和苯乙烯-二乙烯基苯共聚物 XAD® 吸附管,已被广泛用于测量室内环境中的污染物总浓度。主动方法由于准确可控的采样流量,可以得到准确的气体浓度。此外,由于采样泵可以带来较高的采样流量,主动采样可以快速完成采样,从而得到瞬时浓度。近年来,新型主动采样装置微针采样针技术(needle trap device,NTD)逐渐兴起,NTD 仅有 0.4mm 的内径,专门设计的不锈钢针内部涂有或填充有吸附剂。采样期间,当空气通过微针时,分析物被吸附剂捕获,然后将针直接插入色谱进样口并让载气流过来解吸捕获的分析物。相较于传统主动采样装置通常需要额外的仪器(如 Tenax 管需要热脱附仪)和额外的分析过程(如萃取和浓缩),NTD 直接在色谱进样口脱附减少了前处理过程,提高了灵敏度,且降低了分析成本。由于其灵敏便捷的优点,NTD 已被广泛应用于室内环境及其他环境挥发性有机物采样领域。近年来,微型采样针也被引入半挥发性有机物分析领域,提升了半挥发性有机物的采样分析效率。

2. 污染物浓度水平

目前,常见的污染物(如甲醛、苯等)在室内的浓度水平如下:

(1)挥发性有机污染物

1)甲醛

住宅环境中甲醛的主要来源有:用作室内装饰的胶合板、刨花板、纤维板等人造板材;用人造板材制作的家具;油漆、涂料、墙纸等各类墙面材料;化纤地毯、泡沫塑料等其他建筑装修材料,另外烟草燃料等的燃烧过程中也会产生高浓度的甲醛。

目前居民住宅空气中甲醛的适用标准有《室内空气质量标准》GB/T 18883—2022(1h 均值≤0.08mg/m³)和《民用建筑工程室内环境污染控制标准》GB 50325—2020(1h 均值≤0.08mg/m³)。

2)苯系物

室内苯系污染物主要有苯、甲苯和二甲苯等,是室内建筑装修材料、人造板家具、沙发等中的胶黏剂、溶剂和添加剂的主要成分。另外,室内的燃烧行为也会产生一定的苯系物,例如燃料、吸烟、做饭、蚊香、熏香燃烧等。现行的《室内空气质量标准》GB/T 18883—2022 中限定室内苯、甲苯、二甲苯的 1h 均值分别要小于 0.11mg/m³、0.20mg/m³、0.20mg/m³。徐东群等在北京、天津、上海、重庆、长春等城市选择装修完成时间一年之内的 1241 户住宅,测定室内二甲苯和乙苯的平均浓度是所有报道中最高的，分别为 0.189mg/m³、0.107mg/m³。但是部分住宅尤其是新装修的住宅也存在超标现象。辛等报道江西省 11 个居民住宅厨房空气中苯和卧室空气中甲苯的平均浓度是所有数据中最大的，分别为 0.134mg/m³ 和 0.645mg/m³。

3）TVOC

TVOC 是评价室内挥发性有机物（VOCs）整体污染状况的指标。住宅室内挥发性有机物的来源极其复杂，包括：有机溶剂、建筑材料、装修材料等。目前《室内空气质量标准》GB/T 18883—2022 规定 TVOC 的 8h 均值需低于 0.6mg/m³。

我国居民住宅室内空气中 TVOC 的污染状况较严重，尤其是新装修的住宅。TVOC 的浓度范围为 0.037～1.808mg/m³。徐东群等在北京、天津、上海、重庆、长春、石嘴山等城市选择装修完成时间一年之内的 1241 户住宅，测定室内 TVOC 的浓度，9 个城市中除甘肃平凉和广东珠海外，其余的平均浓度都超标，浓度最高的是上海住宅为 1.808±2.338mg/m³，超出标准 3 倍多。刚竣工的新装修住宅中 TVOC 一般超过国家标准 2～3 倍，最高的超标 20～30 倍。相比其他污染物而言，TVOC 浓度随着竣工时间的推移下降较快。王春等研究发现竣工两周后 TVOC 浓度达到 1.17mg/m³，而一个月后就降至 0.64mg/m³，三个月后浓度远低国家标准。张卫国等也发现居室装修后约 5 个月空气中 TVOC 浓度达到国家标准，而且居室装修程度越高，TVOC 浓度达到国家标准的所需时间也越长。

（2）半挥发性有机污染物

Li 等人基于中国 18 个省、自治区、直辖市的 2762 份室内粉尘样品，发现了室内粉尘中 DMP、DEP、DBP、DIBP、BBP 和 DEHP 的浓度范围为 0.023～2361μg/g，平均浓度分别为 6.22μg/g、5.95μg/g、220μg/g、79.0μg/g、2.57μg/g 和 657μg/g，并指出了中国室内尘埃中的 DMP、DEP 和 DBP 浓度高于其他国家（美国、加拿大、法国等）。Liu 等人通过系统综述，总结了室内不同场所的邻苯二甲酸酯的浓度，在住宅中，DMP、DEP、DiBP、DnBP、BBzP、DEHP、DnOP 的平均浓度为 2.1μg/g、8.1μg/g、182.2μg/g、150.1μg/g、2.6μg/g、711.85μg/g 和 3.0μg/g；在办公室中，DMP、DEP、DiBP、DnBP、BBzP、DEHP、DnOP 的平均浓度为 2.8μg/g、2.5μg/g、216.3μg/g、96.3μg/g、12.1μg/g、763.6μg/g 和 8.0μg/g；在学校中，DMP、DEP、DiBP、DnBP、BBzP、DEHP、DnOP 的平均浓度为 3.9μg/g、7.5μg/g、45.0μg/g、137.5μg/g、502μg/g、2673.8μg/g 和 10.1μg/g，且 Liu 等人指出一般室内邻苯二甲酸酯暴露呈增加趋势，在未来，室内邻苯二甲酸

酯浓度水平可能仍会有所升高，需要被重视。

3. 住宅污染物与人体健康

污染物会通过皮肤接触、口腔摄入和皮肤暴露三种途径进入人体，对人体健康造成一定的危害。诸多研究表明，室内空气污染对人体健康的影响不容忽视。

挥发性有机化合物（VOCs）广泛存在于建筑材料、家具和清洁产品中。暴露于 VOCs 可能引发呼吸道刺激以及神经系统损伤，并具有潜在的致癌风险。研究表明，VOCs 暴露与哮喘症状加重和过敏性鼻炎显著相关。此外，苯和甲苯等 VOCs 还可能导致头痛、疲劳和眩晕等症状。甲醛主要来源于木质压缩制品、隔热材料和清洁剂中。甲醛暴露可引发眼部和呼吸道刺激，还可能增加鼻咽癌的发生风险。研究显示，甲醛暴露对神经系统也有不利影响，可能导致注意力缺陷和认知功能障碍。

室内颗粒物主要来源于燃烧活动、吸烟和灰尘。长期吸入颗粒物会引发呼吸系统疾病，如慢性阻塞性肺疾病（COPD），并增加肺癌风险。研究发现，暴露于 $PM_{2.5}$ 可增加心血管疾病风险，如心肌梗死和中风。儿童作为易感人群，颗粒物暴露可能影响其肺功能发育和免疫系统健康。

氡气是一种无色无味的放射性气体，主要来源于建筑物下方的土壤和岩石。暴露于氡气会增加肺癌发病率，是仅次于吸烟的第二大肺癌风险因素。

除了挥发性有机化合物（VOCs）之外，建筑和装修材料还会释放出半挥发性有机污染物（SVOCs）。这些化合物具有较低的蒸汽压，易吸附于室内表面及灰尘中，难以通过通风得到有效去除。长期暴露于 SVOCs 可能会对人体健康造成严重危害。邻苯二甲酸酯（PAEs）是一类常见的 SVOCs，被广泛应用于塑料制品中。这类物质具有内分泌干扰作用，可能对人体内分泌系统和生殖系统健康产生不利影响。研究表明，儿童和孕妇是高风险群体，长期暴露可能导致生殖毒性、神经发育障碍和行为异常。流行病学研究发现，邻苯二甲酸酯暴露与男性生育能力下降和女性子宫内膜异位症等疾病存在关联。多溴联苯醚（PBDEs）是一类典型的半挥发性阻燃剂，被广泛应用于家具和电子产品中。动物实验和体外实验表明，PBDEs 可能通过干扰甲状腺功能和扰乱神经递质平衡，影响神经系统的发育，导致注意力缺陷、学习障碍等不良结局。此外，流行病学研究表明 PBDEs 暴露可能增加甲状腺功能异常风险。除此以外，室内环境中还可能存在多环芳烃（PAHs）、溴化阻燃剂（BFRs）和多氯联苯（PCBs）等其他类型的 SVOCs。这些物质易吸附于灰尘和室内表面，对人体的代谢功能、免疫系统和神经系统造成潜在威胁。

室内环境中的微生物群对健康有着重大影响。潮湿和通风不良的室内环境容易滋生霉菌。吸入这些生物污染物可能引发过敏性鼻炎、哮喘发作和呼吸道感染。对于免疫功能低下的人群，暴露还可能造成严重的肺部感染。织物、地毯和床品是尘螨的主要生存环境。尘螨的排泄物和蛋白质可诱发哮喘、鼻炎及皮肤过敏反应。同时，尘螨过敏也是儿童哮喘常见的诱发因素之一。细菌和病毒可通过受污染的水源或通风系统传播。吸入或接触这些病原微生物可能导致呼吸道感染、肠胃疾病和皮肤病。

7.5.3 住宅环境室内空气净化

1. 住宅空气净化器使用现状

$PM_{2.5}$ 是一种全球性危害物质，对人类健康有显著的不利影响。长期暴露于 $PM_{2.5}$ 与肺癌发病率、心血管疾病及呼吸系统疾病的死亡密切相关。据统计，2019年全球范围内，由 $PM_{2.5}$ 暴露导致的过早死亡人数高达650万人。根据2019年全球疾病负担研究，室外 $PM_{2.5}$ 污染和室内固体燃料污染分别是全球第7位和第10位疾病负担的风险因素。

尽管近年来中国政府采取严格的空气污染治理措施，室外 $PM_{2.5}$ 浓度显著下降，但仍远高于世界卫生组织（WHO）2021年建议的 $5\mu g/m^3$ 标准。2021年，中国地级及以上城市的年均 $PM_{2.5}$ 浓度为 $30\mu g/m^3$，室外 $PM_{2.5}$ 污染依旧对健康构成巨大威胁。随着人口老龄化和城市化进程的加快，$PM_{2.5}$ 污染的健康影响仍在增加。此外，中国各城市的 $PM_{2.5}$ 浓度差异较大，健康负担分布不均衡。

室内 $PM_{2.5}$ 主要分为两大来源：室外污染物通过通风或渗透进入室内和室内活动（如烹饪、吸烟）产生的污染物。为降低室内 $PM_{2.5}$ 暴露带来的健康风险，中国于2022年首次发布了室内 $PM_{2.5}$ 标准，24h平均浓度限制为 $50\mu g/m^3$。然而，这一标准仅相当于WHO的第二阶段过渡目标，仍远高于WHO建议的无健康影响水平。

由于人们约90%的时间都在室内度过，通过室内空气净化可迅速降低 $PM_{2.5}$ 暴露，有效改善健康，包括心肺健康改善和短期压力激素减少等益处。

从全国范围看，2021年中国家庭空气净化器的保有率为5.0%，各地区存在明显差异。其中，北京的保有率最高，达到7.0%；而贵州的保有率最低，仅为2.0%。这种区域间的差异可能是由于大气污染情况较为严重，或者经济发展水平较高，当地居民具有更强烈的意愿购买并使用空气净化器。相关性分析显示，空气净化器的使用率与大气 $PM_{2.5}$ 浓度和人均可支配收入呈现出明显的正相关关系。相比之下：韩国的普及率达到 70%，欧洲为 42%，美国为 27%，而日本为 17%。

此外，空气净化器的实际使用效果受到用户行为的显著影响。研究人员通过开展实地调查显示，具有空气净化器的家庭中，八成的家庭并未启用设备，只有二成的家庭间歇性地启用，每天平均使用时长仅为 $1\sim4h$。Zhang 等人[14] 对在家庭空气净化器启动的主要动因进行了探究，结果表明九成家庭认为应对室外空气污染状出现时会启动设备，七至八成家庭表示启用空气净化器与室内吸烟活动相关。对比之下，尽管中式烹饪会产生大量 $PM_{2.5}$，但认为烹饪是主要动因的家庭比例相对较低，仅有六成的家庭选择该因素。除此之外，还有部分参与者补充了其他动因，包括过敏和其他健康问题，温度、湿度、异味、人员聚集和通风不畅等因素。其中，"过敏"是被提及次数最多的动因。此外，还有部分提到因其他健康问题启用空气净化器，如家庭成员生病、流感季节或当时处于疫情期间。尽管空气净化器并不具备调节温度和湿度的功能，但仍有少数人员将温度和湿度过高或过低视为启动空气净化器的动因。这一现象也反映了部分居民对于空气净化器功能存在一定误区。

在空气净化器的启用季节选择上，参与调查的家庭显现出明显的差异，这也反映出了不同动因随季节变化而带来的效应。调查显示，在冬季，由于大气 $PM_{2.5}$ 污染突出，有六成家庭最常启用空气净化器。在春秋季节，柳絮和花粉等过敏原是主要因素，有近六成的家庭在春季使用空气净化器，而近五成的家庭选择秋季启用。比较之下，夏季使用空气净化器的家庭较少。

此外，空气净化器用户经常选择"低速"或"自动模式"运行，而"高速模式"因噪声和能耗问题并未被充分使用。比较发现，即使在 $PM_{2.5}$ 污染重的区域，空气净化器的使用也并不充分。尤其是北方特大城市、超大城市、大城市和中等收入地区之间，这种差异更为明显。实地调查显示，在空气净化器启用状态下，室内室外比值从 $0.36\sim1.31$ 降至 $0.23\sim0.77$，表明在正确使用条件下，空气净化器对降低 $PM_{2.5}$ 浓度有明显效果。

部分净化器除去除室内 $PM_{2.5}$ 外，还可净化室内化学污染物，如甲醛、甲苯等 VOCs 类物质。目前较为成熟或流行的化学物质净化技术按照其自身净化原理可分为：吸附过滤型、催化反应型、离子化型以及植物净化型。各方法去除室内化学污染物方面表现出显著的技术性能差异。吸附过滤技术是目前最成熟和广泛使用的商用技术，对中低挥发性化合物去除效率较高，但对甲醛和乙醛等高挥发性化合物效果有限，且材料寿命短需定期更换；紫外光催化氧化（UV-PCO）技术在实验中表现出与吸附过滤相当的性能，能够将VOCs分解为二氧化碳和水，但存在生成副产物、性能受限于环境条件且技术尚未成熟等问题；臭氧氧化和空气电离技术对VOCs去除效果有限，且存在臭氧超标风险；植物空气净化对部分化合物如甲醛和乙醛有一定效果，但整体性能较弱。总体来看，现有技术在效率、稳定性和安全性方面各有优劣，需根据具体污染物特性和实际应用需求选择合适的净化技术。

总体而言，中国空气净化器的普及率和使用水平仍处于初期阶段，存在普及率低、使用不充分且效果次等问题。为了提高空气净化器的实际效果，需家庭教育与意识提高，推广正确的空气净化器使用实践，延长运行时长，选用高效模式。同时推进技术进步与成本降低，开发高效低噪声和能耗低的设备，降低使用成本。政策也可以提供相应支持与推广，加强在高污染区域的政策支持，提供补助策略，推动空气净化器更广泛地应用。

2. 住宅空气净化器运行效果

使用空气净化器是降低室内污染物浓度的重要途径之一。在传统颗粒物污染方面，已有众多研究证明空气净化器能够有效降低室内的$PM_{2.5}$浓度且对特定散发源产生的$PM_{2.5}$去除有效。在日常的烹饪过程中，空气净化器能够与抽油烟机协同，有效去除烹饪过程中产生的颗粒物：在烹饪时以及结束后开启一段时间内同时开启空气净化器与抽油烟机，与仅开启抽油烟机相比，能够使$PM_{0.3\sim2.5}$，$PM_{2.5\sim10}$的数量浓度额外下降84%和88%；还有研究指出过滤式空气净化器对于吸烟、烧香和烹饪产生的$PM_{2.5}$净化效率分别为61.79%～86.41%、43.48%～83.98%和51.10%～61.62%；在以木材燃烧作为主要污染来源的研究中，使用空气净化器可以使室内$PM_{2.5}$浓度下降33%～60%；以室外交通排放作为主要污染来源的研究显示，通过空气净化器，能够使得室内$PM_{2.5}$浓度下降36%～60%。

在气态化学污染物净化方面，研究调研了中国20个家庭的室内VOC情况，并指出使用空气净化器能够改善室内的空气质量，TVOC浓度降低；通过对商用空气净化器设备的测试，观察到对于VOC浓度在100×10^{-9}到超过1×10^{-6}的室内条件下，使用空气净化器能够使VOC浓度降低约40%，且对于突增的VOC散发，使用空气净化器能够在2h内将室内VOC浓度恢复至初始水平；有团队调研了中国市面上13台不同品牌型号的空气净化器，发现采用活性炭吸附技术或等离子和光催化等混合技术的空气净化器对甲醛的去除效果显著，最高能达到90.4%的净化效率[16]。

同时，随着我国大气环境持续优化，大众关注的空气质量问题已经由颗粒物转($PM_{2.5}$)为气态污染物（TVOC、甲醛等）、微生物等其他污染物质，对住宅室内空气环境质量与空气净化器的使用也提出了更高的新的要求。

在此背景下，我国在2022年对《空气净化器》GB/T 18801—2015标准进行修订，并于2023年5月正式实施。修订后的标准《空气净化器》GB/T 18801—2022，在规范性方面完善了颗粒物、气态污染物去除技术要求，建立了颗粒物、气态污染物的CADR值和CCM值的关联规律，其中洁净空气量CADR表示空气净化器在单位时间内能够净化的空气量，CCM是空气净化器针对目标污染物的累计净化量；完善了2015标准中对单成分高浓度的气态污染物去除评价方法，提出了气态污染物混合加载试验方法和动态平衡试验方法；增补了病毒去除性能评价方法；在资料性方面，新增了异味去除/模拟二次异味评价方法、过敏原去除方法以及动态平衡去除气态污染物实验方法（以臭氧为例）。新标准的施行响应了当前的行业发展的现状，引导行业技术发展。

此外，对于使用空气净化器带来的经济效益，也有学者进行深入研究：空气净化器能够显著降低室内污染物浓度，从而有效降低人群的污染物暴露水平，进而减少相关的疾病负担。使用空气净化器的成本效益评估模型评估中国净化器使用现状，可以相应提出空气净化器的运行优化改进方案：在增加效益方面，可以让居民在实际使用过程中提高净化器运行时长和挡位，并在使用空气净化器时关闭门窗；在降低成本方面，需要根据室内净化目标以及大气污染程度合理确定空气净化器的CADR，并根据空气净化器的运行情况合理确定滤网更换频率，从而提高空气净化器的净收益[14]。

7.6 城镇住宅自然通风设计优化

当风吹向建筑物时，因受到建筑物的阻挡，气流绕过建筑物屋顶、侧面及背部，在建筑的背风面会产生气流涡流区，如图7-21所示。气流涡流区的长度随着建筑的高度及宽度的增大而增大，随着建筑的深度增大而减少。建筑高度越高，深度越小，长度越大时，背面负压区越大，对其自身的通风有利，但对于其背后的建筑，通风很不利。

良好的自然通风是住宅建筑能够在低能耗下获得较好的室内环境的关键。而能

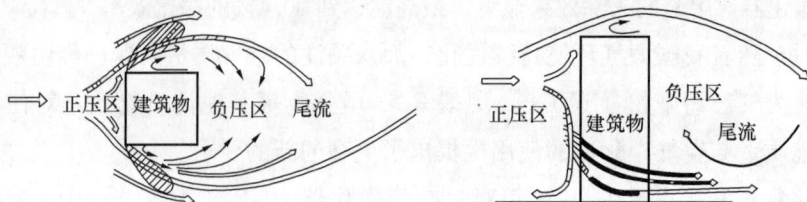

图 7-21　建筑周边气流分布情况

否实现良好的自然通风的基础是建筑规划布局和单体建筑设计。居住区内建筑的不同规划布局方式、单体建筑的不同形状与内部划分，均会导致很不一样的自然通风效果。

7.6.1　住宅建筑群体布局的选择

1. 住宅建筑群体布局形式

住宅建筑的规划布局受地块形状、日照采光、设计理念等多种因素的影响。中国的居住区建筑布局主要有"行列式居住区""点群式居住区"和"围合式居住区"三种基本模式，当前的居住区建筑布局主要以这三种模式为基础进行组合搭配。

"行列式居住区"又称"板楼居住区"，是以条状板式建筑为主要住宅形式的居住区。板楼宽度约 18～20m，长度变化范围较大，一般在 40～120m 范围之间。传统的板式住宅一般多为 6 层的住宅建筑，近年来在人口密集的城市也出现了较多的超过 12 层的高层板楼。建筑排布根据条状建筑的走向呈整齐的行列式排布，如图 7-22 所示。此类布局的住宅建筑的日照及通风条件较为优越，有利于管线的敷设和工业化施工，是我国早期居住区的主要形式。目前在我国城市内，采用此种布局的小区仍占很高的比例。

"点群式居住区"又称"塔楼居住区"，是以长宽比例接近 1∶1 的点式塔楼为主要住宅形式的居住区。塔楼长宽在 30～40m 范围内浮动，高度变化范围多为12～24 层。塔楼多采用错落式布局方式进行排列，如图 7-23 所示，以利于不同建筑的采光及居住的通风。塔楼居住区由于建筑占地面积小、空间分割自由度高、自由空间可实施绿化等优点，已成为目前较为广泛采用的一种建筑布局形式。

"围合式居住区"是通过四周合围式的布局结构形成的封闭或半封闭型居住区，如图 7-24 所示。形成围合的建筑多以板楼、直角形建筑或 U 形建筑为主。此类居住区以围合中心区域作为核心活动空间，通过若干个通道与外界发生联系。由于围

图 7-22 行列式居住区

图 7-23 点群式居住区

合式布局的通风效果不佳，同时形成围合的建筑采光效果一般较差，因此，目前此类布局的居住区在设计中所占比例较少。

图 7-24 围合式居住区

2. 群体布局对建筑通风的影响

从建筑自然通风的角度考虑，居住区中的建筑可能会对来流的空气形成阻碍和引导两种效应。

对于行列式居住区，当条状建筑的走向与来流风向呈垂直布置时，建筑对空气流动起阻碍作用，空气流动受到建筑的阻挡，从建筑的两侧与建筑的上方绕过建筑，在建筑两侧形成角隅效应，流速增加，在建筑后方形成三维漩涡，空气流通被阻碍，如图 7-25 所示，此时条状建筑的高度和宽度均对建筑后方的气流方向产生影响；当条状建筑的走向与来流方向一致时，建筑对空气流动起引导作用，空气可以顺利的流过建筑之间的空间，带走建筑之间的热量和污染物，如图 7-26 所示；当来流方向与建筑物的走向呈小于 90°的夹角时，空气流动呈引导与阻碍混合的模式，如图 7-27 所示。因此，行列式布局整体上对通风的引导作用大于阻碍作用，此类布局适用于我国所有的气候区。

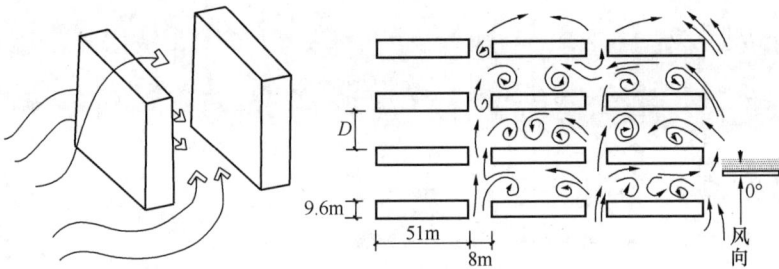

图 7-25　行列式布局对气流的阻碍作用

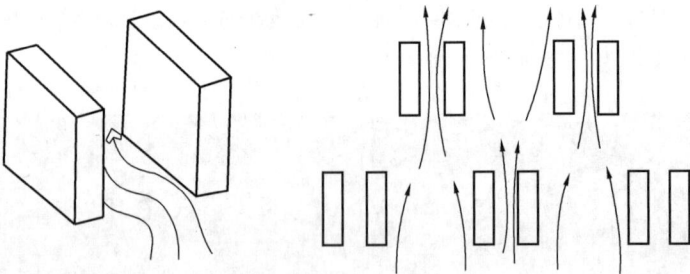

图 7-26　行列式布局对气流的引导作用

对于点群式居住区，建筑对空气流动的影响主要表现为阻碍和引导的混合效应。由于点群式建筑的迎风面宽度较小，建筑阻碍空气流动后造成的空气流向改变较小，角隅效应较弱，空气沿两列建筑之间的走廊继续流动，又形成引导作用，因

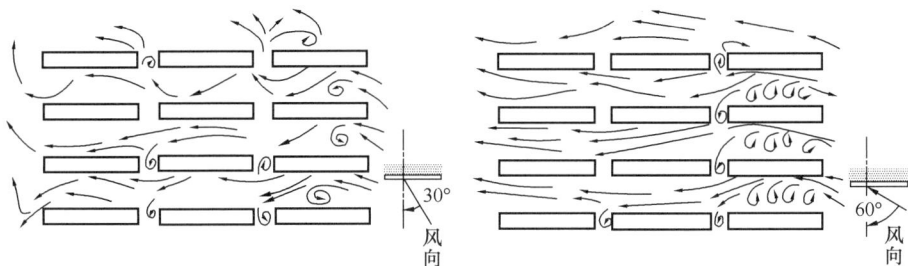

图 7-27 行列式布局对气流的阻碍与引导组合作用

此表现为点群式建筑对空气流动是阻碍与引导的混合效应，如图 7-28 所示。

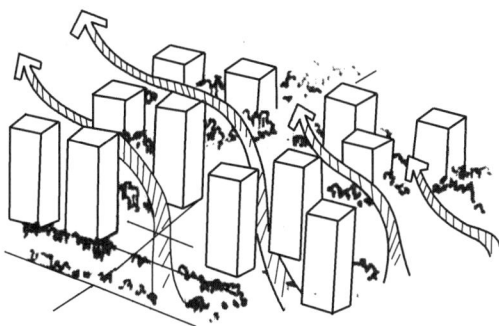

图 7-28 点群式布局对气流的阻碍与引导混合作用

建筑错列布置，可间接加大建筑间距，同时，建筑群中的建筑物不宜完全朝向夏季主导风向，以利于建筑的自然通风。建筑区内有较大绿地时，可将其布置在中间并垂直于主导风向，使建筑区分成两个或多个的小区域，加大各区间的间距，以减弱下风区空气流速的衰减。冬季比较寒冷的地区，需综合考虑冬夏两季的舒适性，既要保证夏季良好的通风，又要在冬季阻挡寒风侵入建筑群，如图 7-29 所示。点群式布局可根据需求、地形、地势、气候等条件灵活的布置居住区的建筑，合理的安排可最大限度的发挥建筑对通风的引导及阻碍作用，实现加强建筑群通风或防风的目的，因此，此类布局适用于我国所有的气候区。

对于围合式居住区，建筑对各个方向的来流均起阻碍作用，如图 7-30 所示，其效果如同行列式建筑对气流的阻碍作用，从而导致居住区内空气流动不顺畅，尤其是处于围合中心的建筑与外界发生关系的通道较少，因此，通风效果极差，是所有布局形式中最不利于夏季和过渡季自然通风的建筑布局，这种布局方式只适用于有防风需求的冬季寒冷的北方地区，不适用于热湿气候区。

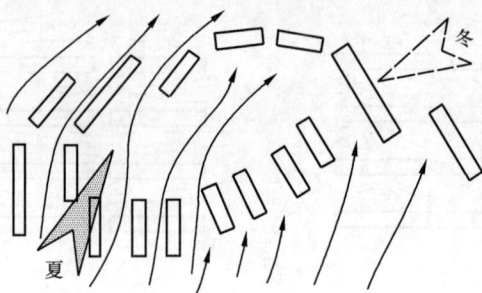

图7-29　综合考虑夏季通风与冬季避风的点群式布局

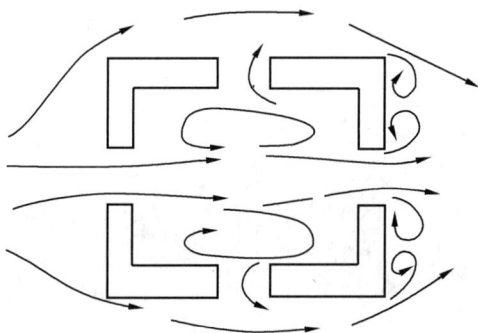

图 7-30　围合式布局对气流的阻碍作用

在建筑风环境与人的关系中，通风与避风对人体的舒适性影响很大。对于住宅建筑，在夏季需要通过建筑自然通风的有效组织，在不使用空调的情况下满足人体的舒适性需求，减少能源的消耗；在冬季，在满足适当的换气的条件下，采取适当的避风措施以减少建筑的能耗。

在高温潮湿的气候区，虽然通风带来室外的热量，但通风带来的排汗及除湿效果是人抵抗酷暑所不可或缺的手段，全天的自然通风对满足人体的舒适性需求是十分重要的。在高温干燥的气候区，夏季营造舒适的室内环境的前提是减少高温时刻的通风与太阳辐射，避免通风带来的额外热量，并在夜间室外空气温度较低时大量引入自然通风，通过夜间的冷空气实现对建筑降温的目的。因此，加强自然通风是高温地区住宅建筑的重要需求，居住小区宜采用行列式或点群式布局以利于建筑的自然通风，不应采用围合式或半围合式居住区布局。建筑群中的建筑物不宜完全朝向夏季主导风向，宜采取有规律的"高低错落"的布置方式将其错开排列，相当于增大了建筑间距，可以减弱风速的衰减，便于建筑群内空气流通。居住区内有较大绿地时，可将其布置在中间并垂直于主导风向，使居住区分成两个或多个小区域，加大各区域间的间距，以减弱下风区空气流速的衰减。

在冬季比较寒冷或冬季多风的地区，需综合考虑冬夏两季的舒适性，既要保证夏季良好的通风，又要在冬季阻挡寒风侵入建筑群，避免通风带来的人体及建筑的热量过度损失。居住区可采用半围合式布局、点群式布局或行列式布局，以板楼、直角形建筑或 U 形建筑布置在冬季主导风向的迎风向，通过围合式的布局结构形成封闭或半封闭型居住区，以围合中心区域作为居住区的核心活动空间，利用建筑物隔阻冷风，降低居住区内的风速，封闭或半封闭式布局的开口方向避开寒流来向，建筑朝向也避开寒流来向。还可利用建筑组合，将较高层建筑背向冬季寒流风向，减少寒风对中、低层建筑和庭院的影响。此外，还可通过设置防风墙、板、防风带之类的挡风措施来阻隔冷风侵入居住小区，如在居住区冬季主要迎风方向种植防风植被，利用植被防风同时还可减少建筑物的热量损失，常见防风树种如表 7-7 所示。

常见防风树种　　　　　　　　　　　　　　　　　　　表 7-7

防风能力	树种
最强	圆柏、银杏、木瓜、柳
强	侧柏、桃叶珊瑚、黄爪龙树、棕榈、无花果、榆树、女贞、木槿、榉、合欢、竹、槐、厚皮香、杨梅、枇杷、榕树、鹅掌楸
稍强	龙柏、黑松、夹竹桃、珊瑚树、海桐、核桃、樱桃、菩提树

对于围合式的建筑布局，风的出口小，流速减弱，院内形成较大涡流，使建筑周边形成大量的负压区，是所有布局形式中最不利于夏季和过渡季自然通风的建筑布局，只适合于冬季寒冷多风且夏季通风降温除湿的需求不大的地区。

7.6.2 住宅建筑单体形态的选择

1. 住宅建筑单体形态

按照建筑结构类型/平面形状特征，住宅建筑可分为板楼和塔楼两大类。板楼是指长度明显大于宽度的住宅，比较典型的板楼采用一梯两户设计，低层住宅一般以条状板楼为主，而高层住宅中板楼所占的比率也是最高的，如图 7-31（a）所示。塔楼是指外观像塔，长度与宽度大致相同的高层住宅，以共用楼梯、电梯为核心布置多套住房，高层塔楼的同层住户一般在 6 户以上，V 形、十字形、方形和蝶形等是比较常见的塔楼形式，如图 7-31（b）～（e）所示。

图 7-31　常见的住宅建筑形式

（a）高层板楼住宅；（b）V 形塔楼住宅；（c）十字形塔楼住宅；

（d）方形塔楼住宅；（e）蝶形塔楼住宅

2. 开口位置与气流路线的关系

对于自然通风的建筑，当风吹向建筑物时，气流经入口进入室内的射流方向由入口外侧周围的旁侧的压力大小所决定，周围压力相等时，射流方向不变，按原方向前进，如图 7-32 和图 7-33 所示。当进气口偏向一边或偏上或偏下时，则其两旁或者上下的旁侧的压力不等，气流经入口后，射流向压力小的一边倾斜，如图 7-34 和图 7-35。

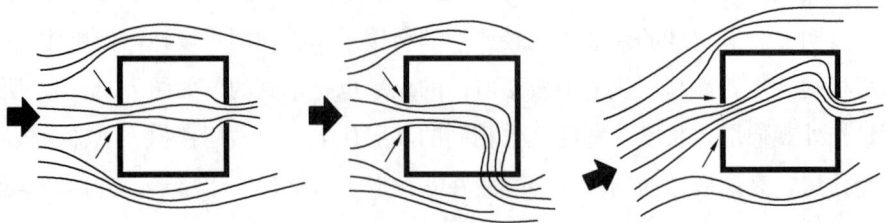

图 7-32　平面上进气口居中，旁侧的压力相等，气流的射流方向不变

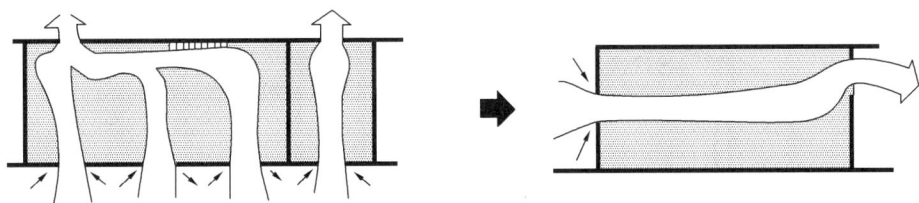

图 7-33　窗口均匀布置、剖面上窗口居中，射流方向不变

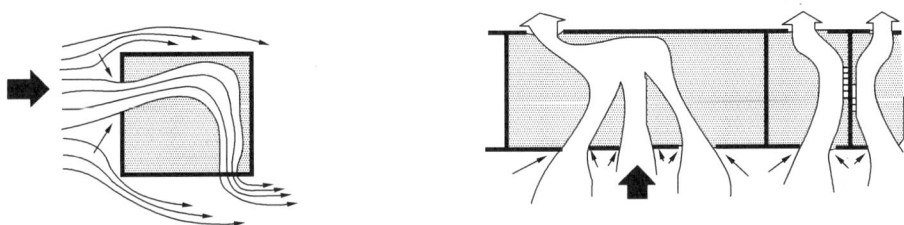

图 7-34　进气口偏一侧，射流偏向这一侧；窗口疏密不均，射流方向偏向密的一侧

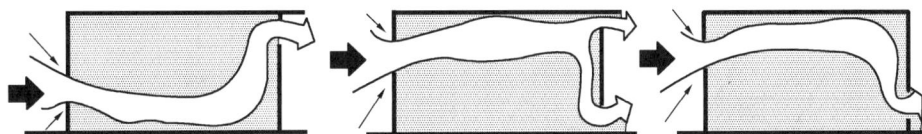

图 7-35　剖面上进气口偏下或偏上时，气流射流方向亦偏下或偏上

对于只有进气口、没有排气口的自然通风建筑，或者进气口和排气口位置与室外气流方向平行时，气流对室内空气扰动很小，如图 7-36 和图 7-37 所示。

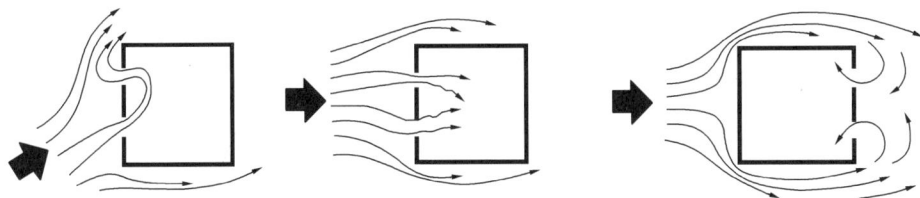

图 7-36　开口只在迎风面或背风面一侧，对室内空气只有一点扰动，不能换气

开口在两侧时，通风不利。但合理组织正负压区，如错综排列时，使一侧开口位于正压区内，另一侧开口位于负压区内，则可使气流穿过室内，形成自然通风路径，如图 7-38 所示。

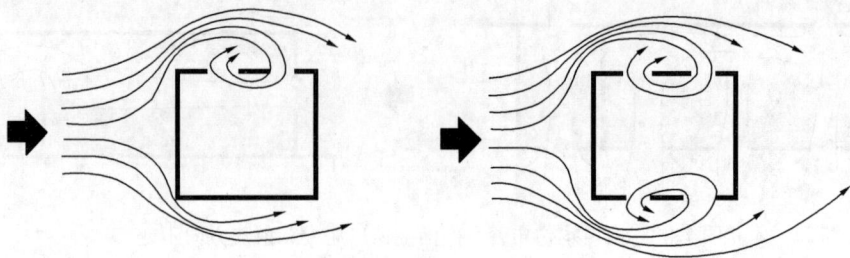

图 7-37　开口在侧面，两边压力相等，对室内空气只有一点扰动

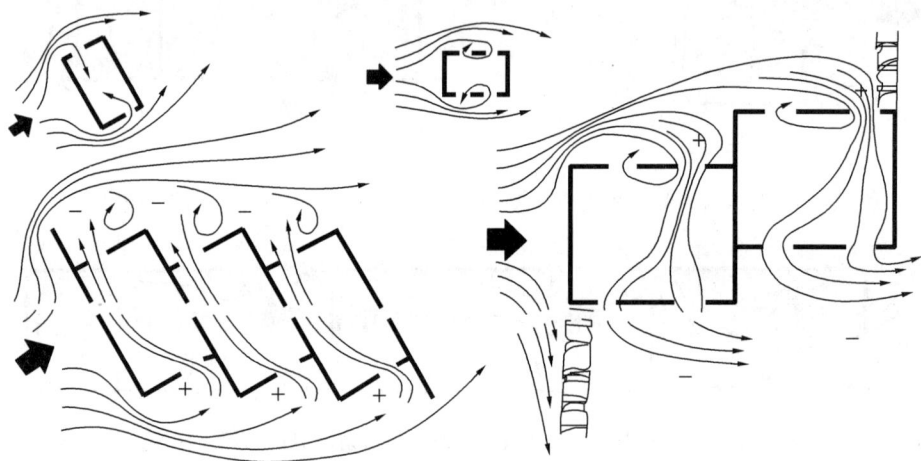

图 7-38　一侧开口在正压区，另一侧开口在负压区，气流穿过室内

3. 单体形态对建筑通风的影响

对于住宅建筑，板楼和塔楼各有优劣。板楼的面宽大，保证了良好的采光效果，南北通透的格局保证了良好的自然通风效果。塔楼的居住密度比板楼高，大多数户型为单侧开窗，采光和通风效果较差。但相对于板楼，塔楼具备建造成本低、抗震性能优秀、空间分割自由度高等优点，因此，也成为人口密集的超大城市、特大城市、大城市中常见的住宅类型。

建筑的平面布局直接影响建筑的内部构造、空间分割形式及通风开口位置，从而对建筑自然通风的效果产生十分直接的影响。本书选取我国常见的四种住宅建筑平面布局，即四梯板楼、V 形塔楼、十字形塔楼和方形塔楼，以北京地区气候条件为例，对不同平面布局的住宅建筑的自然通风效果进行分析，所选住宅建筑平面布局如图 7-39～图 7-42 所示，所选住宅形式建筑基本信息统计表如表 7-8 所示。

图 7-39 四梯板式住宅平面布局

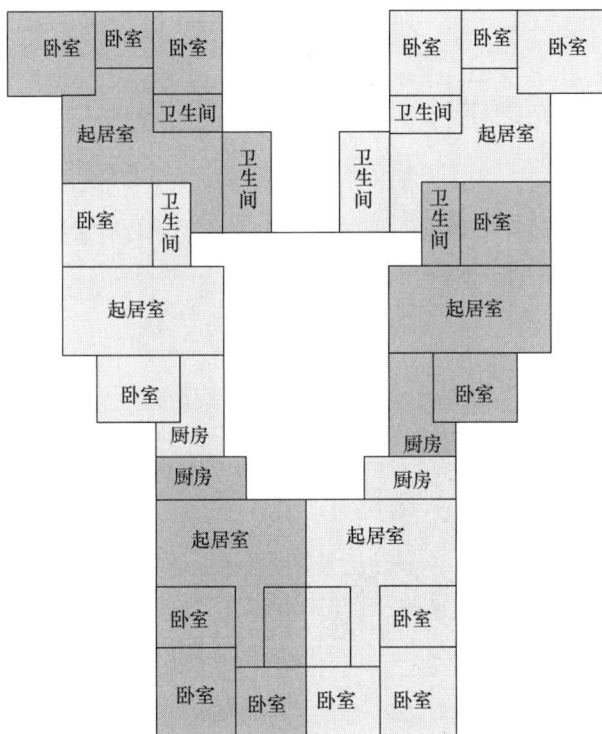

图 7-40 V 形塔楼住宅平面布局

所选住宅形式建筑基本信息统计表　　　　　　　　　　表 7-8

户型	四梯板楼	V 形塔楼	十字形塔楼	方形塔楼
户数/层（户）	8	6	8	8
建筑面积/层（m²）	1008	776	818	769
通风窗数量/层（个）	34	22	28	24
通风门数量/层（个）	24	16	20	16
层数（层）	18	18	18	18

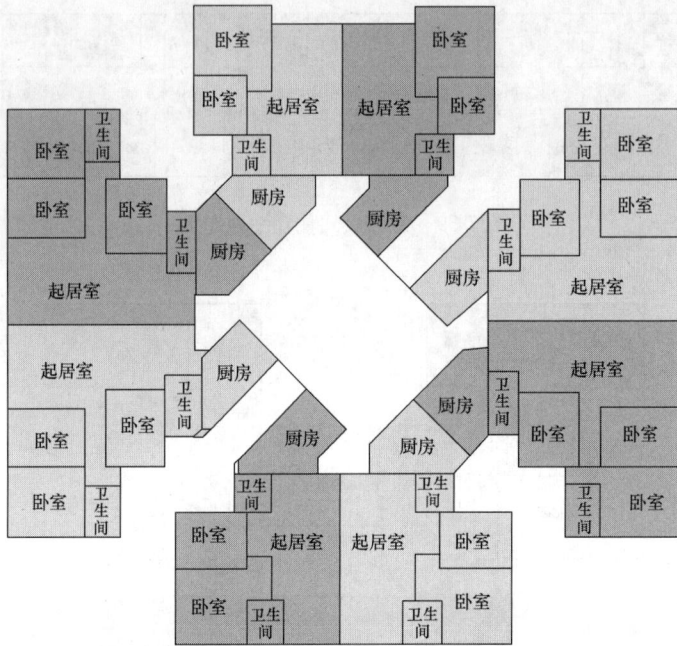

图 7-41　十字形塔楼住宅平面布局

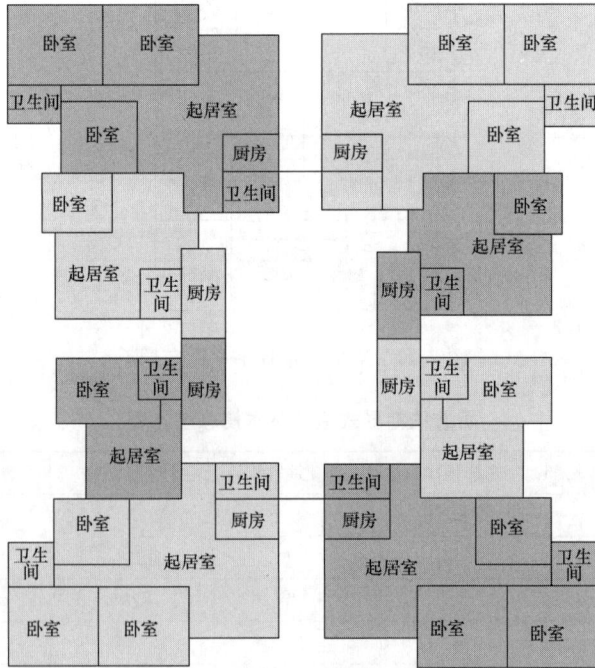

图 7-42　方形塔楼住宅平面布局

图 7-43 给出了上述板式住宅楼、V 形塔楼、十字形塔楼和方形塔楼四种平面布局的孤立建筑在 1m/s 气象风速下（1 级风）的自然通风平均换气次数。从中可以看出，同一气候条件、同一自然通风策略下，不同平面布局的住宅建筑的自然通风换气次数差异较大。板式住宅由于房间门窗对位设置，风道短直顺畅，减少了当风面，很好的组织了建筑的穿堂风，能够使气流畅通无阻的进入室内空间，保证了室内在夏季和过渡季节通风的畅通。塔式住宅建筑由于多为单侧通风，不能形成穿堂风，因此通风换气量相比南北通透的板式住宅要小很多。板式住宅的自然通风效果优于所有塔式住宅，而所有形式的塔式住宅建筑的平面布局均不利于建筑夏季及过渡季的自然通风。

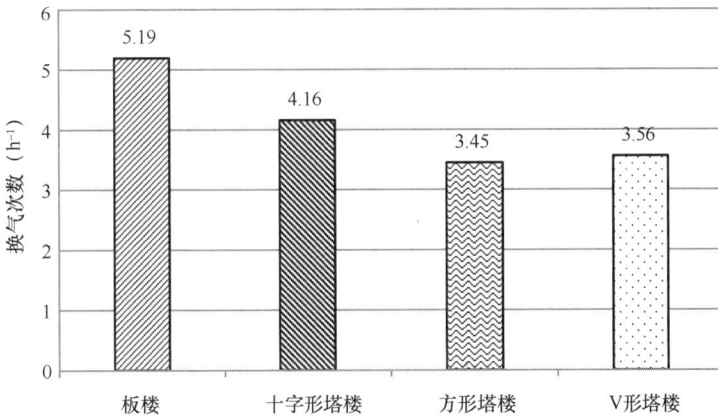

图 7-43　相同气候条件及自然通风策略下
不同平面布局的孤立建筑的自然通风换气量对比

4. 建筑密度对建筑通风的影响

建筑群体布局通过影响建筑周边的风环境，改变建筑表面的风压分布，进而影响建筑的自然通风效果。在其他条件相同的情况下，建筑布局越密集、前后建筑间距越小，越不利于建筑的自然通风，自然通风换气量越小。建筑周边布局的密集程度可采用建筑密度 *PAD* 来表征（图 7-44），根据《城市居住区规划设计标准》GB 50180—2018，高层住宅的建筑密度不得超

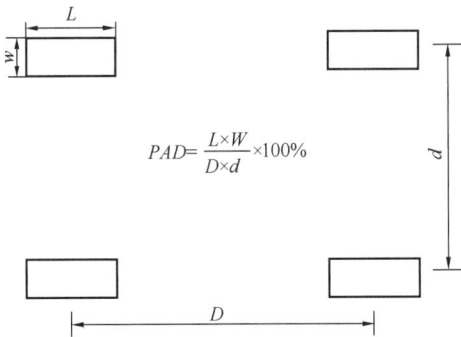

$$PAD = \frac{L \times W}{D \times d} \times 100\%$$

图 7-44　建筑密度 *PAD* 的定义

过 20%。

图 7-45 给出了孤立建筑及 5%、10%、15% 和 20% 四种建筑密度下板式住宅（平面布局如图 7-39 所示）在 1m/s 气象风速下（1 级风）的自然通风平均换气次数。可以看出，与通风换气最理想的孤立建筑相比，当建筑密度增大到 20% 时，也就是最密集的高层板式住宅的自然通风换气次数下降了 36%。

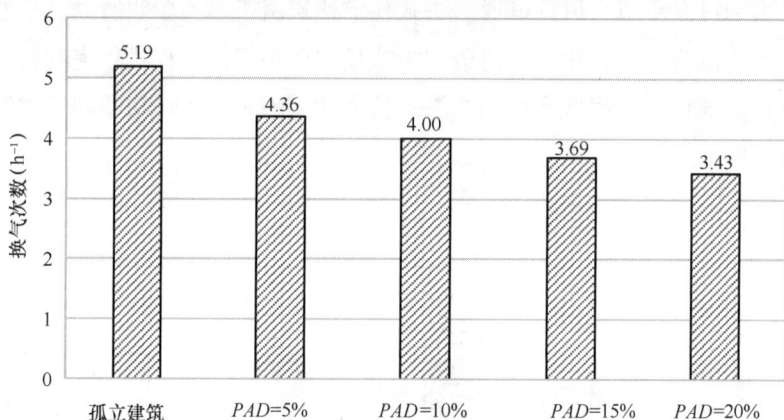

图 7-45　不同建筑密度下四梯板式住宅的自然通风换气量

图 7-46 所示为位于北京的两个建筑密度不同的住宅小区，其中图 7-46（a）所示为建筑布局相对稀疏的住宅小区，图 7-46（b）为建筑密度较为密集的住宅小区。在相同的自然通风策略下，b 住宅小区的住宅的年均自然通风换气量将比 a 住宅小区少 21%，即 b 住宅小区的住宅的新风量仅为 a 住宅小区的 79%。

(a)　　　　　　　　　　　　　　　　(b)

图 7-46　北京地区两个不同密度的住宅小区

（a）建筑密度为 5% 的住宅小区；（b）建筑密度为 20% 的住宅小区

对于塔式住宅建筑，大多数户型为单侧开窗，不能形成穿堂风，因此，通风换气效果相较板式住宅要差。图 7-47 给出了孤立建筑及 5％、10％、15％和 20％四种建筑密度下 V 形塔楼住宅（平面布局如图 7-40 所示）在 1m/s 气象风速下（1 级风）的自然通风平均换气次数。可以看出，与通风换气最理想的孤立建筑相比，当建筑密度增大到 20％时，也就是最密集的 V 形塔楼住宅的自然通风换气次数下降了 28％。

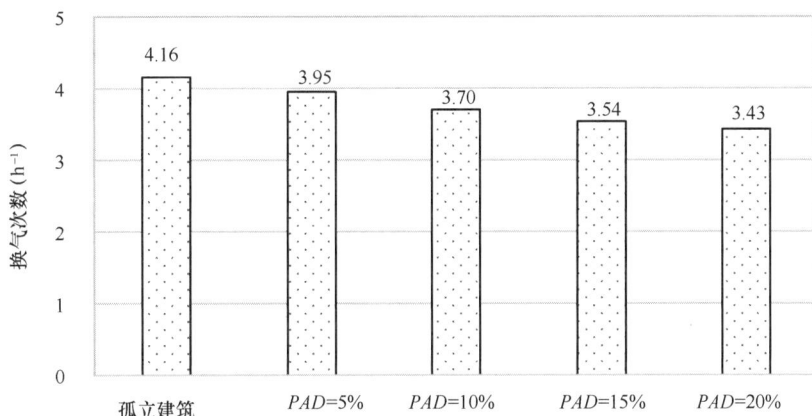

图 7-47　不同建筑密度下 V 形塔楼住宅的自然通风换气量

图 7-48 给出了孤立建筑及 5％、10％、15％和 20％四种建筑密度下十字形塔楼住宅（平面布局如图 7-41 所示）在 1m/s 气象风速下（1 级风）的自然通风平均换气次数。可以看出，与通风换气最理想的孤立建筑相比，当建筑密度增大到 20％时，也就是最密集的十字形塔楼住宅的自然通风换气次数下降了 17％。

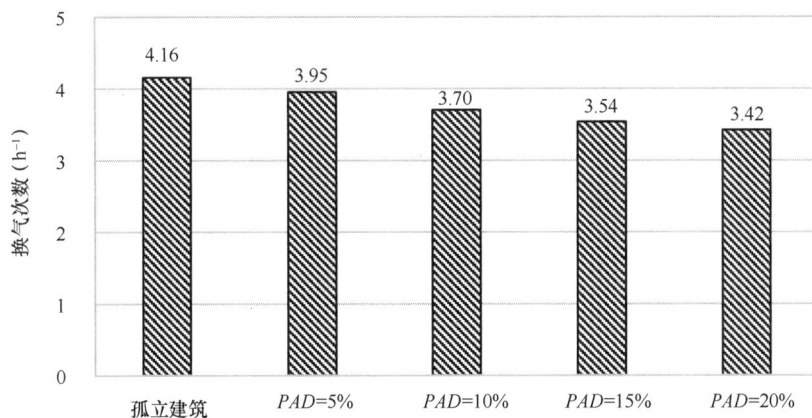

图 7-48　不同建筑密度下十字形塔楼住宅的自然通风换气量

图 7-49 给出了孤立建筑及 5％、10％、15％和 20％四种建筑密度下方形塔楼

住宅（平面布局如图 7-42 所示）在 1m/s 气象风速下（1 级风）的自然通风平均换气次数。可以看出，与通风换气最理想的孤立建筑相比，当建筑密度增大到 20％时，也就是最密集的方形塔楼住宅的自然通风换气次数下降了 22％。

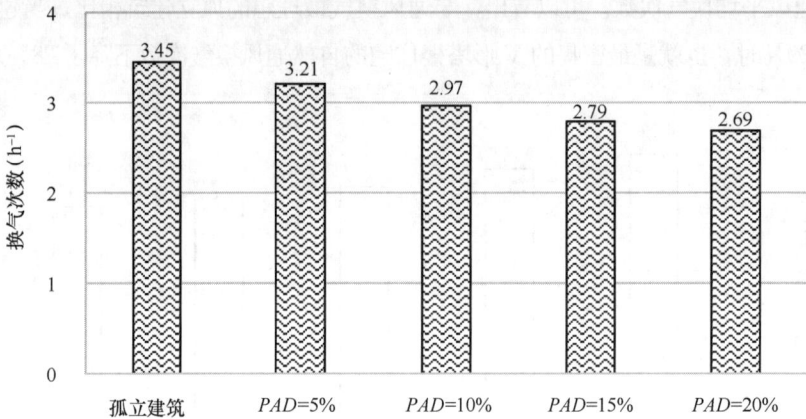

图 7-49　不同建筑密度下方形塔楼住宅的自然通风换气量

图 7-50 给出了不同建筑密度下上述板式住宅楼、十字形塔楼、方形塔楼和 V 形塔楼住宅在 1m/s 气象风速下（1 级风）的自然通风平均换气次数对比。从中可以看到，同一气候条件、同一自然通风策略下，不同平面布局的住宅建筑的自然通风换气次数差异较大。所有形式的塔式住宅建筑的平面布局均不利于建筑夏季及过渡季的自然通风，即使建筑布局密度非常稀疏的塔式住宅的自然通风换气效果，也

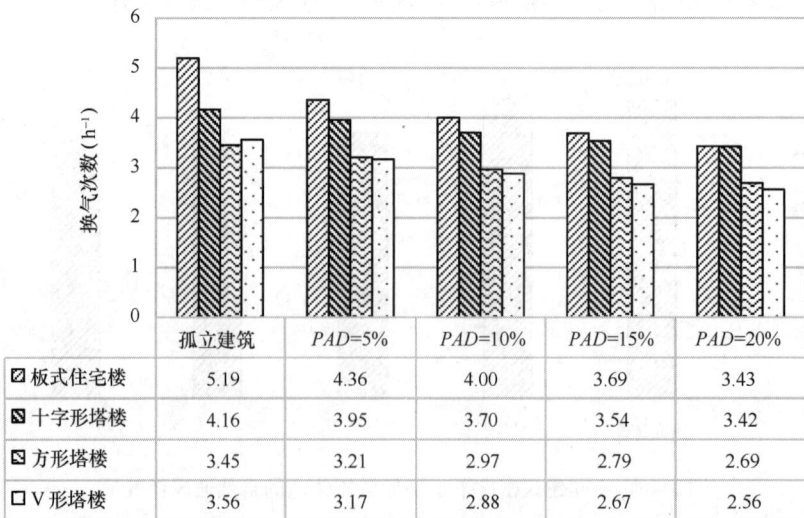

	孤立建筑	PAD=5%	PAD=10%	PAD=15%	PAD=20%
板式住宅楼	5.19	4.36	4.00	3.69	3.43
十字形塔楼	4.16	3.95	3.70	3.54	3.42
方形塔楼	3.45	3.21	2.97	2.79	2.69
V 形塔楼	3.56	3.17	2.88	2.67	2.56

图 7-50　不同建筑密度下板式住宅楼和 V 形塔楼的自然通风换气量对比

不定会优于布局比较密集的板式住宅。

综上所述，为了提高住宅建筑自然通风的效果，板式建筑是有利于夏季和过渡季自然通风的首选；而在冬季室外温度下降时，则可通过减少门窗的开启或将通透的厅堂封上门窗，阻挡冷空气的渗入和流通，增加建筑依据室外气候特点而应变的能力。

7.6.3 住宅建筑通风方式的选择

住宅建筑通风方式关系住户的健康与舒适以及建筑能耗水平，承担非常重要的作用。当室外温湿度适宜时，通风换气可以有效排除室内产生的余热、余湿，从而可以减少空调开启的时间，降低空调能耗。然而，当室外高温高湿或寒冷时，通风会造成室内热湿负荷或冷负荷，导致空调能耗增大。与此同时，通风也是通过引入室外空气，排除室内各类污染从而维持良好室内空气质量的重要手段。但是，当室外出现严重污染时，通风换气会引入更多室外可吸入颗粒进入室内。因此，需要采用合适的通风技术来营造良好的室内环境（包括热湿环境和健康需求），并在满足环境需求的同时尽量的降低建筑能耗。

通过有效的技术手段，可以满足对于通风技术的三重要求：（1）在需要通风换气时，可以实现较大的通风换气量；（2）在不希望通风换气时，可以实现很好的气密性；需要适当通风量时，可以通过调节实现希望的通风换气量；（3）能够对室内空气进行净化，如图7-51所示。下面我们将从实现通风的目的出发，依次分析六种通风技术的效果和适宜性。

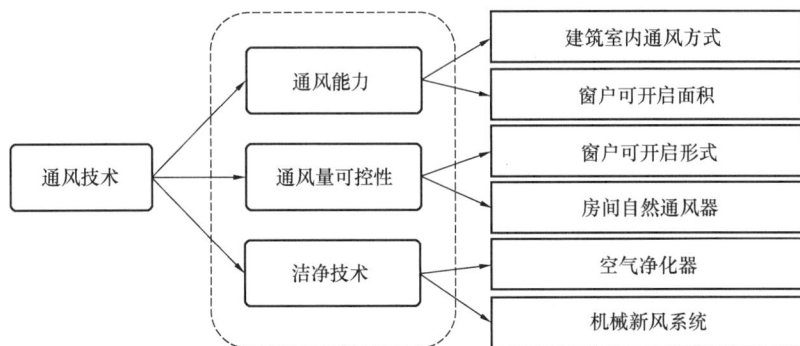

图 7-51　通风技术的三重要求

1. 建筑室内通风方式

建筑自然通风的效果与建筑的形态特征、平面布局、门窗位置等都有很大关系。设计的好可以加强通风，反之则会对自然通风造成阻碍。

在建筑体型的选择上，板式住宅南北通透的户型有利于形成穿堂风，可以迅速带走室内热量；而塔式住宅的户型往往只有单侧开窗，通风效果相对较差。对于塔式住宅，可以考虑通过增加建筑外轮廓的凹凸，创造不同朝向开窗的可能性，从而优化室内通风和气流组织。

在平面布局方面，隔墙的布置应顺应空气流动方向，保证通风路径通畅，避免遮挡，以保证通风效果。对于平面布局复杂的户型，可以考虑采取矮墙、镂空隔断等方式，如图 7-52 所示，最大限度减少对通风气流的影响。

图 7-52　矮墙隔断与镂空隔断
(a) 矮墙隔断；(b) 镂空隔断

在门窗位置的选择上，应当根据房间功能和主导风向进行选择，门窗开口尽量迎着主导风向，使得室外空气可以顺畅地通过门窗开口进入室内，流经各房间后排出。

此外，还可以考虑利用高耸空间的拔风效应，在建筑屋顶和通高部分（如楼梯间、中庭等）的上部设置出风口，使经过室内加热的空气从屋顶排出，带走热量。

综上所述，为营造良好的室内通风环境，在建筑体型上，应优先采用板式住宅；在室内平面布局方面，应最大限度地减少隔墙对通风气流的影响；在门窗位置的选择上，门窗开口尽量迎向主导风向；此外，还可以考虑在建筑屋顶和通高的部分的上部设置出风口。

2. 窗户可开启面积

建筑自然通风的风量与窗户可开启的面积有直接关系。假设风速为 0.2m/s，每小时经过 $1m^2$ 的开启面积的新风量为 $720m^3/h$。这个风量远远超过了目前市场上常见的家用新风机风量水平。

根据《住宅建筑规范》GB 50368—2005 的要求，每套住宅的通风开口面积不应小于地面面积的 5%。一般而言外窗的面积是足够大的，但为了获得良好的自然通风效果，就需要保证尽可能高的可开启比例。以使用面积 100m² 的住宅为例，其所需要的通风开口面积不得小于 5m²。假设该住宅的外墙面积为 50m²，窗墙比为 30%，可以算出其窗户面积为 15m²。即在利用窗户进行自然通风的情况下，至少要保证 1/3 的窗户面积可以 100% 打开。

综上可见，开窗通风是一种经济高效的建筑通风方式。在设计和建造住宅时，需按国家标准保证开窗面积，根据总窗面积合理安排窗户开启面积，以确保室内自然通风。

3. 窗户的开启形式

常见的窗户开启形式有平开窗、推拉窗、上悬窗、下悬窗，如图 7-53 所示，随着技术的发展，近几年又出现了下悬平开窗等复合开启方式窗户。窗户的开启方式对自然通风主要有 3 个方面的影响，即可开启面积、可调节性以及通风感受（是否有吹风感）。

在可开启面积方面，平开窗可以实现完全开启，其可开启的面积比例几乎 100%；推拉窗通常最多只能开启一半，可开启面积比例约 50%；悬窗的可开启比例最低，通常只有 30% 左右。在其他条件一样的前提下，开启面积越大，通风量越大，通风效果越好。

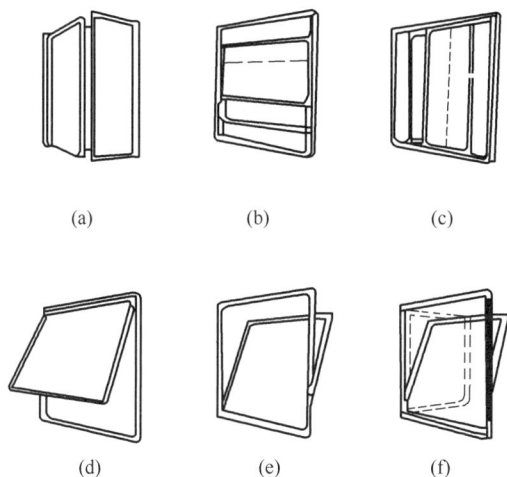

图 7-53　常见的窗户开启方式
(a) 平开窗；(b) 上下推拉窗；(c) 左右推拉窗；
(d) 上悬窗；(e) 下悬窗；(f) 下悬开平窗

在可调节性方面，平开窗、推拉窗都可以根据需要选择开启程度，从而灵活控制风量；而悬窗的开窗角度通常是预设的，无法根据需要灵活调节。

在通风感受方面，室外空气通过平开窗、推拉窗进入室内都会造成直吹，会产生明显的吹风感；而通过悬窗的风由于进入室内时存在一定角度，因而不会造成明显的吹风感，主观感受更舒适。

此外，窗户开启方式的选择还要考虑安全性和气密性。在高层建筑中，由于考虑高处坠物的危险性，应避免使用平开窗。在气密性要求较高的建筑中，推拉窗由于很难做到高气密性，也应当慎用。

综上可见，不同开窗方式均有其优势与劣势，需要根据具体情况酌情选择。对于住宅建筑，为获得更好的通风效果，可以首选平开窗或推拉窗；但为了安全性考虑，高层建筑应避免使用平开窗；对于气密性要求较高的住宅建筑，应慎用推拉窗。

4. 房间自然通风器

自然通风器是根据自然环境造成的局部气压差和气体的扩散原理而产生空气交换的一种换气方式。由于本身无需机械动力驱动，完全依靠自然通风来完成室内外的通风换气，因此，具有节约能源的优点。

自然通风器在通风时因无须打开窗户，其通风时间可以不受时间、季节的限制，能够防止雨雪、昆虫、噪声、砂粒等进入室内，即使在室内无人、睡眠情况下均可放心使用，不会有盗贼、穿堂风侵入，因此，保证了门窗使用的安全。

自然通风器的换气效果主要取决于以下 3 个因素：（1）室内外温差的大小：室内外空气的温度差造成室内外的局部气压差，促使空气流动。（2）室外的自然风的大小：室外的自然风形成的风压造成室内外的局部气压差，促使空气的流动。（3）气温高低：空气气温较高时，气体分子较活跃，其分子扩散能力较强，促使室内外空气的相互扩散渗透。因此，自然通风器主要适用于室内外温差较大的地区或季节，或风力资源较丰富的地区。

自然通风器的类型可以分为窗式自然通风器和屋顶自然通风器。其中屋顶自然通风器是安装在建筑屋顶的通风换气设备，适用于工业厂房、库房和民用建筑高大空间等场所；而窗式自然通风器则是适用于住宅建筑的自然通风器。

窗式自然通风器是安装在门窗或幕墙上，利用室内外气压差实现自然通风的装置，其作用是替代传统的开窗通风方式实现室内外通风换气，且适用于高层密闭性建筑。图 7-54 为吸声式自然通风器外形及结构示意图（水平式），图 7-55 为垂直式窗式自然通风器外形及结构示意图。

综上可见，窗式自然通风器适用于住宅建筑，且主要适用于室内外温差较大的地区或季节，或风力资源较为丰富的地区，同时也适用于密闭性且有通风需求的高层建筑。

5. 空气净化器

空气净化器是指能够吸附、分解或转化各种空气污染物，对室内空气进行循环净化的装置，其原理如图 7-56 所示。

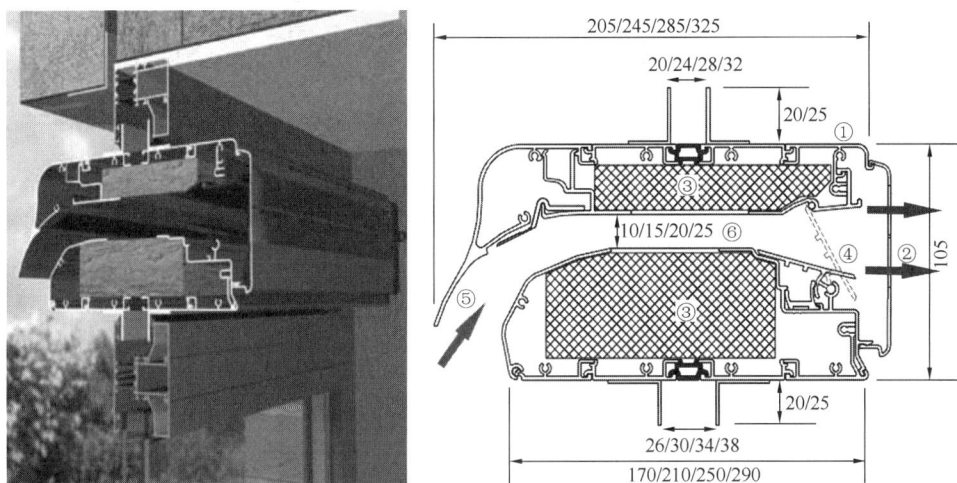

①吸声通风器外框；②可拆卸的内部送风口；③吸声部件；

④内部风量控制阀；⑤室外进风口；⑥气流通道

图 7-54　吸声式窗式自然通风器外形及结构示意图（水平式）

①室内送风口；②靠近室内侧风量调节格栅；

③靠近室外侧风量调节格栅；④室外进风口；⑤气流通道

图 7-55　垂直式窗式自然通风器外形及结构示意图

市面上空气净化器有去除室内可吸入颗粒物和化学污染物两种类型。

去除可吸入颗粒物的净化器，主要有过滤型和静电型两种。过滤型空气净化器一般配备高效过滤网，通过拦截、惯性碰撞、扩散、沉降以及筛分等方式，有效去除固态、液态和生物颗粒物，是目前室内空气净化器市场的主流产品。静电型空气净化器是利用高压静电吸附的原理去除空气中的微粒污染物。但是某些静电型空气净化器由于设计不当，在工作过程中会产生臭氧等副产物，长时间开启可能造成臭氧超标。在使用空气净化器时，清洗和维护措施也简便有效：粗效过滤器定期清洗，而中效或高效滤芯定期更换即可。这些去

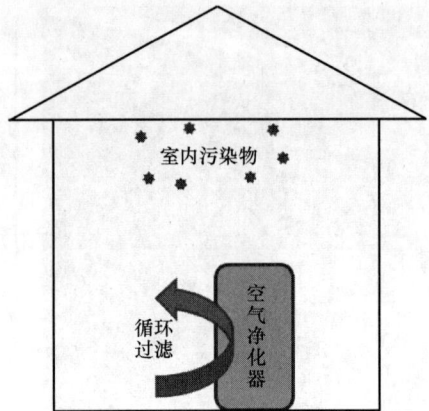

图 7-56   空气净化器原理

除可吸收颗粒物的净化器对可吸入颗粒物的净化效率可以达到 80%～95%。实际上我们并不一定追求它的灰尘捕捉效率，而是追求它所提供的"洁净空气量"。室内的空气净化效果便是由净化器所提供的洁净空气量决定，而洁净空气量是循环风量与过滤效率的乘积。

去除室内化学污染物的空气净化器，可分为物理吸附和催化氧化两种类型。物理吸附原理的空气净化器，是将 VOC 等化学污染物吸附在活性炭等材料中，但是对于活性炭，必须定期再生还原，否则吸附的性能将逐渐消失。催化氧化原理的空气净化器，通常采用钛纳米等材料的光催化技术，把进入空气净化器的 VOC 等有害气体转化为 CO_2 和水。实验表明，目前的光催化技术虽然可以有效消除 VOC，但其反应生成物中很可能有毒性远高于 VOC 的生成物，因此目前看来它不是解决 VOC 污染的有效途径。因此，依靠安装空气净化器去除室内化学污染物，目前看来尚不能完全满足要求。

综上可见，如果需要去除室内的物理污染物，安装空气净化器是一种有效的方式，而衡量空气净化器净化效率的关键指标是净化器的"洁净空气量"；如果需要排除室内的化学污染物，仅依靠安装空气净化器目前尚不能完全满足需求。

6. 机械新风系统

机械新风系统通过风机把室外空气送入室内，为房间提供新风量的通风系统。为了保证空气质量，机械新风系统一般具有过滤装置，用于净化新风。

目前家用机械新风系统可分为单向流新风系统和双向流新风系统，如图 7-57 和图 7-58 所示。单向流新风系统采用自然进风，强制排风；双向流新风系统，其进风

与排风均为强制形式，但是当强制排风与室内排气扇均开启时，会增加房间渗风。

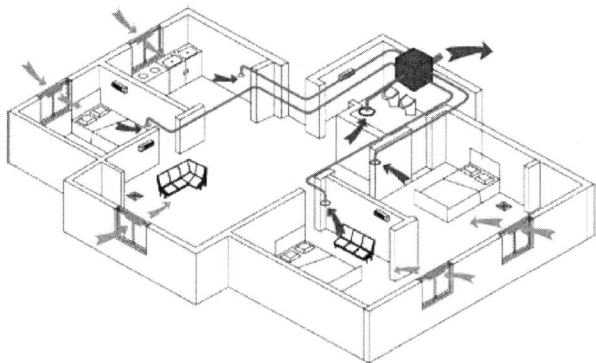

图 7-57 单向流新风系统原理示意图

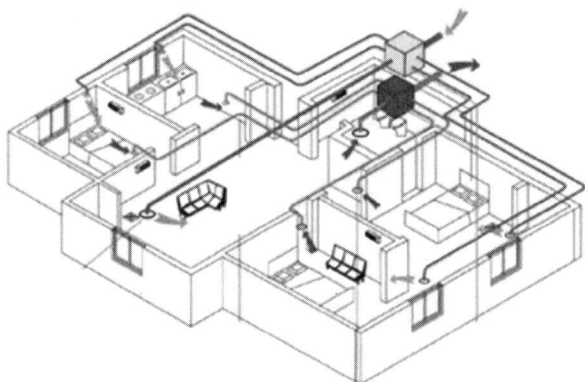

图 7-58 双向流新风系统原理示意图

双向流新风系统可以加装热回收装置，其目的在于节能，但是实际上居住建筑并不总是希望回收排风中的热量或冷量，只有当室外温度高于室内温度和室外温度显著低于室内温度时，通过换热回收排风的冷量或热量才有意义。此外还应防止在热回收环节，排风与新风之间出现渗漏，造成二次污染的问题。

机械新风系统在实际使用过程中，同样存在其缺点与问题。

出于噪声、建筑空间的利用和造价的考虑，新风系统的风量都不会太大。机械新风系统的风量一般按照房间要求的最小新风量考虑，所提供的室外空气量仅为 $0.5\sim1h^{-1}$，因此一般是全年连续运行。在这个范围内，调节室内外通风换气量的意义已经不大。

同时，机械新风系统仍无法避免从外窗缝隙渗入室外空气，这些空气同样可携带室外污染物进入房间,而机械新风系统无法处理这部分污染物。因此,在室外空气质量差的情况下,机械新风系统难以有效净化室内空气,仍需要空气净化器来解决这一问题。

由于新风系统积灰快,故应该定期清洗更换滤网,防止滤网成为二次污染源,确保新风系统可有效过滤。

综上可见,机械新风系统一般有过滤装置,可以为房间提供洁净新风。但它存在风量较小的问题,因而无法充分利用室外新风对房间进行冷却,所以其在住宅建筑中的应用存在一定的局限,今后仍需要在风量、噪声和维护等方面进一步改进。

7.7 城镇住宅空调室外机风路短路问题分析

在实际运行中,影响空调器运行能效和耗电量的两个主要外界因素是室内外工况,即室内外机的进风量与进风的干湿球温度。其中,室内温度和风量的设定取决于用户的舒适需求,在行为节能理念的指导下,制冷运行时,室内温度一般设定在26~28℃的温度区间内,属于可控因素;而室外机工作环境温度则主要取决于室外环境的气象条件和室外机的安装方式。在实际使用中,即使室外环境的气象条件完全相同,空调器也难以达到实验室条件下的测试性能。

此前,由于空调器不是建筑的必备设施,故在住宅设计时未考虑空调器室外机的安装位置问题。因此,在这类建筑中加装空调器时,一般都是在外墙上安装三角支架设置室外机,如图7-59所示。对于中低层的一般建筑,由于三角支架安装平台灵活便捷,故成为室外机安装平台的主要形式,这种安装方式的排风回流问题并不突出。而当前的住宅多为高层建筑,且多为外墙保温结构,故三角支架安装方式已不适用于高层建筑大量空调室外机的设置。目前在住宅设计中,建筑师为了保证建筑的美观,同时节省室外机占用空间,常会将空调室外机设计安装于凹槽中,并再设计百叶进行遮挡,如图7-60所示。此外,现有住宅建筑室外机安装平台还存在一些其他问题,主要为室外机摆放位置的不合理及周围物体的遮挡,甚至室外机过于密集的集中摆放,如图7-61所示。室外机安装不合理会导致单台室外机以及各室外机之间的排风回流现象严重,导致进风温度偏离实际气象气温的现象普遍存在,对系统性能产生不利影响,大大降低了设备能效,造成了能源浪费。

可见,不合理的室外机安装平台或安装方式是导致空调器的实际运行性能下降的重要原因,因此也成为影响住宅建筑节能降耗的关键因素。如何合理布置室外机

图 7-59 住宅建筑空调室外机安装位置实景

图 7-60 住宅建筑空调室外机安装位置实景

图 7-61 住宅建筑空调室外机安装位置实景

和优化其周围热环境是个值得深入探讨的问题。

7.7.1 住宅建筑空调室外机安装平台类型

当前，我国住宅建筑中采用的室外机安装方式很多，但根据其安装平台的特点进行分类，可以看出住宅建筑空调室外机安装平台主要有三角支架平台、百叶窗平台、带围栏的外墙挑出平台（简称：外墙挑出平台）、空调罩平台 4 大类。

图 7-62 给出了对我国 15 个省的主要城市 2232 个商品房楼盘（其中既有项目 2107 个，待建项目 125 个）室外机安装平台在样本中的分布数。

从中可以看到，百叶窗平台在既有项目中已经广泛采用，也是待建项目主要选择的安装平台形式，为主流的安装平台类型，占样本总量的 63%。外墙挑出平台在既有项目中的使用量仅次于百叶窗平台，占样本总量的 22%。空调罩平台主要是外立面美观改造工程中主要采用的平台类型，占样本总量的 6%。需要指出的是："其他"指的是调研样本中未统一规划空调机位的楼盘。从调研结果来看，已有项目和待建项目中绝大部分都统一设置了室外机安装平台，统一规划设置安装平台是一个趋势。另外，虽然三角支架平台在既有建筑中不多，待建项目中也不会采用，但在老旧建筑中仍是主要的安装形式，占样本总量的 2%。

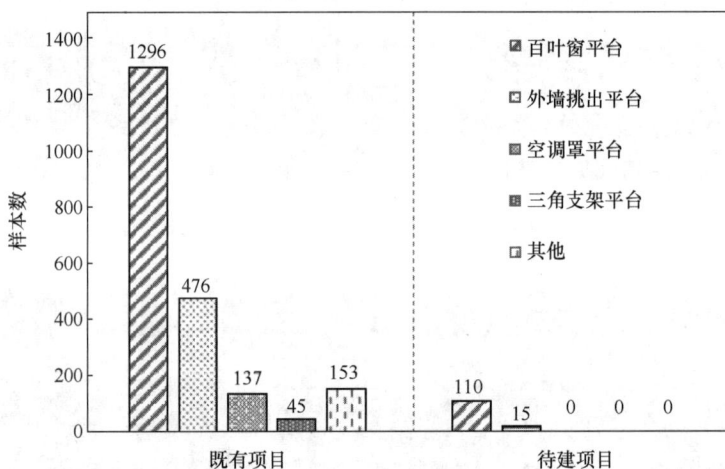

图 7-62　室外机安装平台在样本中的分布数

1. 百叶窗平台

百叶窗平台是目前乃至今后空调室外机安装平台的主要形式。近年来，我国房地产开发商已逐渐在住宅开发阶段考虑室外机的安装问题，在建筑平面中预留室外机的安装位置。目前的工程做法也较多，如在两户阳台的中间位置设置空调器安装空间，并采用格栅对室外机进行遮挡以保证外立面的美观，如图 7-63 所示。百叶窗平台的室外机平台存在比较严重的室外机排热问题。

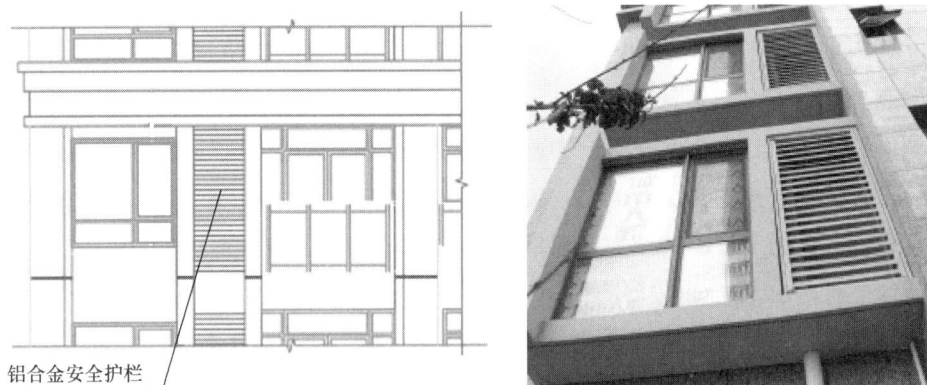

图 7-63 百叶窗平台示意图

2. 外墙挑出平台

外墙挑出平台是一系列上下整齐排列、与建筑外墙面垂直的用于放置空调器室外机的支撑平台。外墙挑出平台目前的应用也较多，一般设置在建筑的背面、转角处、天井等人们不易看到的位置，为了防止室外机坠落，一般在平台外设置有金属围栏，在一定程度上保证了建筑立面的美观性，但这种方法的主要缺点是在安装过程中仍然具有一定的危险性，而且容易影响室外机的运行热环境。采用外墙挑出平台时，局部室外空气温度存在较大垂直温度梯度，上层空调器室外机进风温度显著高于低层室外机进风温度。另外，随着房地产开发商的产品品质提升不断推进，考虑安装的便利性，外墙挑出平台逐渐和阳台结合在一起，成为阳台的一部分，这是外墙挑出平台未来的主流做法，图 7-64 给出了外墙挑出平台示意图。

图 7-64 外墙挑出平台示意图

3. 空调罩平台

近年来，出于对建筑外墙美观性的考虑，一些室外机安装后会采用空调罩平台包围遮挡。室外机长年悬挂在室外，经受日晒雨淋，极易生锈和被灰尘堵塞，影响空调的正常使用。空调罩平台一方面起到了保护空调器室外机的作用，另一方面遮挡住了空调室外机的正面及侧面，美化了住宅区的外观。

目前，市面上可见的空调外机罩形式多样，没有制造标准，多采用多孔板或铁艺花纹栏杆的形式，如图 7-65 所示，实现对室外机正面的遮挡和装饰。从实际应用上看，空调罩平台在空调器的安装、维修中，与三角支架平台类似，同样存在有很大的安全风险。因此，这种方式仅适宜改造工程，它对空调器运行性能的影响程度还有待进一步研究。

图 7-65　孔板型和百叶型空调罩平台示意图

4. 三角支架平台

三角支架平台在既有住宅建筑中广泛采用，多出现于使用年限较长的老旧住宅外墙，三角支架平台示意图如图 7-66 所示。将空调器产品自带的三角支架固定于外墙上，用螺栓组件将室外机固定于支架上。这种平台安装简单方便，无需设计，随时随地均可安装，因此应用广泛。但是，随着住宅楼层不断增加，在高层住宅中采用这种安装平台存在坠落等安全隐患和破坏建筑美观性等问题，因此，在新建建筑中的使用量逐渐减少。

7.7.2　安装平台对空调性能的影响

室外换热器的换热能力主要受进风量和进风温度的影响，对于室外机安装平台

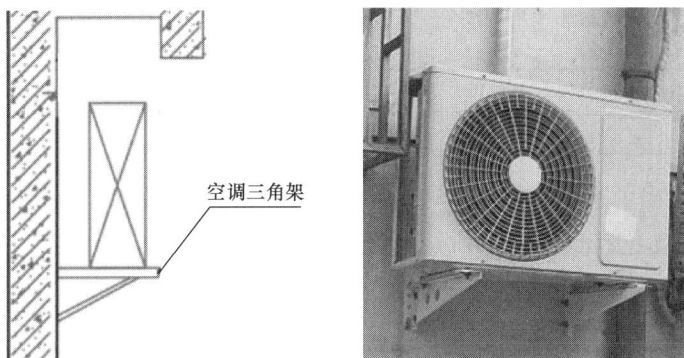

图 7-66 三角支架平台示意图

中的室外机，其进风温度受排风的影响。

当室外换热器有散热负荷时，排风回流将导致换热器进风温度高于环境温度。以 1.5hp 室外机为例，采用 CFD 模拟方法对几种典型安装平台对空调器的运行性能的影响进行研究，各安装平台特征参数设置和特征尺寸如表 7-9 及图 7-67 所示。

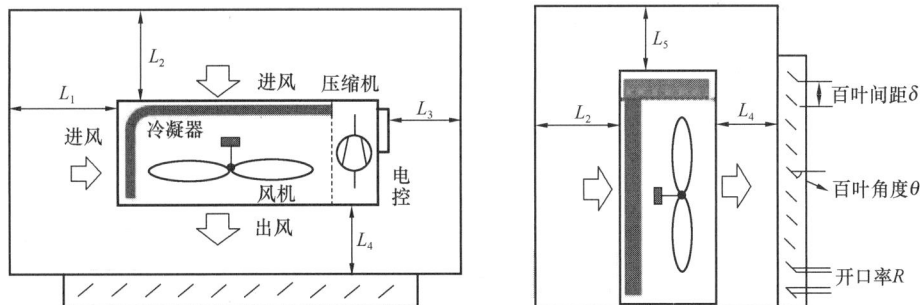

图 7-67 安装平台的特征尺寸

安装平台特征参数统计 表 7-9

安装平台类型	距离尺寸（mm）					百叶窗参数		
	L_1	L_2	L_3	L_4	L_5	开口率 R	距离 δ	角度 θ
三角支架	—	150	—	—	—	—	—	—
外墙跳出	100	100	100	100	—	0.3	—	—
空调罩	100	100	100	100	—	0.3	—	—

续表

安装平台类型	距离尺寸（mm）					百叶窗参数		
	L_1	L_2	L_3	L_4	L_5	开口率 R	距离 δ	角度 θ
常规百叶窗	100	100	100	150	50	0.3	20mm	45°
优化百叶窗	200	200	200	100	100	0.5	50mm	30°

图 7-68 给出了不同散热负荷时，三角支架平台、外墙挑出平台、空调罩平台、常规百叶窗与优化百叶窗平台中换热器的平均进风温升情况。可以看出，常规百叶窗平台不仅导致室外机风量衰减，而且在风量衰减基础上还出现了排风回流，使其相对于室外温度出现了 3～5℃ 的平均进风温升 Δt，而其他三类平台的 Δt 分布在 0.5～2℃，以三角支架平台最小。优化百叶窗平台的平均 Δt 在 1.5～2℃ 之间，基本与外墙挑出平台持平。

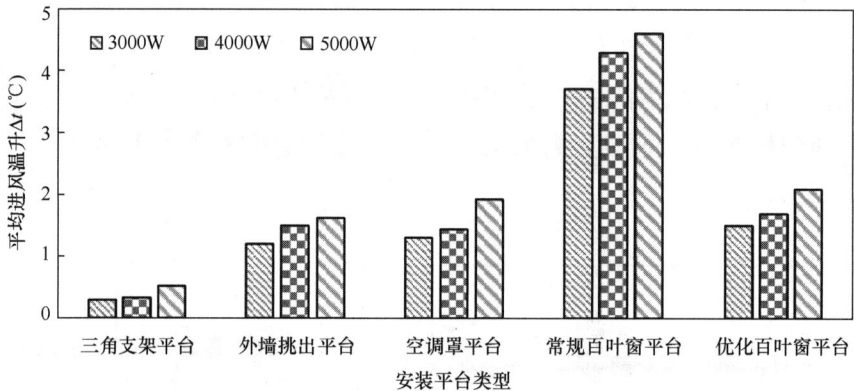

图 7-68　不同排热量时室外换热器的平均进风温升

进入室外机的空气温度越高，为达到同样的制冷效果，压缩机会做更多的功；而压缩机做功越多，室外机向外释放的热量就越多，从而导致室外机附近的空气温度变高，形成恶性循环，空调效率将大大降低。当室外机进风温度上升 1℃ 时，空调能效比 COP 下降 3%。当进风温度超过 43～46℃ 时，可能引发压缩机的安全保护，造成空调设备运行中断。

7.7.3　室外机安装平台优化措施

对一般的分体式空调器室外机，其周围的遮挡物主要是前面的格栅或百叶、后墙及侧墙。这些遮挡物都会导致空调室外机排出的热风会有一部分短路回流到室外机的进风中，会导致空调室外机冷却能力的下降，从而导致机组性能下降。定义这部分热风返回量占室外机总进风的比率为热风返混率，可以用于评估对机组性能的变化情况，即热风返混率越高机组制冷性能下降越大，热风返混率越低机组的运行性能越优。

1. 室外机与遮挡物的间距

这里考虑室外机在安装平台水平方向上的遮挡情况对机组性能的影响，即侧墙、后墙和前挡风百叶，室外机回排风路径示意图如图 7-69 所示。

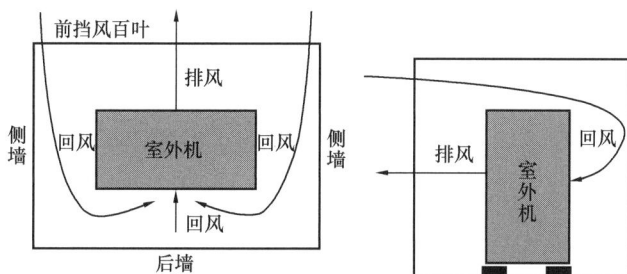

图 7-69　室外机回排风路径示意图

（1）后墙

以室外干球温度 35℃时，制冷量为 1hp、出风速度为 2.6m/s 的空调机组为例。从安装便利考虑，机组离后墙的距离不能太远，否则机组的回风就会受到后墙的影响，造成回风不畅。试验中只有后墙作为遮挡物，改变室外机与后墙间的距离，使其回风的空间逐渐增大。随着室外机与后墙的距离的增加，热风返混率有所降低，机组的性能有所改善，当室外机与后墙的距离为 10cm 时，

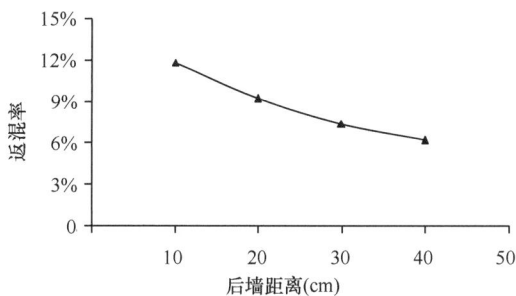

图 7-70　室外机与后墙的距离与
热风返混率的关系

热风返混率为 12％，室外机与后墙的距离与热风返混率的关系如图 7-70 所示；当距离增加到 40cm 时，此时热风返混率降为 6％，机组的运行性能有显著提高。

（2）侧墙

同样以室外干球温度 35℃时，制冷量为 1hp、出风速度为 2.6m/s 的空调机组为例。室外机与侧墙的距离从 10cm 增加到 40cm 时，室外机与侧墙的距离与热风返混率关系如图 7-71 所示。从图中可以看出，当室外机与侧墙的距离达到 40cm

时，机组的热风返混率已低于 5%，可认为机组的性能下降可以忽略，即已为最优
的安装距离。

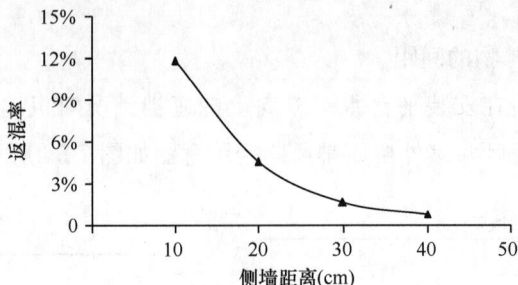

图 7-71 室外机与侧墙的距离与热风返混率关系

（3）百叶

从建筑物美观角度考虑，往往在室外机出风处增加百叶窗，百叶的阻挡会造成
出风的反射，使局部的环境温度升高，导致空调系统冷凝效果降低。同样以室外干
球温度 35℃时，制冷量为 1hp、出风速度为 2.6m/s 的空调机组为例。前百叶与室
外机的距离从 10cm 增加到 40cm 时，前百叶与出风口的距离与热风返混率关系如
图 7-72 所示。从图中可以看出，随着前百叶与室外机的距离的增加，机组的性能
有所改善，当前百叶与出风口距离达到 40cm 时，热风返混率约为 6%，显著优于
前百叶与出风口距离为 10cm 的情况。

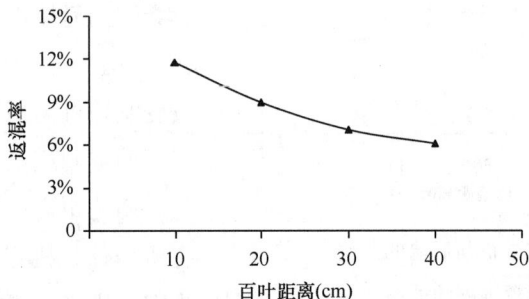

图 7-72 前百叶与出风口的距离与热风返混率关系

综上所述，为了满足空调的高效运行，主要改善方法及措施如下：安装室外机
与周围遮挡物的间距不小于 30cm；根据项目实际情况，在条件允许的情况下，建
议可将室外机位左右两侧围护面用开放式的百叶、镂空栏杆等装饰性通透构件来代
替实体墙，扩大凹槽内热量向外扩散的途径。

2. 百叶的开口率及倾角

（1）百叶的开口率

为了建筑物外观的要求，通常采用百叶将空调室外机的安装平台密封起来。然而，百叶透过率的大小将直接影响机组的通风与换热性能。随着开口率的逐渐增大，室外风机的风量先逐渐减小再逐渐增大，β 值从小变大再逐渐减小，而 α 值则逐渐减小，百叶开口率与风量衰减系数和返混率的关系如图 7-73 所示，换言之，当百叶窗完全封死（$R=0$）或接近封死状态（$R=0.1$，0.2）时，室外机风量衰减程度很小，但几乎所有的风量都回流至换热器进风口；当百叶窗开口率很大时（$R=1$，即拆除正面百叶窗）时，室外机风量接近风机额定风量，且排风短路风量也很小，这与在实验室内搭建安装平台的测量结果趋势一致，因而也说明采用上述模型能够描述安装平台结构参数对室外机实际风量的影响。为了满足该机组正常运行的要求，百叶的透过率应该不小于 0.7。

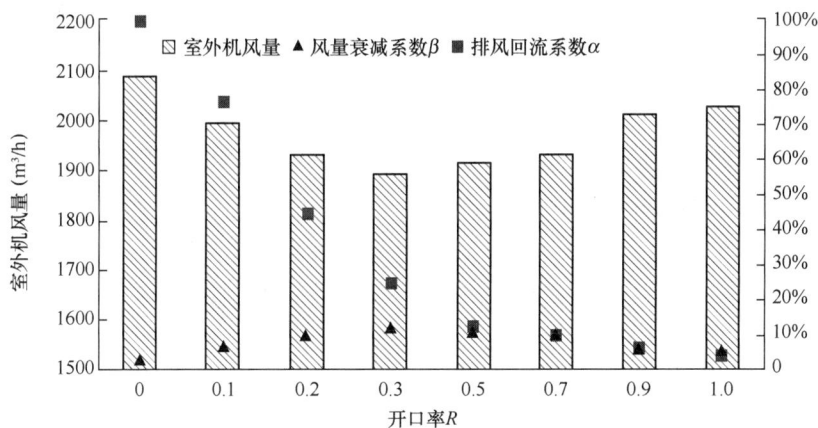

图 7-73　百叶开口率与风量衰减系数和返混率的关系

（2）百叶倾角

图 7-74 显示了当室外机周边间距与格栅间距相同时，在不同制冷工况下，格栅倾角 α 变化（$-60°\sim60°$）对空调器性能的影响趋势。

百叶格栅倾角 α 对性能的影响随 α 增大而变大，当百叶格栅水平布置时，即当 $\alpha=0°$ 时性能最佳；当 α 为 15°、30°、45°、60° 时，相比 $\alpha=0°$ 时的 EER 分别衰减约 5%、12%、28%、36%；而 α 为 $-15°$、$-30°$、$-45°$、$-60°$ 时，EER 分别衰减约 1%、8%、18%、27%。可见 α 越大，性能衰减越严重。当格栅倾角相同时，向上倾斜（正角度）比向下倾斜（负角度）对制冷性能的影响更大，格栅向上倾斜更容易导致室外机的排热回流，排风短路更严重、室外机进风温度更高。为了满足该机组正常运行的要求，如果必须设置百叶，则百叶角度最好为水平或略微向下倾斜，可以较好的起到导风的作用，可减少气流"短路"的情况。

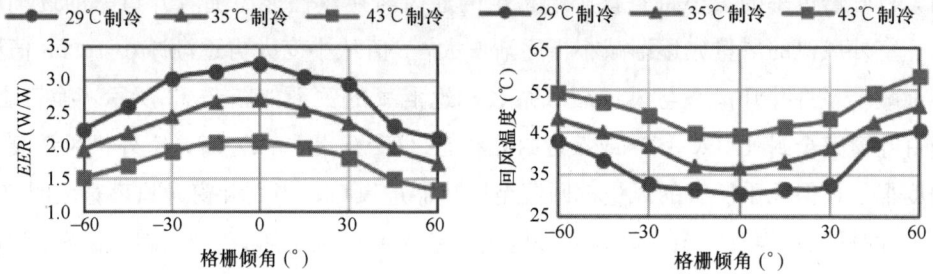

图 7-74　百叶倾角对空调器性能的影响

3. 格栅间距

图 7-75 给出了采用百叶窗凹槽安装时，格栅间距 h 和倾角 α 对空调器性能的联合影响结果。可以看出，百叶窗格栅向上倾斜时，随着百叶格栅间距的增大制冷量逐渐提高，达到最佳格栅间距值后，再继续增大间距会导致制冷量降低，当 $\alpha \geqslant$ 30°时，格栅的最佳间距为 150mm，$\alpha <$ 30°时性能最佳间距为 120mm。格栅向下倾斜时，要比百叶格栅向上倾斜时更为复杂，其中，在倾角 $\alpha > -30$°时，制冷量变化趋势几乎与向上倾斜规律一致，随间距的增大制冷量逐渐改善，达到最佳间距后继续增加制冷量反而会降低；而在倾角 $\alpha \leqslant -30$°的大倾角时，小间距 $h = 30$mm 时性能衰减较小，随着格栅间距的增大性能衰减变大（图中 $h = 30$mm 增大到 $h = 60$mm），到达最低值后制冷量的衰减减小，到达最大值后间距进一步增大时，制冷量反而减小。由此可见，百叶格栅间距存在最佳值，且与格栅倾斜方向与角度大小有关，$-15° \leqslant \alpha < 30$°时的最佳间距是 120mm，$-60° \leqslant \alpha < -15$°或 $\alpha \geqslant 30$°时的最

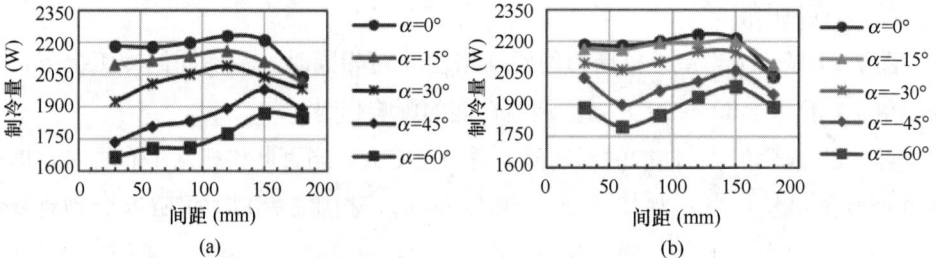

图 7-75　格栅间距对空调器性能的影响

（a）格栅向上倾斜；（b）格栅向下倾斜

佳间距为 150mm。

4. 空调室外机之间的影响

空调室外机释放的热量将使周围环境的空气温度上升，从而引起热量和空气的自然向上流动，造成上部楼层的外部环境空气温度升高，室外机回风温度升高。此外，空调室外机释放的热量还会被同层其他室外机吸走。因此，应充分重视上升的热量和空气流动现象，并且尽量减小其不利影响。

以层高为 3m、层数为 10 层的建筑为例，采用 CFD 模拟方法对空调机组容量分别为 1hp、1.5hp、2hp，对应室外机出风速度分别为 2.6m/s、3.2m/s、4.0m/s 时，室外为静风情况下的机组之间的相互影响进行研究。其中，室外机尺寸：长×宽×高＝900mm×750mm×300mm，室外平台尺寸：长×宽×高＝1500mm×1000mm×600mm，室外机与百叶、后墙、侧墙距离分别为 100mm、200mm、300mm。

（1）上下层空调室外机之间的影响

对于每层仅布置一台室外机的工况，位于各楼层的室外机的排风返混率与楼层的关系如图 7-76 所示。从图中可以看出，室外机的排风返混率随着楼层的增加不断增大，出风速度越大，下层室外机对上层室外机的影响越小。楼层每上升 1 层，室外机的排风返混率增加约 2%，即机组制冷性能下降约 2%。

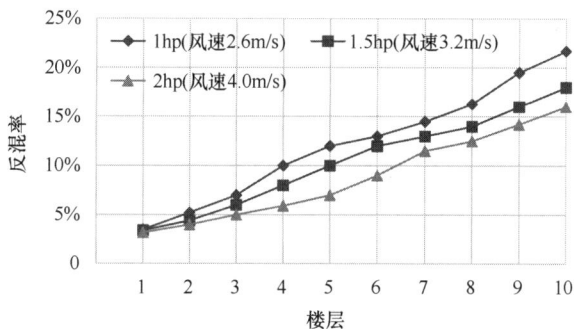

图 7-76　室外机的排风返混率与楼层的关系

（2）空调室外机水平间距的影响

室外机水平间距与排风返混率的关系如图 7-77 所示。可以看出，室外机之间的间距越大，同层室外机之间的相互影响越小，下层室外机对相邻上层室外机的影响也越小。可以看出，室外机之间的水平间距分别为 1m、2m、3m 和 5m 时，楼层每增加 1 层，机组的排风返混率分别增加约 1%～5%、1%～4%、1%～3.5% 和 0～3%；当室外机之间的水平间距大于 5m 时，机组之间的相互影响基本可以忽略。楼层每增加 5 层，机组的排风返混率分别增加约 10％～17％、10％～13％、8％～12％和 5％～10％；当室外机之间的水平间距大于 5m 时，机组之间的相互影响在 10％之内。

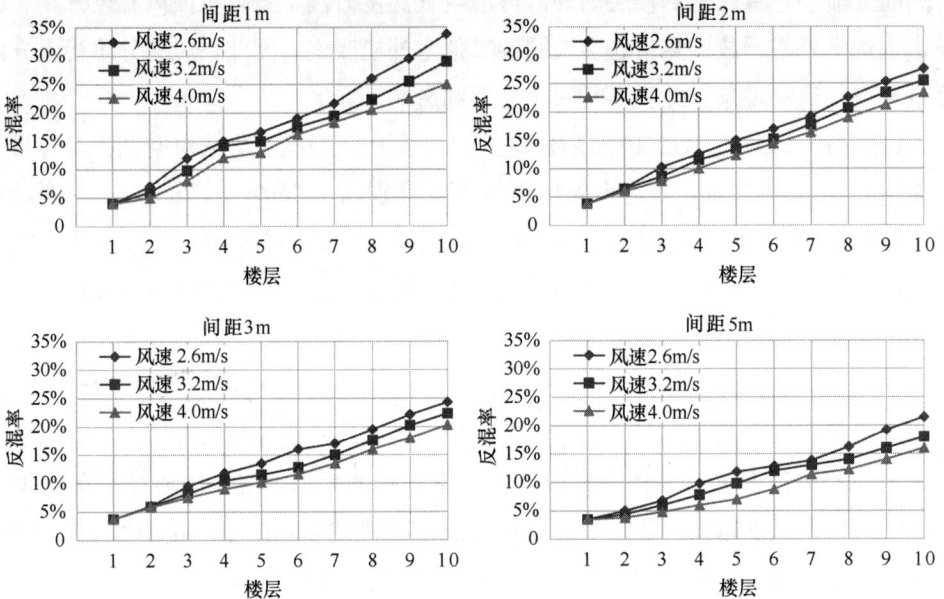

图 7-77   室外机水平间距与排风返混率的关系

综上所述，空调室外机释放的热量将使周围环境的空气温度上升，导致同层和上部楼层的空调室外机回风温度升高，从而使机组的制冷性能降低。因此，为了满足机组正常运行的要求，在条件允许的情况下，应尽量增大同楼层、同水平面上布置的室外机间距，或使不同楼层的室外机在垂直方向上交错布置，以保证机组周边有足够的空间，以利于空气的流通和热量的散发。

7.8   城镇住宅空气源热泵供热冷岛问题分析

7.8.1   空气源热泵供热对城市热岛效应的影响

城市热岛强度（Urban Heating Island，简称 UHI）是城市微气候的重要指标。城市热岛效应是因城市大量的人工发热、建筑物和道路等高蓄热体的增加及绿地减少等因素造成的城市"高温化"[44-48]。用空气源热泵进行冬季供热会影响城市热岛，因此有必要进行城市热岛强度研究。

1. 城市热岛强度的变化特征

研究表明，城市热岛强度具备显著的日间和季节性变化特征[49-53]。基于 2016～2020 年的自动站逐时小时气温观察资料，对我国 30 个典型城市的城市热岛强度的空间分布和变化特征进行分析[53]。综合分析结果表明，冬季有城市集中供暖系统的北方高人口密度城市区域的冬季热岛强度在 1.6～3.0℃之间，如图 7-78 所示，UHI 中位数为 2.3℃。冬季没有城市集中供暖系统的南方城市区域的冬季热岛在 0.9～1.8℃之间，UHI 中位数为 1.3℃[53]。

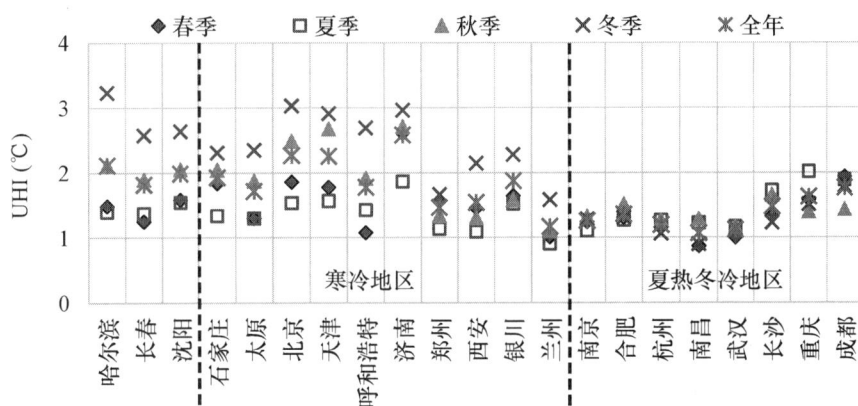

图 7-78　30 个典型城市的城市热岛强度季节性分布（2016～2020 年）

30 个目标城市 2016～2020 年的平均城市热岛强度日较差如图 7-79 所示。北方城市区域的冬季平均 UHI 日较差比南方城市高约 0.9℃，这个 UHI 增幅是冬季供暖大量建筑热量释放导致的。

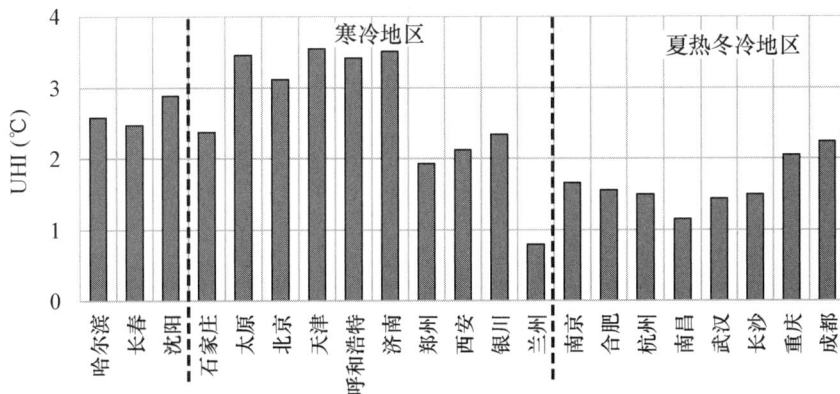

图 7-79　30 个典型城市的平均城市热岛强度日较差（2016～2020 年）

2. 空气源热泵供热对城市热岛强度的影响

基于上述的实际城市热岛强度水平，北方城市区域由于冬季供暖带来的平均城市热岛强度约为 0.9℃。目前，市场上的低温空气源热泵机组的制热季节性能系数（水温为 55℃时）为 2.30，由此可以估算出采用空气源热泵替代集中供热后北方城市区域的冬季 UHI 将平均下降约 0.5℃。以北京为例，冬季平均 UHI 将从 3.0℃下降至约 2.5℃。

城市热岛强度还存在日内变化特征。上述所有的典型城市的城、乡观测站的平均气温日内变化趋势是相似的，即夜间的城市热岛效应强于日间。以北京为例，目前日间的平均 UHI 约为 0.6℃，夜间的平均 UHI 约为 3.6℃，如图 7-80 所示。如果用空气源热泵全面取代集中供暖，则北京城市区域日间的平均城市热岛强度不会有明显的变化，夜间的平均城市热岛强度将从平均 3.6℃降低至 2.3℃。

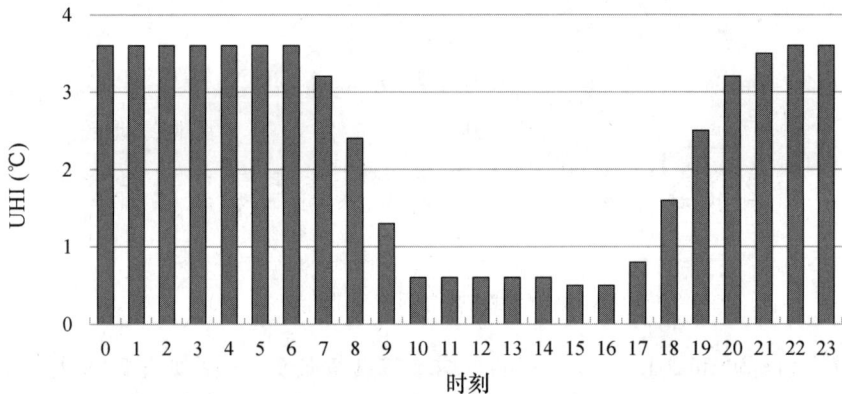

图 7-80   北京平均城市热岛强度日内变化趋势（2016～2020 年）

7.8.2   空气源热泵供热局部冷岛问题分析

在冬季热泵机组吸收空气中的热能，向外排出冷空气，冷空气的回流对机组性能会产生影响，也会导致周边环境温度的降低，形成局部空气冷岛。以下通过 CFD 模拟的方法对此问题进行研究分析。

1. 研究案例及参数简介

通过市场调研，目前中国市面上的空气源热泵风冷机组最常用的为双风机系统机组，也有单风机系统机组和四风机系统机组。常见的型号额定制热量分别为：70kW、85kW、140kW 和 170kW。通常 70kW 和 85kW 为双风机系统机组，140kW 和 170kW 为四风机系统机组。70kW、85kW、140kW 机组最多可组合 16 个单元模块，170kW 机组

图 7-81　空气源热泵外机安装现场图

最多可组合 8 个单元模块。最常见的双风机机组外形尺寸:(1) 宽:1950～2300mm;（2）深:960～1050mm;（3）高:1950～2320mm,空气源热泵外机安装现场图如图 7-81 所示。

依据调研结果,选取了市面上最常见的空气源热泵机组作为研究对象。机组额定制热量为 70kW,制热季节平均 COP 为 2.3,每台机组 2 台风机,总风量为 28000m³/h,常见空气源热泵风冷机组外观如图 7-82 所示。

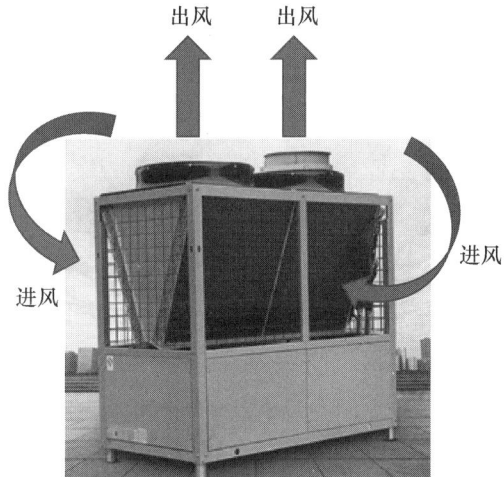

图 7-82　常见空气源热泵风冷机组外观

空气源热泵机组基本参数如表 7-10 所示。在寒冷地区,机组的基础高度为距离地面 0.5m。基于制造商的要求,该型号的机组最多可组合 16 个单元模块。机组应用的地区为北京,北京地区地表风速日变化如图 7-83 所示。

空气源热泵机组基本参数　　表 7-10

单机长 (m)	单机宽 (m)	单机高 (m)	离地高度 (m)	室外风速 (m/s)	风量 (m³/h)	风机数量 (个)	出风风速 (m/s)	进风风速 (m/s)	制热量 (kW)	COP	进风温度 (℃)	进出风温差 (℃)
2.0	1.0	2.2	0.5	≤0.2	28000	2	≈6.08	≈2.70	70	2.3	10	4.26

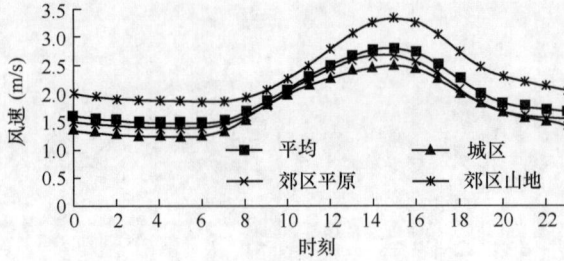

图 7-83　北京地区地表风速日变化

通过对多种影响因素的研究，发现机组间距和排布方式是影响周边热环境的主要影响因素，而环境风速越大越有利于局部冷空气的扩散，周边环境的空气冷岛越弱。因此，本书中影响机组周边热环境及运行性能的主要因素有机组规模、机组间距和来流风速。

根据北京地区的实际情况，供暖季热泵机组工作的高负荷、低环境温度的工况主要在夜间，而当地夜间的准静风或低风速的情况也比较普遍，即夜间准静风工况为较不利工况。因此，本书中的模拟案例设置主要涵盖较为不利的准静风工况时 4 台、9 台、16 台、25 台、36 台组群规模，模拟分析的排布方式分为 2×2 阵列、3×3 阵列、4×4 阵列、5×5 阵列和 6×6 列 5 种；同时也进一步分析了风速对于机组群运行性能的影响，模拟分析的环境风速分别为 0.2 m/s、1 m/s、2 m/s、3 m/s、4m/s、5m/s 五种；机组间距变化范围为 1～4m，分别为两侧间距＝1m、风侧间距＝1.5m；另一侧间距＝1m、两侧间距＝2m、两侧间距＝3m 和两侧间距＝4m 五种，详见图 7-84 和图 7-85 所示。

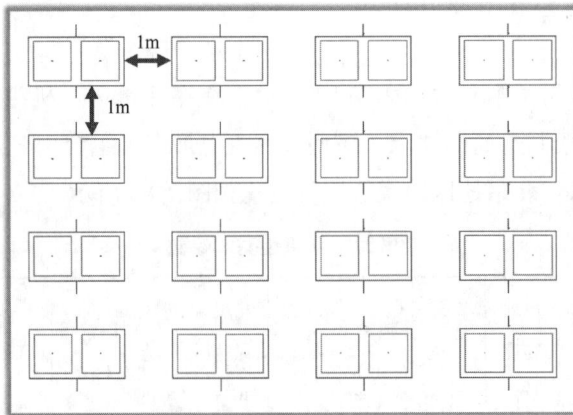

图 7-84　机组布局的间距设置一两侧间距＝1m（以 4×4 模组为例展示）

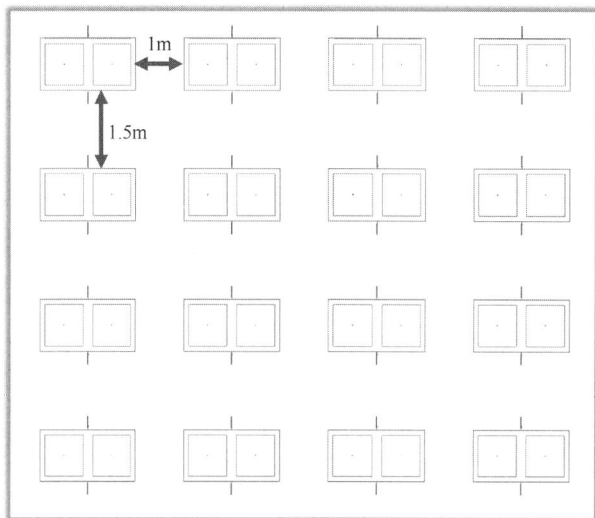

图 7-85　机组布局的间距设置—风侧间距＝1.5m；
另一侧间距＝1m（以 4×4 模组为例展示）

2. 机组群规模对局部冷岛的影响

机组群的总数量对局部冷岛的影响非常显著。图 7-86～图 7-90 以机组两侧间距均为 1m 为例，展示了最不利工况（准静风工况）不同机组群规模情况下的周边冷岛强度分布情况。可以看出，随着机组群规模的增大，机组群的周边的局部冷岛效应影响的范围也相对更大。当集中布置的机组布局为 4×4 阵列时，局部冷岛效

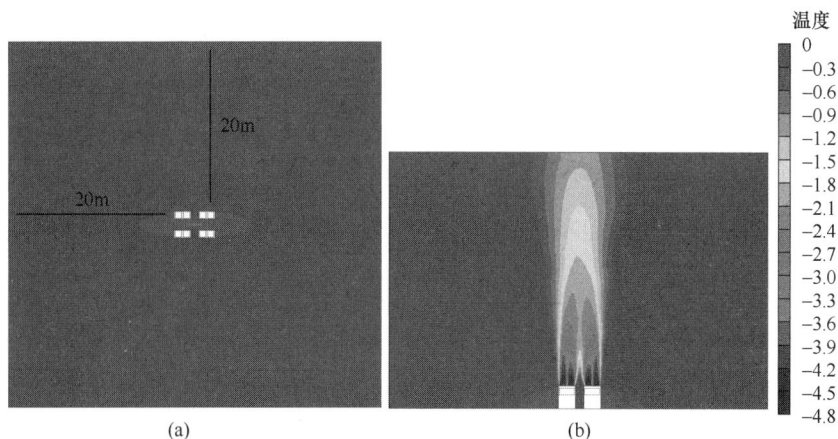

图 7-86　准静风工况 2×2 机组布局下的局部冷岛强度（机组间距＝1m）

（a）2m 高度截面；（b）第 1 排出风口所在截面

应影响的范围将超过机组群周边 15m；组群阵列达到 6×6 时，局部冷岛效应影响的范围将超过机组群周边 20m 甚至 25m。

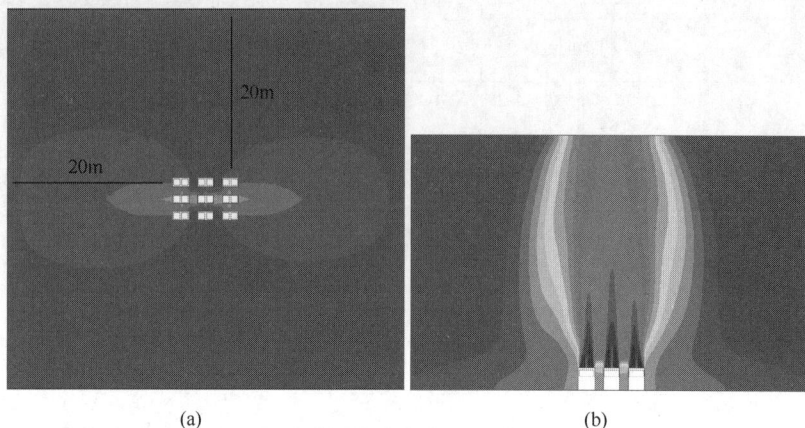

图 7-87　准静风工况 3×3 机组布局下的局部冷岛强度（机组间距＝1m，标尺同上）

(a) 2m 高度截面；(b) 第 2 排出风口所在截面

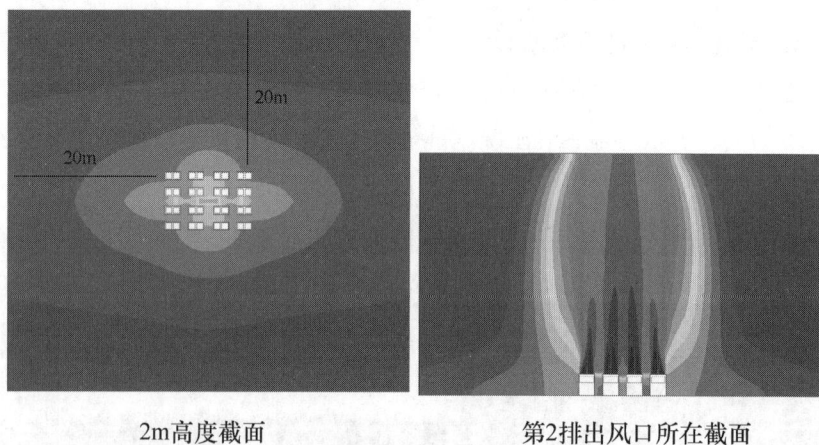

2m高度截面　　　　　　　　**第2排出风口所在截面**

图 7-88　准静风工况 4×4 机组布局下的局部冷岛强度（机组间距＝1m，标尺同上）

统计各个机组进风温度的平均值与大气来流空气温度的差值为作为局部冷岛强度的指标，并进一步分析局部冷岛效应对机组运行性能的影响，如表 7-11 统计所示。根据模拟分析结果，2×2 阵列、3×3 阵列、4×4 阵列、5×5 阵列和 6×6 阵列的平均冷岛强度分别约为 0.9℃、1.3℃、2.6℃、4.0℃和 5.5℃，根据设备厂家提供的机组性能曲线，相应的机组平均 COP 的降幅分别约为 3%、5%、9%、14%和 19%。

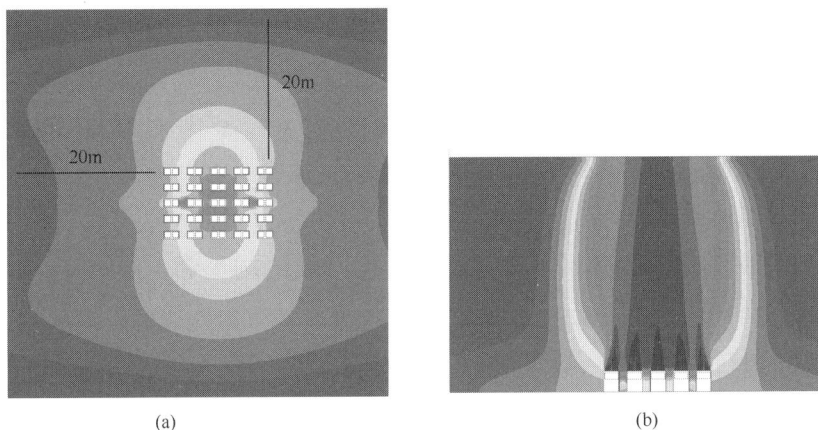

图 7-89 准静风工况 5×5 机组布局下的局部冷岛强度（机组间距＝1m，标尺同上）

（a）2m 高度截面；（b）第 3 排出风口所在截面

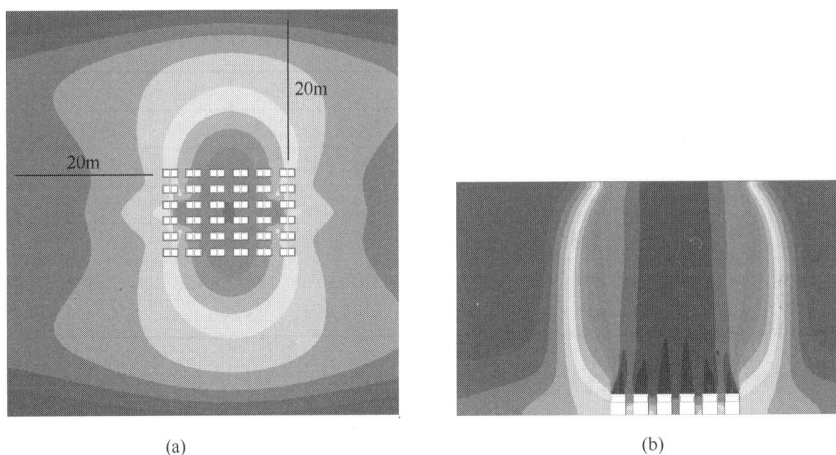

图 7-90 准静风工况 6×6 机组布局下的局部冷岛强度（机组间距＝1m，标尺同上）

（a）2m 高度截面；（b）第 3 排出风口所在截面

不同布局情况下局部冷岛强度及其对机组性能的影响 表 7-11

机组间距	机组两侧间距均为 1m				
布局_间距编号	2×2_1-1	3×3_1-1	4×4_1-1	5×5_1-1	6×6_1-1
机组群平均返混率	11%	17%	26%	37%	55%
温降低于 0.5℃的区域距离机组群的距离	＜3m	12m	15m	18m	＞20m
局部冷岛强度（℃）	0.9	1.3	2.6	4.0	5.5
对机组 COP 的影响	↓3%	↓5%	↓9%	↓14%	↓19%

综上所述，机组群的总数量对局部冷岛的影响非常显著，可以得出结论如下。

（1）建议集中布置的机组群不要超过 9 台，即可以保证平均局部冷岛低于

1.5℃，可保持机组的性能基本不变。16 台机组集中布置时，机组群周边冷岛强度约为 2～3℃，机组性能会下降约 5%～10%。

（2）距离机组群 15m 外的区域冷岛强度小于 0.5℃，因此，对于 9 台机组集中布置时需要占地 1300m²，16 台机组集中布置时则需要占地 1600m²。

3. 机组间距对局部冷岛的影响

以 2×2 阵列和 4×4 阵列为研究对象，进一步分析研究机组间距对机组运行性能的影响，不同机组间距情况下局部冷岛强度及其对机组性能的影响如表 7-12 所示。根据模拟结果可以看出，并非机组间距越大局部冷岛效应就越小，恰恰相反，由于机组间距的增加导致机组进风口区域的压力相对降低，更容易使机组的出风形成回流而被再次吸进机组的进风口，这一点与前人的研究结论一致[54]。因此，多台机组集中布置时，建议以机组风侧间距 1.0～1.5m 的间距布置机组。

不同机组间距情况下局部冷岛强度及其对机组性能的影响　　　　表 7-12

	机组两侧间距	1m	2m	3m	4m	1.5_1m
2×2	机组群平均返混率	11%	20%	22%	22%	11%
	局部冷岛强度（℃）	0.9	1.9	2.1	2.1	0.7
	对机组 COP 的影响	↓3%	↓7%	↓8%	↓8%	↓3%
4×4	机组群平均返混率	26%	34%	35%	37%	17%
	局部冷岛强度（℃）	2.6	3.8	4.0	4.0	1.7
	对机组 COP 的影响	↓9%	↓13%	↓14%	↓14%	↓6%

4. 环境风速对局部冷岛的影响

环境风有利于局部冷空气的扩散，尤其是迎风侧的机组周边冷空气的扩散，使周边环境的空气冷岛强度相对减弱。但随着环境风速的逐渐增大，风压也越大，过高的风压将会对机组进风产生不利影响，导致机组进风量降低，对机组的运行性能产生不利影响。表 7-13 展示了 4×4 阵列布局时，来流风速对机组周边冷岛强度及运行性能的影响。从表 7-13 中可以看出，环境风速达到 4m/s 时，机组群平均返混率增大至与准静风工况相近，即此时亦近似等于最不利工况。

不同来流风速情况下局部冷岛强度及其对机组性能的影响　　　　表 7-13

	来流风速（m/s）	0.2	1	2	3	4	5
4×4，间距 1m	机组群平均返混率	26%	9%	17%	22%	26%	26%
	局部冷岛强度（℃）	2.6	0.8	1.5	2.1	2.6	2.6
	对机组 COP 的影响	↓9%	↓3%	↓6%	↓8%	↓9%	↓9%

图 7-91～图 7-96 展示了来流风速分别为 0.2m/s、1m/s、2m/s、3m/s、4m/s 和 5m/s 时机组群周边局部冷岛分布及尾流扩散情况。从图中可以看出，环境风速对局部冷岛效应的影响不仅在机组群内部，环境风速对于机组群下游区域的热环境的影响更为显著。环境风速越大，局部冷岛效应影响的下游区域范围将越大。

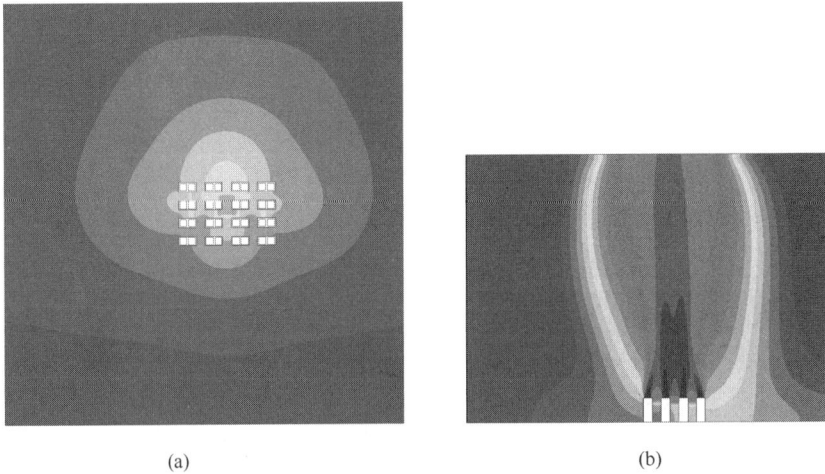

(a)　　　　　　　　　　　　　　　　(b)

图 7-91　来流风速＝0.2m/s 时的局部冷岛强度（机组间距＝1m，标尺同上）

(a) 2m 高度截面；(b) 左起第 4 列出风口所在截面

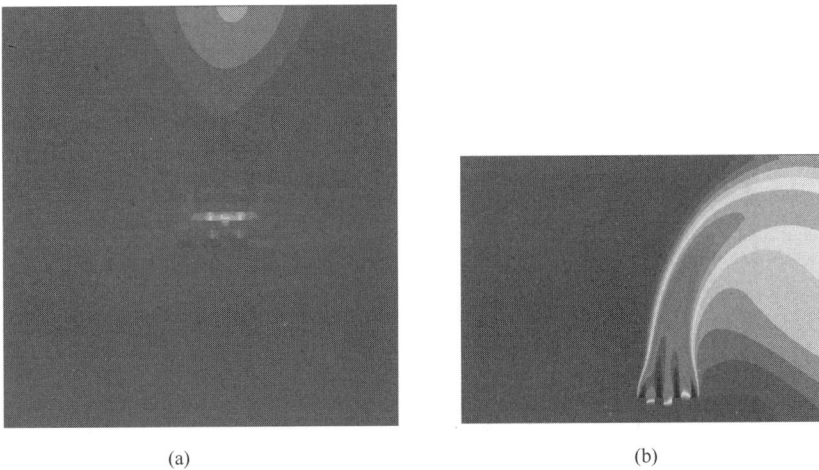

(a)　　　　　　　　　　　　　　　　(b)

图 7-92　来流风速＝1m/s 时的局部冷岛强度（机组间距＝1m，标尺同上）

(a) 2m 高度截面；(b) 左起第 4 列出风口所在截面

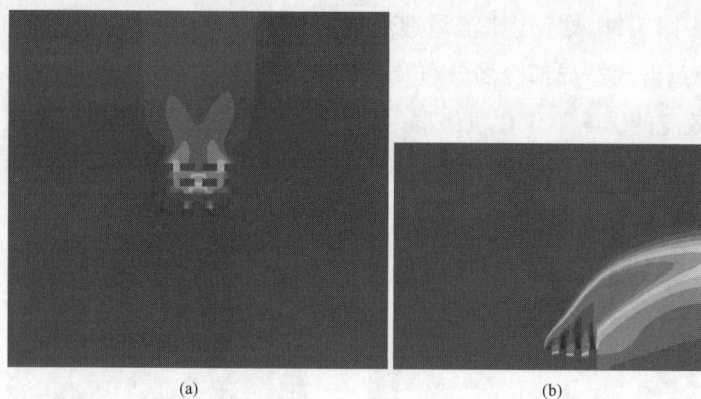

(a)　　　　　　　　　　　　(b)

图 7-93　来流风速＝2m/s 时的局部冷岛强度（机组间距＝1m，标尺同上）

（a）2m 高度截面；（b）左起第 4 列出风口所在截面

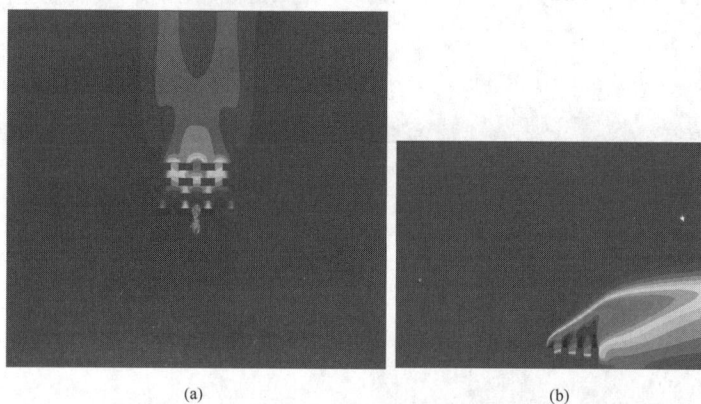

(a)　　　　　　　　　　　　(b)

图 7-94　来流风速＝3m/s 时的局部冷岛强度（机组间距＝1m，标尺同上）

（a）2m 高度截面；（b）左起第 4 列出风口所在截面

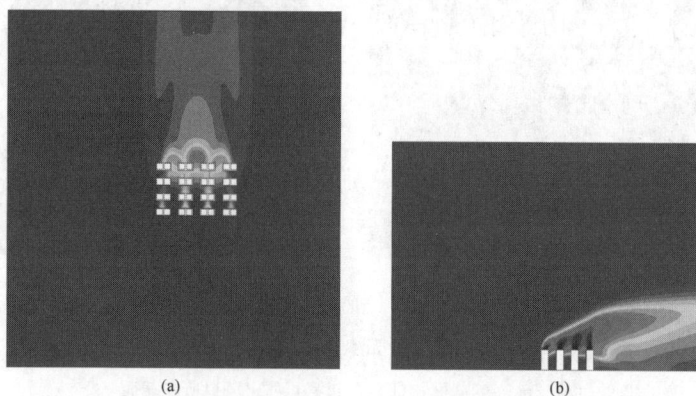

(a)　　　　　　　　　　　　(b)

图 7-95　来流风速＝4m/s 时的局部冷岛强度（机组间距＝1m，标尺同上）

（a）2m 高度截面；（b）左起第 4 列出风口所在截面

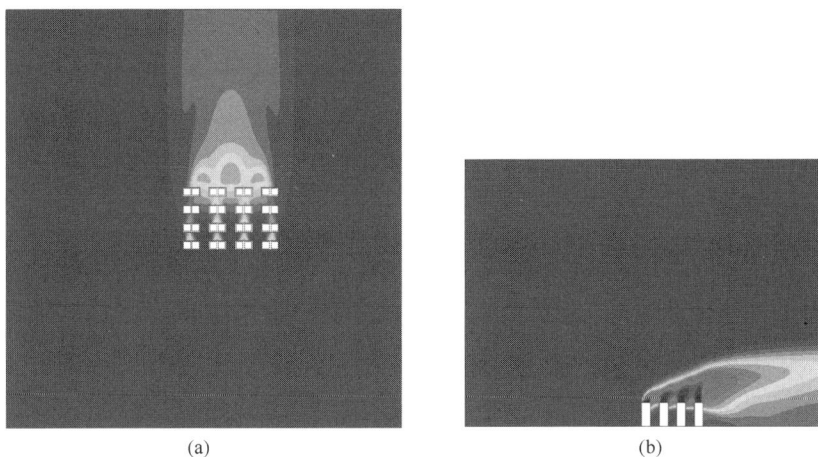

图 7-96 来流风速＝5m/s 时的局部冷岛强度（机组间距＝1m，标尺同上）

（a）2m 高度截面；（b）左起第 4 列出风口所在截面

7.8.3 空气源热泵供热最大供热量分析

基于以上结论，对于 1 万 m² 城市地面面积，集中空气源热泵所能提供最大冬季供热量及供热建筑面积如下：

（1）可用设备安装面积分析：建筑密度为 25％，道路面积占比为 20％，绿化面积占比不低于 40％，故设备可使用面积最大为 15％，即 1500m²。

（2）最大供热量分析：1500m² 的设备使用面积最多可以布置 12 台热泵机组，最大提供 840kW 供热量。

（3）最大供热面积分析：中国主要北方城市的最大供热建筑面积和最大建筑容积率如表 7-14 所示。以北京为例，单位面积供暖量为 35W/m²，对于 1 万 m² 城市地面面积，则最大供热面积为 2.4 万 m²。

中国主要北方城市的最大供热建筑面积和最大建筑容积率　　　　　表 7-14

城市	室外供暖设计温度 （℃）	单位建筑面积供暖负荷 （W/m²）	最大供热面积 （万 m²）	最大建筑容积率
北京	−7.5	35	2.4	2.4
西安	−3.2	29	2.9	2.9
郑州	−3.8	30	2.8	2.8
济南	−5.2	32	2.6	2.6
兰州	−8.8	37	2.3	2.3
太原	−9.9	38	2.2	2.2
沈阳	−16.8	48	1.8	1.8
呼和浩特	−16.8	48	1.8	1.8

参 考 文 献

[1] 王定坤，陈国旗，付俊. 热致变色智能窗户材料研究进展[J]. 科学通报，2024，69(20)：2898-2909.

[2] CLAES G GRANQVIST. Oxide electrochromics：An introduction to devices and materials [J]，Solar Energy Materials and Solar Cells[J]. 2012，(99)：1-13.

[3] Mateja Hočevar, Urša Opara Krašovec. A photochromic single glass pane [J]. Solar Energy Materials and Solar Cells, 2018，(186)：111-114.

[4] FRANCESCO G, MICHELE Z, EMILIANO C, et al. Spectral and angular solar properties of a PCM-filled double glazing unit [J]. Energy and Buildings, 2015，(87)：302-312.

[5] LI J C, DONG K C, ZHANG T C, et al. Printable, emissivity-adaptive and albedo-optimized covering for year-round energy saving [J]. Joule，2023，7(11)：2552-2567.

[6] CLAES G GRANQVIST, I LKNUR BAYRAK PEHLIVAN, GUNNAR ANIKLASSON. Electrochromics on a roll：Web-coating and lamination for smart windows [J]. Surface and Coatings Technology, 2018，(336)：133-138.

[7] WANG J S, MENG Q L, YANG C, et al. Spray optimization to enhance the cooling performance of transparentroofs in hot-humid areas [J]. Energy and Buildings，2023，(286)：112929.

[8] Bruno Bueno, José Manuel Cejudo-López, Angelina Katsifaraki, et al. A systematic workflow for retrofitting office facades with large window-to-wall ratios based on automatic control and building simulations [J]. Building and Environment，2018，(132)：104-113.

[9] 杨芝蕊. 双面光伏垂直遮阳系统综合能效分析与优化研究 [D]. 长沙：湖南大学，2023.

[10] 江岸，王宝龙基于制冷剂泄出的涡旋压缩机调节特性研究[D]. 北京：清华大学，2013.

[11] 朱龙华，张超，陶祥成，等. 一种大功率单机双级涡旋式超低温空气源热泵：CN201910655874.3[P]. 2024-06-11.

[12] 李效禹，马骊，史琳，等. CO_2复叠式空气源热泵供暖运行测试[J]. 制冷学报，2023，44(2)：39-46.

[13] 王现林. 空气源热泵热风系统热气直通化霜技术研究及应用[D]. 北京：清华大学，2024.

[14] 马荣江，毛春柳，单明，等. 低环境温度空气源热泵热风机在北京农村地区的采暖应用研究[J]. 区域供热，2018(1)：24-31.

[15] KIM D, JOE G, PARK S, et al. Experimental evaluation of the thermal performance of raised floor integrated radiant heating panels [J]. Energies，12017(10)：10101632.

[16] FRANCISCO F H, JOSÉ M, ALBERTO F, et al. A new terminal unit combining a radiant

floor with an underfloor air system: Experimentation and numerical model [J]. Energy and Buildings, 2016(133): 70-78.

[17] YANG Z, CHI J, LUO B, et al. Analyzing excess heat factors of convective/radiant terminals: Balancing beginning and steady stage[J]. J Build. Eng, 2024(184): 108576.

[18] YANG Z, HU Q, LI Y, et al. Thermal performance of novel convective-adjustable flat panel radiant unit[J]. Appl. Therm. Eng, 2024(244): 122689.

[19] SUN H, DUAN M, WU Y, et al. Thermal performance investigation of a novel heating terminal integrated with flat heat pipe and heat transfer enhancement[J]. Energy, 2021 (236): 121411.

[20] WU Y, SUN H, YANG Z, et al. Dynamic process simulation of indoor temperature distribution in radiant-convective heating terminals[J]. Build. Environ, 2023(244): 110843.

[21] 李光旭, 殷曙光, 邴进东, 等. R290 在热泵干衣机中的应用[C]//中国家用电器协会. 2021 年中国家用电器技术大会论文集, 2021.

[22] 陈维德, 黄鑫锋, 崔凯, 等. 微通道换热器在 R290 干衣机热泵系统中的应用[C]//中国家用电器协会. 2016 年中国家用电器技术大会论文集. 2016.

[23] 洪志威. R290 循环式热泵热水器制冷剂泄漏安全性研究[D]. 武汉: 华中科技大学, 2023.

[24] 李笑, 何国庚, 宁前, 等. 外盘管式 R290 热泵热水器制冷剂泄漏安全性研究[C]//中国家用电器协会. 2022 年中国家用电器技术大会论文集, 2023.

[25] 刘宇轩, 许辉, 李猛, 等. 二氧化碳(CO_2)热泵热水器的优势和应用难点及一种融霜问题解决方案[J]. 液压气动与密封, 2022, 42(3): 79-82.

[26] 国家市场监督管理总局. 室内空气质量标准: GB/T 18883—2022 [S]. 北京: 中国标准出版社, 2023.

[27] WHO. WHO guidelines for indoor air quality: Household fuel combustion [R]. Geneva: World Health Organization, 2014.

[28] 王立鑫, 赵彬, 刘聪, 等. 中国室内 SVOCs 污染问题评述 [J]. 科学通报, 2010, 55 (11): 967-977.

[29] KROL S, ZABIEGALA B, NAMIESNIK J. Monitoring and analytics of semivolatile organic compounds (SVOCs) in indoor air [J/OL]. Analytical and Bioanalytical Chemistry, 2011, 400 (6): 1751-1769.

[30] 徐东群, 尚兵, 曹兆进. 中国部分城市住宅室内空气中重要污染物的调查研究 [J]. 卫生研究, 2007, (4): 473-476.

[31] 杨辛, 胡正生, 万志勇, 等. 江西省室内空气中苯系物调查研究 [J]. 江西科学, 2007,

104（6）：737-740.

[32] 王春，张焕珠，蒋蓉芳，等．装修后居室空气中甲醛和总挥发性有机物污染现状 [J]. 环境与健康杂志，2005（5）：356-358.

[33] 张卫国，郝森，黄培林，等．新装修居室空气中总挥发性有机物随时间的变化规律 [J]. 环境与健康杂志，2007（10）：782-783.

[34] LI X, ZHENG N, ZHANG W, et al. Comprehensive assessment of phthalates in indoor dust across China between 2007 and 2019：Benefits from regulatory restrictions [J]. Environmental Pollution, 2024（342）：123147.

[35] LIU W, SUN Y, LIU N, et al. Indoor exposure to phthalates and its burden of disease in China [J]. Indoor Air, 2022, 32（4）.

[36] Pope Ⅲ, C A, Dockery D W. J. J. o. t. a. & association, w. m. Health effects of fine particulate air pollution [J]：Iines That Connect, 2006, 56：709-742

[37] LECOMTE J F. ICRP publication 126：radiological protection against radon exposure. 43, 5-73 (2014).

[38] WHO. WHO handbook on indoor radon：A public health perspective [Z]. WHO, 2009.

[39] ZHANG A. Air Purifiers in Chinese Residences：Operating behavior, Effect and Optimization [D]. Beijing：Tsinghua University, 2024.

[40] ZHU Y, SONG X, WU R, et al. A review on reducing indoor particulate matter concentrations from personal-level air filtration intervention under real-world exposure situations [J]. Indoor Air, 2021, 31（6）：1707-1721.

[41] 王丽霞，丁年平，杨冠东，等．多种空气净化器对甲醛净化效果分析 [J]．中国卫生检验杂志，2015, 25（4）：567-568, 571.

[42] 赵爽，朱焰，张晓，等．GB/T 18801—2015《空气净化器》国家标准修订若干关键技术研究 [J]．家电科技，2022（1）：32-36.

[43] KALNAY E, CAI M. Impact of urbanization and land-use change on climate [J]. Nature, 2003, 423（6939）：528-531.

[44] HOWARD L. The Climate of London：Deduced from Meteorological Observations Made in the Metropolis and at Various Places Around it [M]. Cambridge University Press, 1833.

[45] MHOFF M L, ZHANGH P, WOLFE R E, et al. Remote sensing of the urban heat island effect across biomes in the continental USA [J]. Remote Sensing of Environment, 2010, 114（3）：504-513.

[46] SHENG L, TANG X, YOU H, et al. Comparison of the urban heat island intensity quantified by using air temperature and Landsat land surface temperature in Hangzhou, China

[J]. Ecological Indicators，2017，72：738-746.

[47] OKE T R. City size and the urban heat island [J]. Atmospheric Environment（1967），1973，7（8）：769-779.

[48] YANG P，REN G，LIU W. Spatial and Temporal Characteristics of Beijing Urban Heat Island Intensity [J]. Journal of Applied Meteorology and Climatology，2013，52（8）：1803-1816.

[49] SANTAMOURIS M. Analyzing the heat island magnitude and characteristics in one hundred Asian and Australian cities and regions [J]. Science of Theotal Environment，2015，512-513.

[50] ROSENZWEIG C，SOLECKI W D，PARSHALL L，et al. Characterizing the urban heat island in current and future climates in New Jersey [J]. Environmental Hazards，2005，6（1）：51-62.

[51] YANG P，REN G，YAN P. Evidence for a strong association of short-duration intense rainfall with urbanization in the Beijing urban area [J]. Journal of Climate，2017，30（15）：5851-5870.

[53] 杨国威. $PM_{2.5}$对中国重点城市热岛效应的影响及其机理 [D]. 武汉：中国地质大学，2022.

[54] 王梅荣. 冷岛效应及环境风场对空气源热泵阵列运行性能影响研究 [D]. 青岛：山东大学，2019.

第8章 未来城镇社区的治理模式

8.1 我国城镇居住模式的变迁

我国经过二十多年的住房改革，城市的居住模式已经由原来的职住一体、单位家属大院的模式，转型成了职住分离、住宅小区的居住模式。在改革开放初期，我国城市住房以单位福利分房为主，上班与居住高度绑定，居住模式主要是"单位大院"或"家属大院"。这种模式下，大院里的人员管理、住房的运营维护、大院公共服务包括休闲文化活动，都是由单位作为统一的主体来进行组织。因此，尽管这一时期物质条件并不充裕，但治理有序。

1998年起，我国住房制度改革取消福利分房，全国启动商品房市场，城镇居住空间开始从"依附单位"转向"市场选择"，由此催生并逐渐形成了我国现在的主要居住模式，即封闭式小区。随着房地产大开发，国内新建了数十万个住宅小区，有的规模小到只有一栋楼几十户，有的庞大到几百栋楼几十万人。比如北京有名的天通苑小区有600多栋楼，常住人口可达百万人。截至2023年，中国城镇居民中约70%~85%居住在住宅小区中，包括商品房小区、保障房小区、单位房改房小区等，通常配备物业服务。除此以外，还有少量城镇居民居住在城中村、自建房等非小区形态的住宅中。但随着国家城市更新的推进，这些居住形态未来也会全面转型成为住宅小区模式。

目前，我国的城镇地区已经全面形成了住宅小区的居住模式，在物理形态上通常由多栋高层集合住宅围合而成，整体呈现大型封闭式小区格局。与西方城市常见的开放街区不同，在中国封闭小区内，住宅楼宇之间被围墙或绿地围合，内部道路、绿地、会所等属于业主共有空间，小区门户实施准封闭管理。这种居住形式是传统单位大院在市场经济时代的延续，但同时由于产权归属和管理模式上的变化，又带来了显著区别于单位大院的特点。

第一是小区建筑高层化、高密度。我国城市集合住宅不仅数量巨大，而且以高层为主。住宅建筑高层化提高了土地利用效率，但也增加了日常管理和安全保障的难度，同时对环境卫生、安防消防等提出了更高要求。大量居民挤居于有限空间，日常生活难免互相干扰，小纠纷更易激化。这体现在社区生活的方方面面：楼上住户装修敲打影响楼下休息、公共走廊乱堆杂物影响环境等邻里纠纷层出不穷。人口密集也带来了安全与秩序挑战，例如消防通道被占用、高楼居民高处抛物威胁公共安全、车辆乱停放阻塞道路，在紧急情况下可能造成严重后果。邻里间彼此不熟识，遇事缺乏私下沟通渠道，小矛盾往往需要依赖外部调解，进一步增加了社区管理成本。

第二是封闭小区形成大量的公共空间和公共设施。我国住宅小区大多有封闭围墙，这种封闭式布局有助于提升居民安全感和社区凝聚力，但由此带来的大量共有设施与公共空间的管理，如电梯、楼道、花园、健身场地等。共有设施和公共空间的存在，使社区管理比开放街区复杂得多。在开放街区模式下业主共同拥有和管理的部分主要限于建筑物内部的走廊、电梯等，而共有设施则归为市政统一管理。而在大型封闭小区中，从安防门禁、道路停车位到绿地会所，都需要以小区为单位进行维护和管理。

除了居住物理空间的变化，住房商品化带来的产权结构巨变更是深刻影响了社区治理的基本格局。改革开放前城市住房主要由国家和单位提供，居民对住房只有使用权；而改革开放后商品房成为私人财产，房屋产权从公有制转变为私有制。城市居民身份也从过去依附于单位福利分房的被动居住者，转变为独立的私产拥有者。在这种模式下，居民的职住完全分离，并且人员、住房、设施的治理权益开始多元化地分散到不同的主体身上。居民的人员管理一般仍由其所在单位或公司来进行管理，住房由房地产开发来建造，但运行则可能由物业或类似物业的机构来进行，一般情况下连带小区的设施也由物业公司来进行维护，居民以物业费的形式向物业公司缴纳费用。然而，产权变革初期配套制度不完善，引发诸多治理难题：(1)原本由国家、单位承担的管理职能和公共服务功能出现缺位，需要由居民自治或市场提供，但目前尚未形成成熟的运作机制；(2)不同利益主体之间开始出现矛盾冲突，例如开发商、物业公司与业主之间围绕共有财产收益分配的纠纷不断；(3)随着私有产权意识觉醒，居民对住房相关事务的关注度提高，各类物业纠纷进入高发期；(4)小区内住户数量众多、人员构成多元、流动性强，社区治理结构更加复杂，也对传统的熟人社会治理模式提出了挑战。

总的来说，住宅小区物理形态的转型和住房产权商品化，共同塑造了中国特色的城市社区空间基础，也带来了全新的治理挑战。2023年我国城镇住宅的建筑面积已经达到 331 亿 m²，城镇人均建筑面积由 2000 年的 15.5m² 增加至 2023 年的 35.5m²，基本达到了欧洲和亚洲发达国家水平，实现了我国人民居住水平的大幅提升。随着我国城镇化进程进入下半场，大量城镇住宅建筑和小区都已进入需要维护修缮或更新改造的阶段，全国住房建设的重点正从大规模新建转向既有住宅的维护和改造。这一过程还伴随着建筑节能降碳和能源低碳转型等国家战略的深入实施。例如，推进建筑用能电气化改造、在住宅屋顶安装分布式光伏发电系统，以及为满足电动汽车普及而建设充电桩网络等。这些新趋势对城镇住宅小区的社区治理和设施管理提出了全新的挑战和更高的要求。面对社区治理中涌现的一系列新问题，迫切需要以小区为主要居住单元，形成与之相匹配的社区组织和治理模式，优化社区内人员、房屋和设施的管理，并进一步推动建筑节能低碳改造、完善公共设施服务、提升居民文化生活品质。这些都是我国城镇居住模式未来发展所面临的关键问题。

8.2 我国居住小区管理面临挑战

当前小区的治理主要面临的难题来自两个层面，一个是硬件设施的日常运行维护管理，一个是治理制度层面的人员组织协调，这两个层面的问题交织在一起，反映在了小区治理的方方面面。

从硬件的设施层面，城镇小区除房屋建筑本身外，还拥有大量基础设施，主要包括能源供应设施：涵盖电力、燃气、集中供暖、自来水等基础能源供应系统；社区服务设施：包括小区内的公共活动区域、健身娱乐设施、停车场等；环境卫生设施：例如垃圾分类收集点及清运系统、小区绿化、雨污水排放管网等。新型基础设施：随着绿色发展战略的推进，不少小区开始建设分布式光伏发电系统，并增设电动汽车充电桩等新能源设施。

随着我国大部分城镇住宅小区运行时间超过了 20 年，住宅小区的各项硬件设施已经开始出现一系列的问题，各类设施和功能也逐渐不能满足当前的社会需求。在住宅小区的硬件方面。（1）建筑结构老旧，建筑热工性能差。我国 2000 年以前的多层老旧住宅多采用砖混结构或预制板结构，当时建筑设计标准较低，其结构承载力和抗震性能较弱，与现行技术规范要求有差距，加上缺乏后续的维护和管理，基础不均匀沉降、建筑结构老化等问题非常普遍。而且，全国城镇住宅中约有 49 亿 m² 建于 1990 年以前，有 83 亿 m² 建于 1990~2000 年，这些建筑的围护结构性能显著低于建于 2010 年以后的建筑，其冬季供暖需求显著高于采用了 2010 年节能设计标准的建筑，应通过合适的政策机制和技术方法来推动这些建筑的节能改造。

(2) 基础设施不足或老化严重，亟需加强运行维护、改造提升甚至是重建。我国老龄化趋势日程显著，截至 2023 年底，我国 65 岁以上人口占到总人口的 15.38%。但与之相对应的是我国大部分 7 层以下住宅都不配电梯，且各种无障碍和适老设施配备不足。而且，我国大部分老旧小区都面临公共活动空间匮乏、公共服务设施不足的问题。

1. 公共空间和设施产权模糊

在我国由单位制模式转为商业化住宅小区模式的过程中，公共空间和基础设施产权归属存在模糊不清的地方。在商品房住宅小区中，供热管网、电力配电设备、上下水管道、光伏发电装置等基础设施通常被视为小区公共设施的一部分，小区建设时业主购房款已包含了基础设施建设成本，其产权依法应归全体业主共有。但在住宅小区建成后交接的治理早期，开发商往往指定前期物业公司掌控小区，而业主大会和业主委员会尚未成立，共有产权主体模糊，开发商和物业可能联手主导公共资源。这种情况下业主权益无人代表，更易出现管理混乱和争利冲突，由此导致物业公司侵占业主权益的情况时有发生。小区共有设施虽然主要用于服务业主，但也可能产生经济收益。例如：小区停车位和充电桩对外收费，小区电梯间广告位、公共场地临时租赁等带来的收入，甚至屋顶安装的光伏发电可卖电上网获得补贴等。按照法律和政策，这些因共有设施所产生的收益应归全体业主共有，并用于小区公共开支，但在实际操作中，公共收益的归属和使用不透明，物业往往未将收益交予业主共享，而是用于填补自身经营或获取利润。长期来看，这会损害业主利益并埋下纠纷隐患：一旦业主发现物业私自利用公共资产获利且侵犯业主知情权，信任会下降，可能引发业主维权和合同纠纷。

2. 各类基础设施多头管理

在商品房住宅小区中，供热管网、电力配电设备、上下水管道、垃圾处理、绿化管理、光伏发电装置等基础设施涉及多个主管单位，供水、供电、供热各由不同国企管理，物业则管环境和协调，并对接众多业主。多头管理容易导致职责交叉和真空并存，出现类似"九龙治水"的局面，权责不清和缺乏统筹，管理上就会出现互相推诿或多头指挥，最终导致要么无人过问，要么越管越乱。例如，小区内供水管道漏水，可能涉及物业公司、自来水公司和业主三方：物业认为市政管网该由自来水公司维修，自来水公司则认为红线内属物业维护范围，业主则只关心尽快修复。这种情况下因权责不清就会导致管理问题悬而不决。再如，北方地区的供热系统庭院管网，其产权为小区业主，运营管理者则为热力公司，导致物业没有动力进行管网的日常保养和妥善管理，更加没有动力对其进行节能改造和优化运行。而且，由于产权主体众多且分散，共有设施维护缺乏明确责任人和高效决策机制，导致设施易损难修、环境品质下降。典型问题如：电梯属于整栋楼居民共有，但仅靠日常物业费无法满足维修或更换所需的费用，部分业主不愿承担高额维修费用，导致电梯故障长期得不到解决；绿地、儿童游乐场等公共空间的养护需要持续投入，但"搭便车"心理使一些业主拒绝缴纳相关费用，结果公共问题始终无人解决，产生"公地悲剧"。

3. 收益分配机制不明确

由于产权和管理运营责任方存在模糊地带，其收益分配机制也存在不确定的情况，这可能会导致业主权益被侵占，更重要的是，由于缺乏可持续的收益分配和激励机制，导致物业没有动力积极进行小区的投资、运维和管理，整个住宅小区无法实现通过公共收益来维持其日常运营和维修改造，也无法通过合理的投资和改造来改善小区居住环境，难以实现资金收益的正循环。例如，对于屋顶光伏，或者公共场地的运行维护，如果物业无法从优化运行中获得经营收益，那么物业可能只履行基础维护职责，对进一步节能降耗或提升服务缺乏动力，因为努力经营共有设施并不能带来额外收益回报。此外，对于需要长期投入维护的设施（如电梯、消防系统），如果收益归属不明且资金不足，物业和业主双方都可能不愿投入，导致设施老化失修。收益分配不明确、不透明不仅削弱了物业公司的积极性，也会直接打击业主参与自治和维护公共设施的积极性。业主认为反正收益被物业拿走，自己无利可获，因而不愿配合例如付费更换设备、引进新技术。很多小区业主大会难以召开、业委会成立困难，就是因为公共收益去向不明，业主感觉自身权利被架空，对共同管理失去信心。

4. 可持续的运维资金来源不足

缺乏资金是导致小区出现维护不足、设施问题的直接原因。物业费是开展日常维修维护的主要资金来源，但很多老旧小区存在物业费低或缴纳不足的情况，甚至还有很多单位福利分房的社区根本没有物业。根据清华大学刘佳燕副教授对北京老旧小区的调研，大部分的物业费每月只有几毛钱一平方米，很多小区的交费率只有20%～30%，甚至还有居民不交物业费，只缴纳每月3元的卫生费。这导致物业费只能保证基本的保安和保洁，起到兜底作用，达不到日常保养水平，更难以制订日常检修和定期维护计划，更不可能进一步计划小区环境与设施的优化改善。

住宅专项维修资金也是保障小区公共设施正常运转的一种资金来源。根据我国《物业管理条例》《住宅专项维修资金管理办法》等规定，所有商品住宅和公有住房的业主需缴纳住宅专项维修资金，由政府部门或业主大会委托机构统一监管，用于住宅共用部位、共用设施设备保修期满后的维修、更新和改造，包括住宅的基础、承重墙、墙面、门厅、楼梯间等住宅部分，以及电梯、消防、道路、下水管等设施。但现实情况是，并不是所有住宅小区都有此项基金，该制度是 1998 年建立的，大量早期建设的老旧小区并没有收取维修基金，之后也没有补缴。而且动用该基金的流程非常繁琐，在实际操作过程中很难实现。其实施过程包括：（1）物业或业主提出使用建议；（2）需要 2/3 的业主或召开业主大会讨论通过；（3）物业或者相关业主组织实施使用方案，需持有关材料，向相关主管部门申请列支；政府主管部门审核同意后，专户管理银行才会将资金划转至维修单位。在这个过程中，业主协商或召开业主大会等环节往往就卡住了。有数据显示，截至 2022 年底，北京累计的商品住宅维修基金达到 782.90 亿元，累计使用的数额只有 78.07 亿元，提取率不足 10%。还有很多城市低于这个水平，大量公共维修基金就锁在银行的账户里。

随着新能源和电动汽车的发展，不少小区开始引入分布式光伏发电、电动汽车充电桩等新型基础设施，收益归属模糊、管理责任划分不清、收益分配模式不明确带来的问题也十分突出。例如，小区安装的分布式光伏，由谁来投资建设，谁来运营，收益归谁，目前并没有明确的规定。现实中，一些项目缺乏业主参与决策，可能由开发商或物业直接与能源企业签约，导致业主日后对收益分配不满，出现纠纷。再如，充电桩在小区安装过程中，物业和业主常有分歧：物业担心大量充电桩接入影响小区供电安全、增加管理成本，却未必从中得到收益；业主则担心物业乱收费或阻挠安装。此前一些小区发生物业以种种理由不允许业主安装自用充电桩，或向运营商收取高额"进场费"，实质都是因收益分配、运营维护成本和安全责任界定不明引发的矛盾。

以上产权、管理权和收益权不清晰及资金来源缺乏的问题不仅会直接影响小区日常运营效率，长远来看还会影响小区的环境水平和房产价值。厘清并落实权利归属，让业主拥有的房产和公共资产产生的经济收益归属于业主，并进一步投资用于小区的维护和管理，落实在小区居住水平的切实提升和房产的保值增值上，不仅有助于维护业主权益，还能够正向激励小区运维提升服务，提升居住水平，最终促进我国居住小区的健康可持续发展。

8.3 小区治理制度现状及问题

社区是我国社会治理的基本单元，也是基础环节。从概念上，小区一般是指有围墙的商品房小区，而"社区"多是指"行政社区"，因此，一个社区通常可能包含一个小区或多个小区。社区治理不仅包括公共事务和资产的管理，还涉及提供社区服务（例如养老、托儿），公共事务处理（例如人口普查、疫情防控），日常社区文化塑造（例如社区文化活动组织），协调矛盾纠纷（例如邻里纠纷的处理）等方方面面。要想改革基层社区、激发基层社区活力、推动住宅小区的节能低碳运营改造，最重要的推手就是实现基层组织和基层管理的改革与协同。硬件设施中不断暴露的问题实际也反映出我国在社区治理层面的组织管理模式、产权分配、资金运营等方面的不足之处。

目前，在城镇居民社区治理中，存在多种组织和管理机制（图 8-1）。以政府为主体的机构主要包括街道办事处和居民委员会，其中街道办事处是区/县政府的派出机构，面向全体居民（包括非业主），职能覆盖全社区公共事务，权力源于政府授权，负责统筹社区公共事务、指导居民委员会工作并协调政府资源解决居民诉求。居民委员会和业主委员会均为自治组织，居民委员会在改革后逐渐具备了执行政府工作与实现居民自治相结合的角色，由街道办事处直接指导监督居民委员会的工作，并通过居民委员会与业主委员会的协作间接参与业主委员会相关事务。同时，街道办依据《物业管理条例》对业主委员会的成立和换届进行监督指导，并在

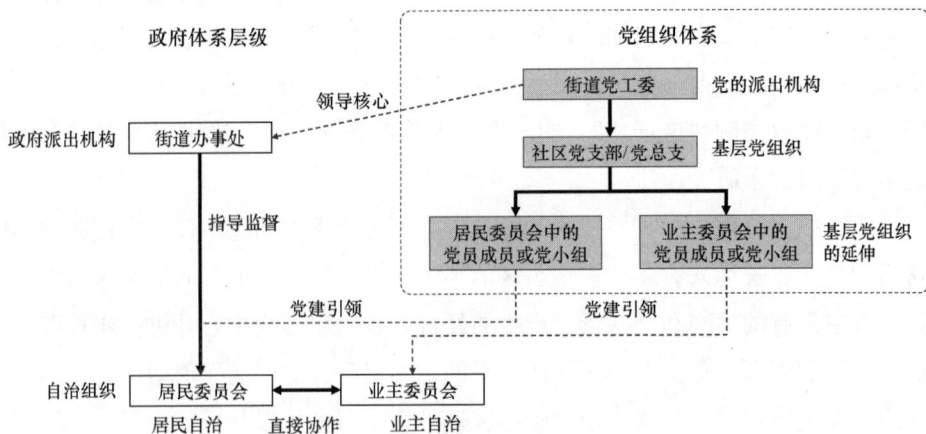

图 8-1 社区治理相关组织

业主委员会与物业或业主发生重大纠纷时介入调解。这种协作与分工体现了行政力量与基层自治在社区治理中的互补性。基层党组织则是社区治理的政治核心，通过组织嵌入（如社区党支部指导居民委员会、业主委员会）和思想引领统筹各方资源。党组织推动党员在业主委员会中发挥表率作用，搭建街道办、物业与居民的协商平台，协调矛盾并落实政策，以"党建引领"确保基层自治方向正确，同时强化党的政治领导和群众动员能力，成为政府与社会自治的桥梁。

1. 政府为主体的治理组织

街道办事处（简称街道办）是中国城市基层政府的重要组成部分，是区（县）政府的派出机构，负责执行城市社区管理和社会服务。街道办一般下设多个社区居委会（居民委员会），具体管理社区事务，执行政府职能，协调居民利益，提供公共服务，在社会治理中起到政府与居民之间的桥梁作用。

居民委员会（居委会）属于群众性自治组织，并协助政府进行社区治理和服务。我国社会管理的最基层组织是城乡"居民委员会"和"村民委员会"。历史上一个居民委员会的规模类似于现今的小区，但在 20 世纪末至 21 世纪初的城市社区居民委员会改革中，为满足民政部提出的社区居民委员会硬件条件要求（比如具备养老设施、一定规模的会议室、娱乐服务设施等条件，社区居民户数应达到一定规模），许多居民委员会被合并，很多居民委员会的设施或户数规模达不到要求，就会对小区为级别的居民委员会进行合并，所以现在一个居民委员会往往辖几个小区。从此，城市的居民委员会制度逐渐转为"居民自治"与"政府指导"相结合的模式。改革后合并后的居民委员会管理的小区规模偏大，导致居民委员会不了解各个小区的具体情况。在这种情况下，很多社区居民委员会失去了法律规定的居民自治功能，实际上成为完成上级交付任务的一个基层组织，而缺乏实际的精力和能力来开展真正的居民自治。这种现象与我国农村村民选举形成了强烈反差，我国农村53.3 万个行政村的村民委员会，都是在我国民政部管理基层政权的各级管理部门的监督下，由村民投票选举出来的。

2. 业主为主体的治理组织

业委会（业主委员会制度）是由住宅小区或商业物业的全体业主选举产生的自治组织，代表业主行使共同管理权，维护业主合法权益。核心目标是通过业主自治，监督物业服务企业、管理小区公共事务、协调业主与物业之间的关系。对比居民委员会与业委会可以发现，居民委员会是基层治理的"行政＋自治"结合体，服务对象是全体居民（无产权限制），包括户籍人口、非户籍人口、租户等，其核心目标是维护社区和谐与公共利益，资金来源既包括社区服务收入也包括政府拨款，因此需要接受政府指导，承担部分行政辅助职能。而业委会则属于代表业主权益的自治组织，服务对象仅限物业产权人（业主）及其共有部分权益，其核心目标是维护业主私有及共有财产权益，职能仅涉及物业管理事务，其属于纯自治组织，与政府无直接隶属关系。虽然法律层面，业委会的制度不断健全，国家和各地地方层面也有明确的规则，但实际上有业主委员会的小区并不多，在实际操作层面上由于业主参与度和治理能力不足，业委会能够起到的效果仍然十分有限。根据北京市住房和城乡建设委员会2021年4月公布的数据，全市业委会和物管会组建率达90.1%，但业委会仅占总数的25%。

业委会治理的一个成功案例是位于陕西省西安市碑林区的心晴雅苑小区。该小区规模较小，只有200多户，客观上降低了业主自治的难度。通过一位退休居民的积极组织和业委会的有效运作，大幅提升了小区的居住环境，保障了业主权益。该小区从2011年起组建业委会，业委会之外还设立了一个十几人的监事会，如果有新业主或者合适的并且愿意关心小区事务的业主想进来，可以先进入监事会。业委会每月有例会，监事会也一起开会议事，起到监督作用。在业委会和监事会之外，还设立了一个顾问委员会，将历任的年纪较大的业委会成员和监事会委员纳入进来。为保证法律规范，还聘请了律师、社区治理顾问和专职秘书。在业委会的积极组织安排下，小区从2017年起放弃了传统的物业"包干制"模式，以酬金制来聘请物业公司，即所有的收入（包括水电费、物业费）都归全体业主，物业公司的年度预算要经过业主大会表决通过，收支要向业主做报告，到年底他们可以获得一定比例的酬金。在业委会的有效组织和治理下，该小区不仅有效改善了小区环境，还能够每年积累一笔可观的公共收益。截至2024年，业委会在没有动用小区维修基金本金的情况下完成了几百项更新改造，在13年期间给小区全体业主创造了600多万元共有收益，并且保证了物业费多年不涨。

伴随着老旧小区拆建、更新需求的加大，我国一些地区开始尝试业主更新委员会制度，并在试点中成功推行。业主更新委员会本质上是业主委员会制度在小区更新改造这一具体事务中的体现，它担任了住宅小区自主更新工作的组织实施主体，为推进老旧小区更新改造发挥了巨大的作用。2024年起，我国浙江、湖北等地区开始老旧小区自主更新的模式，在其中发挥重要作用的就是业主成立的自主更新委员会组织。

浙工新村项目是杭州首个由业主更新委员会主导的自主更新试点，成功实现了小区原拆原建，大幅提升了居住水平。该小区最早为浙江工业大学教工宿舍，建于20世纪80年代，配套设施落后，其中4幢楼被鉴定为危房，存在安全隐患。2023年，在政府指导下，杭州市拱墅区以"居民主体、政府主导、资金平衡"为原则，对浙工新村13幢危旧房进行拆除重建。更新模式以居民为主体，杭州市拱墅区人民政府朝晖街道办事处为组织单位，并由拱墅区城市发展集团公司负责实施更新。每幢楼选派一名代表，成立居民自主更新委员会，在近100%居民同意的情况下，向政府提交改造申请。重建总费用约5.3亿元，居民出资4.7亿元（占80%），剩余部分由政府政策性补贴覆盖，整体实现收支平衡。该模式的成功推广，也说明业主更新委员会模式来作为主体开展小区级别的原拆原建改造，在治理模式上既切实保证了业主的权益，同时也推动了城市更新改造进程，切实提升了小区居民的生活水平与居住质量。

湖北葛洲坝西陵区望洲岗路10号危旧改项目也采用类似的居民改造联合社模式，实现了市场化、合作化的危旧房改造。该片区最初是葛洲坝水利枢纽工程的家属区，老旧小区占比高达47%，房屋老化严重，配套设施落后。改造面临三大挑战：（1）居民依赖征收政策，对自主改造动力不足；（2）经济平衡难，受城市规划管控制约，开发指标低；（3）政策法规支持不足，缺乏产权注销、价值评估、税费减免等配套政策，导致政府难以形成合力。为此，组建了由居民代表组成的居民改造联合社作为改造项目的主体，由联合社聘请设计单位、咨询机构，测算资金平衡方案，决定房屋户型、建设规模、出资比例。政府则负责审批规划、提供政策奖补，协调相关审批流程；市场主体则负责提供工程建设、融资贷款、资产运营等专业服务。联合社与开发企业签约后，由住房和城乡建设部门设立专项账户，参照保交楼资金监管模式，确保项目资金专款专用，每笔资金支出需由行业主管部门及联合社审核，增强居民信任度。同时，政府按片区制定标准及分层奖补制度，将收益较高的区域收益反哺容积率受限、经济困难的地块，确保片区整体经济平衡，降低投资风险。通过该改造模式，小区成功实现原拆原建，大幅提升了居住水平。

以上几个案例，进一步强调了能够代表业主利益、具有治理能力的组织主体的重要性，由该主体来代表业主进行各种小区事务的日常管理、投资决策，与主管部门进行流程审批对接，与市场主体进行专业化服务的购买与协调，既能够全面保证业主的权益，又能够充分利用政策支持、调动市场力量，高效推进小区日常管理和改造提升。

3. 基层党组织

中国共产党基层组织是社区治理的核心力量，基层党组织通过强化政治功能和组织力，将党的领导融入社区治理各方面，为社区治理提供方向指引和组织保障。在城市社区，一般建立社区党组织（如社区党委或党总支），领导本社区的各项工作。基层党组织通过党建引领，把各类组织和居民团结凝聚起来，将组织优势转化为治理效能，是实现社区共建共治共享的关键。习近平总书记在宁夏考察时指出："社区党组织是党联系基层群众的神经末梢，要在社区中发挥领导作用。"一方面，社区党组织承担着宣传党的主张、贯彻上级决策、领导基层治理、动员服务群众的职责，将驻区单位、"两新"组织（新经济组织、新社会组织）以及物业、业委会等纳入党建网络，实现资源共享、事务共商；另一方面，党组织在居民自治中起到政治引领和协调保障作用：党员通过担任楼栋长、志愿者等参与社区事务，在矛盾调处、治安巡防、公益服务中发挥先锋模范作用，增强居民参与社区治理的组织化程度。

基层党组织在社区治理中的成功实践表明，党建引领可以有效提升社区治理的组织力、自治能力和协同效率。例如，天津市北辰区瑞景街道宝翠花都社区，构建"社区党委—网格党支部—楼栋党小组—党员中心户"四级链条，推动党建与网格治理深度融合，通过微网格管理实现服务延伸至最小单元，通过建立社区"大党委"和党建联席会议制度，联动居民委员会、物业、企业等主体，实现资源协调整合，从而高效、常态化地解决社区各项问题，同时还通过引入社会组织与志愿团队，打造"五常五送"升级版服务，覆盖儿童托管、老年照料等各类公共服务。

再如，江苏省盐城市亭湖区，以党建融合破解"群龙无首"问题，推动治理从"独角戏"转向"大合唱"。该小区一是以街道党组织为核心、社区党组织为主脉，打造小区各层级党支部"红色网格"，树立城市社区党建示范点的"红色典型"，激活党员带动"红色细胞"，有力推动了社区党组织向下延伸，理顺了党员组织关系，构建"基层党委—社区党委—网格（片区、小区）党支部—楼栋党小组"四级组织体系，切实把党的组织和工作力量全面覆盖到小区、扩展到楼栋、延伸到群众身边，畅通联系服务群众的"神经末梢"，实现管理效能与服务效能双提升。二是建立社区协商议事体系，彻底解决了以往社区治理"群龙无首""各自为战"的问题，不断调动广大群众和驻区单位参与基层社区事务的积极性、主动性、创造性，推动小区治理从"独角戏"变为"大合唱"，形成了共建共治共享的良好局面。三是多角度、多层次、全方位拓展基层党组织服务能力，在全国首创"托育幼教一体化"

亭湖模式，探索以政府主导，企业、社区、家庭以及社会组织多元融合的"养老护小"新体系，取得良好效果。

以上案例表明，基层党组织在社区治理中扮演领导核心和协调中枢的角色。首先是基层党组织发挥了引领作用并强化了治理架构，例如通过建立健全社区党组织，将党组织网络覆盖到楼栋院落，形成"党建网格"治理单元。同时，通过制度设计把各类治理力量"组织化"起来，用规则和程序保障协同治理高效运转。第二是基层党组织发挥政治优势，牵头协调社区各相关主体形成治理合力。例如上海凉五居民区党委通过"三委联动"模式，将居民委员会（社区自治组织）、业委会（业主自治组织）与物业公司三方联席运行，党组织居中统筹议事协调，形成决策共商、事务共管的局面。党组织还可引入社会组织、辖区企业等多元主体共同参与，以政府、市场、社会协同方式满足居民多样需求。而且，基层党组织通过发挥党员先锋模范作用，进一步培养自治骨干，组建居民自治队伍，还能进一步激发居民主体意识、激活居民自我治理。

总之，基层党组织在社区治理中扮演领导核心和协调中枢的角色，通过整合资源、组织群众，形成了党建引领下各方参与、良性互动的治理生态。这些宝贵经验表明，只要充分发挥党建引领作用，坚持以人民为中心，不断探索创新，我国社区治理水平就能持续提升，基层社会治理现代化目标定能逐步实现。

8.4　未来住宅小区治理模式展望

社区治理是社会治理的基础环节，科学、高效的社区治理模式是住宅小区维持良好居住环境、实现可持续发展和社区环境不断提升的关键。社区治理体系和治理能力的提升也是国家治理体系与治理能力向现代化纵深发展的微观呈现，我国迫切需要加强现代化的社区治理能力建设，从而更好地推动小区的日常运营维护和更新改造，促进居住质量的提升。总结我国在城镇社区运营管理中的问题，其主要矛盾在于：一是缺乏有力的组织管理制度和治理主体，来统筹居民和业主的利益，发挥各种社会力量的优势，形成统一的意见和决策，实现小区治理事务的实施与推进；二是小区公共设施的产权、管理权和收益权模糊不清，严重阻碍了各种力量发挥主观能动性，积极参与治理并实现正向循环。

总结现有各项治理模式和制度安排存在问题及部分案例成功经验，我们认为未来的住宅小区运营维护和社区治理模式应往以下方向发展：

（1）以小区为单元，建立能够统一协调业主和居民利益的治理主体。充分发挥党建引领作用，及社区居民委员会和业委会中的党员和积极分子的沟通协调能力，以小区为基本组织单元，建立能够充分代表小区业主产权权益和居民居住权益的基层治理组织，由该组织来作为治理主体，统一行使小区各项公共设施设备的运营管理。该组织应能发挥网格化优势，触及小区的每一位业主和居民，从而保障业主对于房屋设施的产权、收益权，同时也满足居民的居住权和生活需求。

（2）由该主体作为执行主体，对小区内的公共空间与设施进行统一的运营管理。一方面该主体代表业主进行收益分配，代表居民维持良好的居住环境；另一方面，该主体应发挥核心协调作用，既能够与各级政府协调，及时上传下达，了解国家的最新政策和管理要求，并负责统筹协调各类能源基础设施（水暖电）、环境基础设施（绿化、垃圾）、公共服务基础设施（养老托儿）和新型能源基础设施（光伏、充电桩），作为主体来对接政府、社会组织、企业，由其来统筹进行各项事务的意见征询、方案决策、资金管理和收益分配。

（3）由该主体建立可持续的资金运维方式，通过公共空间和设施的收益来继续投资于小区的日常维护与改造投资、光伏或充电桩投资，从而同步实现小区居住环境的提升和房产的保值增值。在基础设施改造、光伏和充电桩投资建设的过程中：该主体代表业主利益，协调居民和业主得到统一的决策；政府在其中可以起到提供政策支持、规范资质和流程、提供制度保障的角色，同时协调区域不平衡的情况，对于老旧小区提供资金兜底保障；企业则担任受委托提供服务的角色，例如开展改造建设工程、提供设施检查维护服务、光伏系统的安装和运营等。在这种模式下，配合合理的资金运营管理方案设计，来激励用户合理的用能，不仅可以更容易的实现小区业主在运维、改造、投资建设等方面上的统一，而且更能激发小区居民的积极性，促进各项更新改造措施及光伏设施的安装和运行。

这样就可以保证小区各项设施的运营在管理上统一有序，充分发挥各种力量的优势。通过各项设施的良好运营，既可以提升小区环境、优化社区服务，切实提升小区居民的居住体验，也可以实现业主对于房产的保值增值需求。通过这种"党建引领、居民自治、政府支持、市场协同"的良性互动的现代社区治理体系，既符合中国国情和城市社区演变的实际，也顺应了新时代人民群众对美好生活的向往。

8.5 分布式光伏在住宅小区中的应用模式

近年来我国城镇住宅社区的建筑光伏得到了迅速发展，进入了建筑光伏技术的新发展时期。新发展时期城镇住宅社区的分布式光伏也遇到了新的问题挑战，主要挑战是分布式光伏无法完全消纳的问题和"菜篮子"比"菜"贵的问题。

（1）各地的分布式光伏消纳成为关键问题。多地区的光伏上网已达到稳定极限，电网出现了调节能力不足、反送功率受限、电压偏差过大等突出性问题，暂时不适合户用分布式光伏电源接入，形成了分布式光伏接入电网承载力的"红区"，因此各地针对分布式光伏上网及消纳提出了要求，鼓励分布式光伏可以自发自用就地消纳。

（2）分布式光伏的第二个"堵点"是"菜篮子"比"菜"贵。分布式光伏的"菜篮子"指的是在安装光伏阶段的初投资，尽管光伏组件价格低于 1 元/W，支架安装材料与施工等费用至少 2 元/W，其初投资仍然较高。而分布式光伏的"菜"指的是分布式光伏的价格，光伏的实际价格不到初投资的 1/2。此外，分布式光伏的城乡发展存在显著差异，农村分布式光伏面临本地消纳能力不足和电力外送困境，而城市建筑分布式光伏则存在"重装轻用"的问题，建筑分布式光伏安装规模快速增长，但对其使用模式的研究相对缺乏，如何实现光伏消纳使用这一关键问题的关注不足。

从城镇住宅社区分布式光伏的管理模式来看，主要涉及三大利益相关者：社区开发商、社区物业和社区居民。三者的利益关系如图 8-2 所示，建筑分布式光伏在安装时是由社区开发商投资，这部分成本将转换为房价，实质上由居民投资。同时，建筑分布式光伏安装所需要的建筑外围护结构如屋顶外墙归属于社区居民，社区居民将屋顶租赁给社区物业，社区物业向用户提供建筑光伏的服务，光伏服务形式有多种形式，如生活热水、电动汽车充电桩、社区公区用电等。因此，合理的社区管理模式需要考虑社区物业与社区居民之间的关系，如何确定产权与收益是社区光伏未来管理模式的关键。

综上所述，需要通过技术和管理模式的优化来实现分布式光伏的自发自用，提升分布式光伏的价值。对于社区的建筑分布式光伏新技术已经在本书前文进行了阐述，下面将以建筑分布式光伏系统的管理模式为例，重点对社区管理模式进行分析与探讨，最后提出社区光伏未来管理模式的建议。当前的社区光伏管理模式根据光

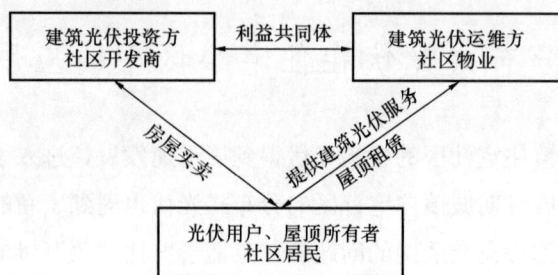

图 8-2　社区光伏管理模式的利益相关者关系

伏应用途径可以主要分为四种模式：（1）建筑光伏＋分散生活热水；（2）建筑光伏＋充电桩；（3）建筑光伏＋公区消纳；（4）建筑光伏＋公建消纳。本节将对这四种社区的建筑分布式光伏管理模式进行具体介绍与探讨，对每种管理模式进行利益相关者分析，计算不同模式的分布式光伏消纳和价值，最后对未来社区的建筑分布式光伏系统管理模式提出建议。

1. 建筑光伏＋分散生活热水模式

建筑光伏＋分散生活热水模式指的是将建筑光伏用于社区居民每户的分散式生活热水的加热，图 8-3 是光伏直驱交直流电热水器的接入示意图，该类型产品已市场化，应用于社区住宅的生活热水系统。该模式适用于新建的社区，在社区开发过程中由开发商投资安装建筑光伏及每户的分散式生活热水系统，开发商也可以此提升房价，故而最终实质是由居民投资，类似于传统的太阳能光热分散式生活热水系统。该系统的运营模式为平时不单独收费，居民只需要交没有太阳能加热时产生的电费。从经济利益角度来说，该模式的投资运营主体实质上都是居民本身，那么该模式可持续发展的重点就是要实现分散式生活热水对建筑光伏的 100％ 消纳。

具体来说，通过实际工程案例调研发现，居民洗浴热水用量集中在平均每人每天 20～40L，三人家庭的生活热水需求量则为 60～120L，所以可以将分散生活热水的水箱容量设置为 100L（水箱考虑充分利用住宅中吊顶空间，设计吊顶式扁形水箱，如置于卫生间吊顶处），对应的温升为 40℃。理想情况下如果不考虑散热情况，则计算所需的光伏发电量为 4kWh，每户所需的光伏面积为 5～7m²，若一栋楼屋顶光伏利用面积为 200m²（对应每层 3～4 户，楼层数为 6～13 层），就可以实现光伏 100％ 被分散生活热水系统消纳，实现自发自用。

未来随着生活水平的提高，热水的用途也会不断丰富，热水用量也会随之增加，所以为了实现建筑光伏＋分散生活热水模式的自发自用且可持续发展，该模式

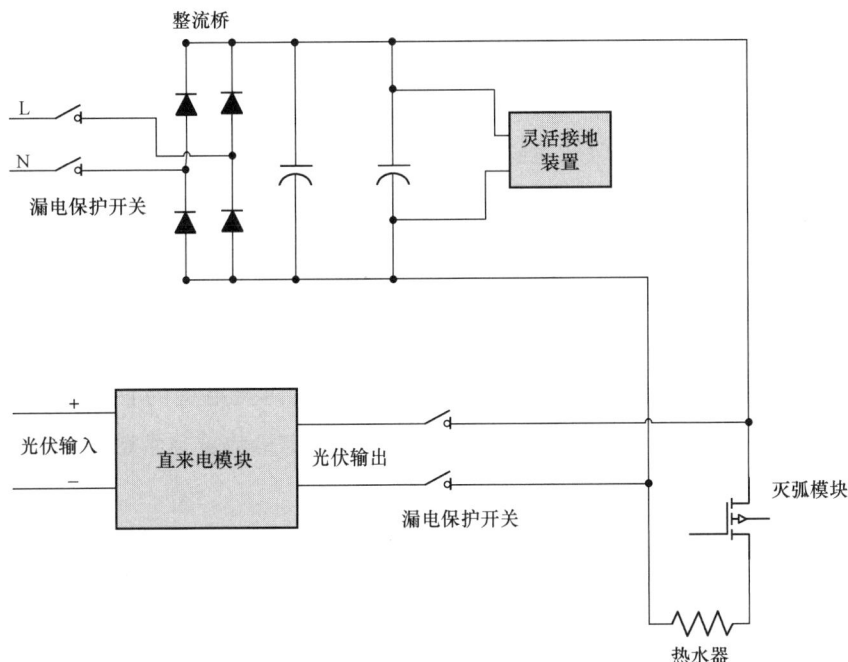

图 8-3 光伏直驱交直流电热水器的接入示意图

更加适用于新建社区且楼层低于 13 层，并且在执行过程中需要对不同用户使用热水时各户的水箱温度进行监控，如果用热水量多对应的水箱温度降低快，当光伏不足的情况下产生的额外加热能耗费用需要用户对应承担。该模式的建筑光伏替代了用户平时用于给生活热水加热的用电需求，所以该模式的光伏价值等效为民用电价格 0.5 元/kWh，略高于光伏上网价值，并且可以形成自发自用可持续的光伏使用模式。

2. 建筑光伏＋充电桩模式

建筑光伏＋充电桩模式是将建筑光伏系统直接接入社区停车场内的电动汽车充电桩，以满足社区居民日常出行充电需求。在该模式中，建筑光伏系统与充电桩的初投资和运营均由充电桩公司负责，主要目标为实现建筑光伏发电的自发自用。一方面，电动汽车作为分布式移动储能单元，其电池容量近年来大幅提升。以私人电动汽车为例，统计数据指出 2023 年我国私人乘用电动汽车的平均电池容量已达到 45～50kWh，甚至部分车型超过 100kWh，而城市私家车日平均出行电耗仅为约 7kWh。如果每户平均配备 10m² 的光伏，其日发电量为 6～8kWh，满足城市私家车日平均出行电耗约 7kWh 的需求。但社区并非每户都有电动汽车，所以平均每户

配备 $10m^2$ 的光伏设计方案可以根据对应地区的电动汽车普及率再进行优化，实现光伏全消纳。

从总量上看，每日的光伏发电量与社区居民电动汽车日均出行充电需求可能基本匹配，如果系统配置储能装置，可以进一步提高系统运行的稳定性，此时增加投入的初投资与运营成本是为储能系统的安装、控制与维护成本。从控制初投资的角度出发，在不安装储能装置的情景下实现光伏全消纳，则需要考虑居民电动汽车白天停放在社区的比例。大量统计数据表明，典型城市的私人电动汽车平均约有 $39\%\sim67\%$ 的时间停留在住宅建筑停车场，其中白天在社区停车的比例估算为 50%，并进一步考虑白天光伏发电峰值与社区充电桩的容量以及是否白天停在社区的电动汽车容量可以消纳实时的光伏发电峰值，该问题有待进一步的研究设计。

该模式的建筑光伏替代了用户平时用于给电动汽车充电需求，该模式适用于新建社区，以及可以适用于光伏充足且停车位充足的既有社区，该模式的光伏价值等效为充电站给电动汽车充电价格 1.15 元/kWh（电价 0.5 元/kWh＋服务费 0.65 元/kWh）。社区的充电桩公司则可以根据建筑光伏消纳情况合理降低价格，最大限度地发挥其光伏价值，实现社区居民与光伏充电桩服务的可持续发展关系。

3. 建筑光伏＋公区消纳模式

建筑光伏＋公区消纳模式指的是将社区的建筑分布式光伏应用于社区的公区用电，例如公区电梯运行、地下停车场照明、安防系统及公区区域照明等，该模式的投资方为社区开发商，运营方为社区物业，二者往往都是利益共同体，该模式的优势在于避免了与电网的复杂交互，同时能够帮助小区物业公司实现电费节约。然而，其主要限制在于用电负荷与光伏发电的时间错配问题。例如，在白天光伏发电高峰时段，许多居民外出导致用电负荷较低，公区照明系统用电需求低，仅通过公区的电梯等系统消纳光伏难度较大，因此，需要充分考虑社区已有光伏资源的发电峰值情况，如果不做好设计则可能造成发电资源的浪费。该模式的重点是公区用电的负荷曲线与建筑分布式光伏用电曲线的匹配，需要从社区开发过程就进行具体的设计与优化。

该模式的建筑光伏替代了社区的公区用电需求，该模式是由于需要将建筑光伏连入公区用电，所以更加适用于新建社区，当然对于公区用电改造难度小的既有社区也同样适用。该模式的光伏价值等效为社区公区用电价格 0.5 元/kWh，光伏价值略高于上网价格，该模式应尽可能实时光伏消纳，若再增加储能系统可能光伏价值会降低。对应社区的管理模式，公区用电由社区缴费，体现在居民的物业费用中，当公区用电可以由光伏发电承担后，可以通过透明化缴费信息相应降低居民的物业费用，实现良性的运营模式。

4. 建筑光伏＋公建消纳模式

建筑光伏＋公建消纳模式指的是将社区的建筑光伏应用于民商混用社区中商业用电的小型公共建筑，以及社区附近的大型公共建筑，该模式已有相关鼓励政策出台。2024年12月5日，《国家能源局关于支持电力领域新型经营主体创新发展的指导意见》（国能发法改〔2024〕93号）。该意见指出，新型经营主体是具备电力、电量调节能力且具有新技术特征、新运营模式的配电环节各类资源，分为单一技术类新型经营主体和资源聚合类新型经营主体。其中，单一技术类新型经营主体主要包括分布式光伏、分散式风电、储能等分布式电源和可调节负荷；资源聚合类新型经营主体主要包括虚拟电厂（负荷聚合商）和智能微电网。虚拟电厂是运用数字化、智能化等先进技术，聚合分布式电源和可调节负荷等，协同参与系统运行和市场交易的电力运行组织模式。智能微电网是以新能源为主要电源、具备一定智能调节和自平衡能力、可独立运行也可与大电网联网运行的小型发配用电系统。配电环节具备相应特征的源网荷储一体化项目可视作智能微电网。

该模式的建筑光伏替代了社区周围形成的生活商圈的公共建筑用电需求，该模式是由于需要将建筑光伏连入周围商圈的用电系统，适用于在规划阶段住宅社区与周围商圈统一规划的新建建筑，该模式的光伏价值等效为公共建筑商业用电价格1元/kWh。该模式还有待进一步研究与落地，技术上需要研究公共建筑对社区的光伏进行消纳仍然存在调控运行问题，管理模式上需要研究如何提升社区光伏的价值，实现公共建筑与社区共赢的模式。

5. 分布式光伏在住宅小区中的应用模式总结

目前，城镇住宅社区的分布式光伏在发展新时期遇到的新挑战是分布式光伏难以消纳的问题和"菜篮子"比"菜"贵的问题，都需要通过技术和管理模式的优化来实现分布式光伏的自发自用，提升分布式光伏的价值。对四种建筑光伏管理模式进行讨论与探讨，分布式光伏发电四种分类及三种上网模式如表8-1所示，社区在开发与运营过程需要结合具体社区居民需求选择适宜的建筑分布式光伏管理模式，从而实现建筑分布式光伏的充分消纳并提升光伏使用价值。

分布式光伏发电四种分类及三种上网模式   表 8-1

管理模式	适用类型	等效光伏价值（元/kWh）	运营方式
建筑光伏＋分散生活热水	新建社区	0.5	开发商投资，居民自用，不单独收费，仅收非太阳能加热时电费
建筑光伏＋充电桩	新建社区与既有社区	1.15	充电桩公司投资运营，根据光伏消纳调整充电价格
建筑光伏＋公区消纳	新建社区与既有社区	0.5	社区开发商与物业投资运营，避免与电网复杂交互，电费节约
建筑光伏＋公建消纳	新建社区	1.0	社区开发商投资运营，连接到公建用电，统一规划优化消纳效率

　　本书以社区建筑分布式光伏的管理模式为例对社区的未来管理模式进行了初步的讨论与分析，管理模式对应的关键是实现社区的可再生资源的自我消纳与充分匹配，并尽可能提升可再生资源对社区居民的服务价值，从而鼓励社区物业可以提供更好的综合服务与管理，物业也可以将光伏创造的价值有效地回馈给社区居民，以此提升居民对可再生资源服务的满意度，形成社区物业与居民的良好合作关系，最终可以实现社区建筑光伏等可再生资源的可持续发展。

　　未来需要提出一套综合管理方法：（1）明确可再生资源的产权归属，通过类似社区公约的形式，合理地对可再生资源的利用与收益进行分配；（2）建立社区物业与社区居民的协商管理机制，形成合理的共同决策；（3）在运维过程时对收益进行透明公开，提升社区居民的满意度，实现社区可再生资源的可持续发展。

第9章 城镇住宅建筑的政策标准

9.1 整 体 概 况

能效标准标识作为终端用能领域重要的节能管理制度，是世界各国应对能源供应紧张、实现可持续发展的重要手段。国际经验证明，将能效标准标识应用于普及程度高、耗能大的家用电器等终端用能产品，国家所获得的利益将远远高于为实施能效标准标识项目及生产高能效产品所增加投入的成本。中国能效标准和标识制度分别起源于20世纪80年代和21世纪初，前者是面向行业的技术基础和准绳，后者是面向消费者的信息传递和产品推广载体。二者紧密配合和衔接，共同推动了终端用能领域节能工作的开展。

截至目前，经过标准整合，我国已发布能效标准60项（表9-1），涵盖5大类产品，包括家用电器17项、商用设备9项、办公设备7项、照明器具8项、工业设备19项。此外已制定电机、泵、照明等重点用能系统能效标准，有序推动节能工作从单体设备向用能系统延伸，有利于统筹提升重点行业领域整体能效。能效标准的发布和实施对引导有序的市场竞争、促进节能技术进步、平衡国际贸易中的"绿色壁垒"发挥着重要作用。

已发布的能效标准目录 表9-1

编号	产品领域	产品名称
1	家用电器	家用电冰箱、房间空调、电动洗衣机、电风扇、电热水器、燃气热水器、平板电视与机顶盒、太阳能热水系统、吸油烟机、热泵热水机、饮水机、家用燃气灶具、交流换气扇、洗碗机、智能坐便器、空气净化器、厨房电器
2	商用设备	单元式空调、多联式空调、商用燃气灶具、空调用电动机-压缩机、风管空调机组、商用电磁灶、热泵和冷水机组、商用制冷器、冷库（箱）和压缩冷凝机组
3	电子信息设备	计算机显示器、复印机、打印机和传真机、交流-直流和交流-交流电源、微型计算机、投影机、数据中心、塔式和机架式服务器

编号	产品领域	产品名称
4	照明器具	普通照明用气体放电灯用镇流器、普通照明用荧光灯、高压钠灯、金卤灯、室内照明用 LED 产品、卤钨灯、普通照明用 LED 平板灯、道路和隧道照明用 LED 灯具
5	工业设备	电动机、空气压缩机、通风机、清水离心泵、电力变压器、交流接触器、工业锅炉、离心鼓风机、电焊机、石油工业用加热炉、永磁同步电动机、高压三相笼型异步电动机、潜水电泵、水电解制氢系统、石油化工离心泵、蓄热式轧钢加热炉、污水搅拌机、除尘器、曝气机

9.2　主要终端用能产品能效提升情况

1. 家用电冰箱

家用电冰箱第一版能效标准《家用电冰箱电效限定值及测试方法》GB 12021.2—1989 于 1990 年 12 月 1 日实施，冷藏冷冻箱能效指数限定值为 120%，第二版能效标准于 2000 年 4 月 1 日实施，第三版能效标准于 2003 年 11 月 1 日实施，第四版能效标准于 2008 年 4 月 1 日实施，第五版能效标准于 2016 年 11 月 1 日实施，冷藏冷冻箱能源效率指数限定值为 70%。冷藏冷冻箱各版标准中能效指数限定值情况如图 9-1 所示。相对于 1989 年第一版能效标准，冷藏冷冻箱能效限定值绝对值大幅降低。

家用电冰箱行业已实施能效标识 18 年，目前能效 1、2 级型号占比已高达 83%。以占市场主流的冷藏冷冻箱为例，1 级节能产品占比经历了近三轮潮汐式的上涨，家用电冰箱历年能效结构转变情况如图 9-2 所示。从 2005 年 3 月到 2009 年中，冰箱市场完成了第一轮高效转变，1 级产品型号占比最高达到 77%。2009 年能效标识升级实施后，2012 年在惠民工程的协同推动下，1 级产品型号占比又快速上升，在惠民期间达到 90%。惠民结束后，政策效应略有回退，产品平均能效水平略有下降。2016 年 10 月 1 日，家用电冰箱新标准实施后，1 级能效要求大幅提高，达到欧盟水平，2 级能效要求也有所提升，节能产品门槛提高，冰箱市场开始了第三轮高效转变，1 级型号占比目前达到 56.8%。总体看来，冰箱产品整体能效

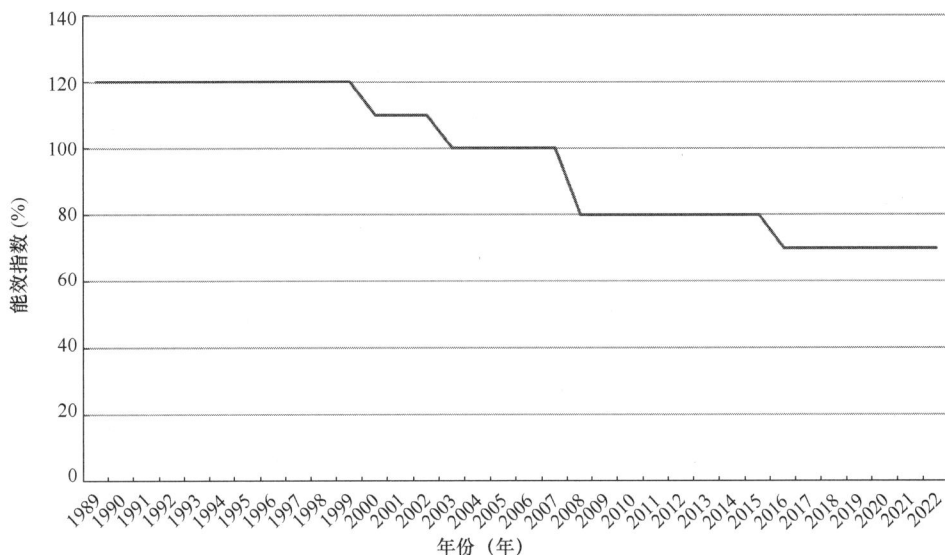

图 9-1　冷藏冷冻箱各版标准中能效指数限定值情况

水平较高，市场优化升级效应明显。

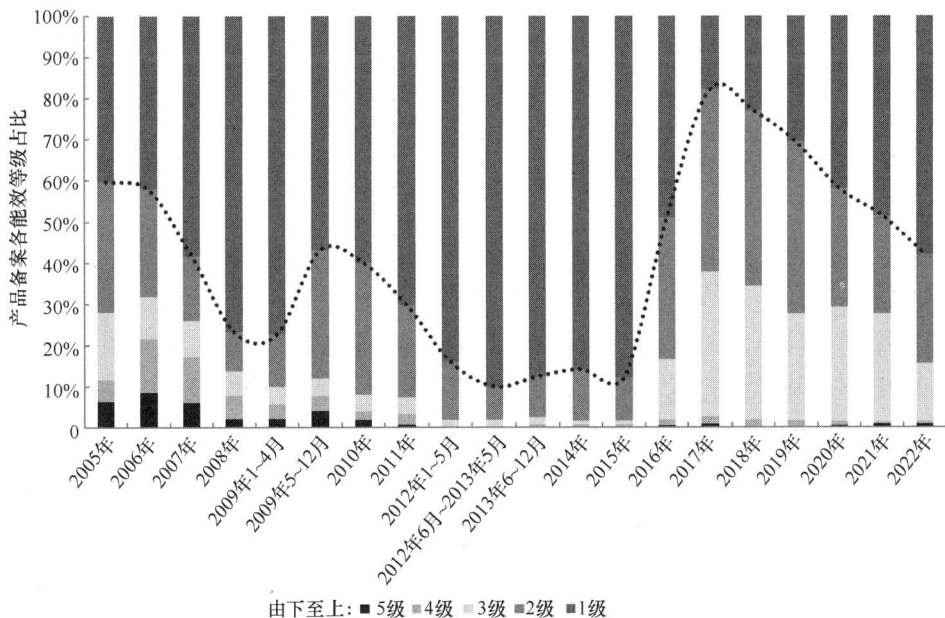

由下至上：■5级 ■4级 ■3级 ■2级 ■1级

图 9-2　家用电冰箱历年能效结构转变情况

2. 房间空调器

定频房间空调器第一版能效标准《房间空气调节器能效限定值及能效等级》GB 12021.3—1989 于 1990 年 4 月 1 日实施，第二版能效标准于 2001 年 4 月 1 日实施，第三版能效标准于 2005 年 3 月 1 日实施，第四版能效标准于 2010 年 6 月 1 日实施，第五版能效标准于 2020 年 7 月 1 日实施。以 3500～4500 W 制冷量的热泵型定频房间空气调节器为例，考虑不同版标准测试方法和评价指标的差异，定频房间空调典型产品各版标准中能效限定值情况如图 9-3 所示。相对于 1989 年第一版能效标准，能效限定值有近 80% 的提升。

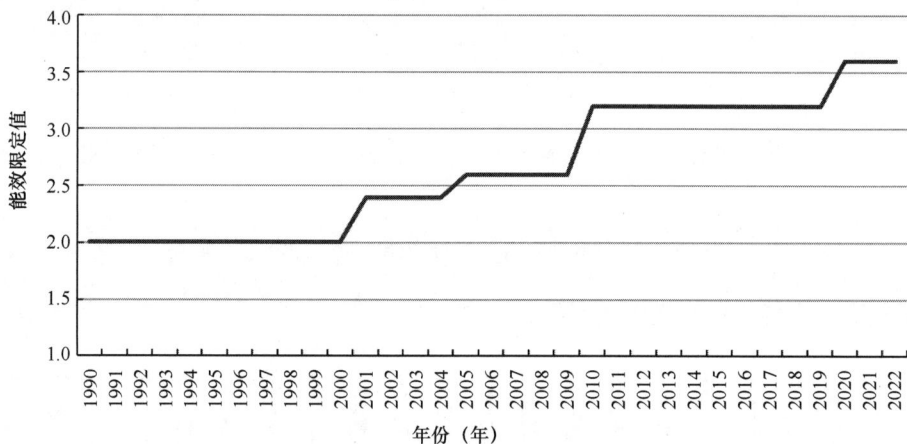

图 9-3　定频房间空调典型产品（3500～4500W 制冷量、热泵型）
各版能效标准中能效限定值情况

定频房间空气调节器既是最早实施能效标识的产品，也是实施节能产品惠民工程时间最长的产品，其于 2009 年 6 月～2011 年 5 月和 2012 年 6 月～2013 年 5 月分别实施了两轮惠民工程。能效标准标识和惠民工程的协同实施，对定频空调产品产业和市场结构转换起到了明显而强势的助推作用，使得 1、2 级节能产品占比经历了四轮潮汐式的变化，定频房间空调历年能效结构转变情况如图 9-4 所示。2005 年 3 月 1 日能效标识实施后，1、2 级节能产品市场占比不断提升，在 2009 年惠民工程实施前达到 53%，产品整体能效比从 2.85 上升到 3.3，增幅达 14%。在第一轮惠民工程实施效应的叠加下，2009～2010 年 1、2 级节能产品市场占比最高达到 85%，产品整体能效比达到 3.47，增幅达 22%。2010 年 6 月 1 日能效标准标识升级实施，能效要求提高，节能产品市场占比回落到新的基准值后又重新开始高效转变，2012 年上半年节能产品占比又高达 76%，并在第二轮惠民工程的协同作用下，于 2012~2013 年期间达到最高点 80%，产品整体能效达到 3.5 左右。2013 年左右，变频空调市场占比开始快速增加，定频空调市场份额逐渐缩小。房间空气调节器新能效标准《房间空气调节器能效限定值及能效等级》GB 21455—2019 合并了《房间空气调节器能效限定值及能效等级》GB 12021.3—2010 和《转速可控型房间空气调节器能效限定值及能效等级》GB 21455—2013，并于 2020 年 7 月 1 日起正式实施。新标准针对空调产品的能源效率采用了更全面和准确的评估方法，扩大了能效要求的适用范围，覆盖更多制冷产品，推动空调设备向更高能效发展。伴随着产业结构升级，1、2 级变频空调节能产品占比显著提高，达到 68.2%；98.2%的定频空调为 5 级能效产品，并逐步从市场中淘汰。

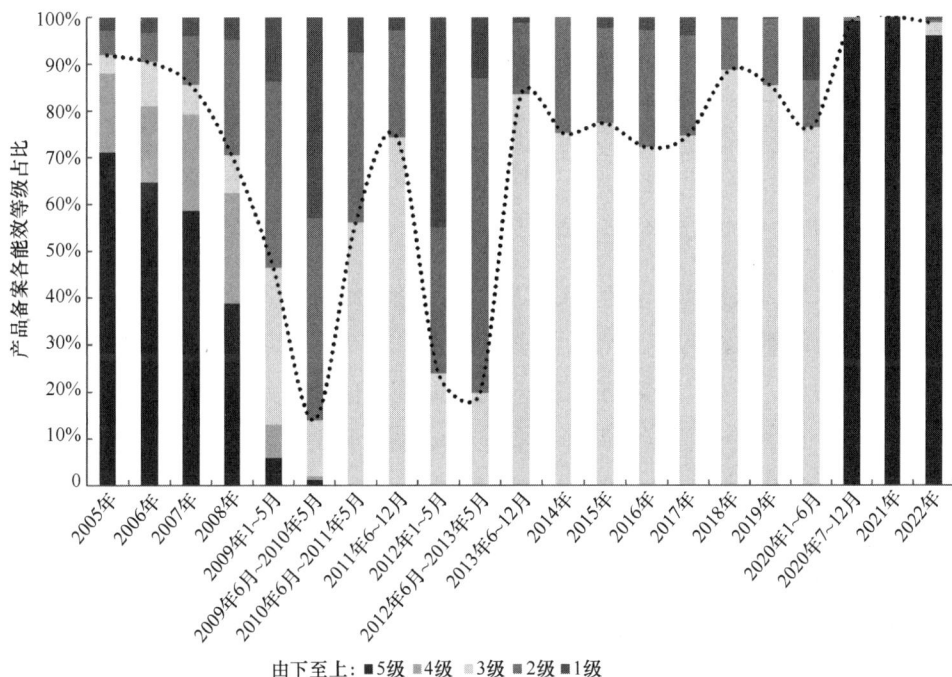

由下至上：■5级 ■4级 ▨3级 ■2级 ■1级

图 9-4 定频房间空调历年能效结构转变情况

3. 电动洗衣机

电动洗衣机第一版能效标准《家用电动洗衣机电耗限定值及测试方法》GB 12021.4—1989 于 1990 年 12 月 1 日实施，波轮式洗衣机电耗限定值为 38Wh/(cycle·kg)。第二版能效标准于 2005 年 5 月 1 日实施，第三版能效标准于 2013 年 10 月 1 日实施，波轮式洗衣机电耗限定值为 22Wh/(cycle·kg)。考虑不同版本标准测试方法的差异，经拟合后电动洗衣机各版能效标准中波轮式洗衣机能效限定值情况如图 9-5 所示。相对于 1989 年第一版能效标准能效限定值对应的能效水平有近 56% 的提升。

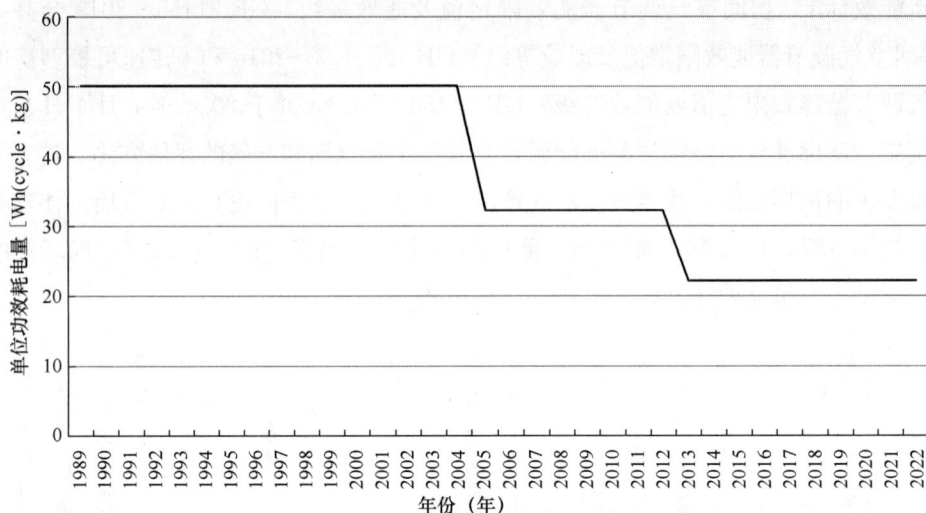

图 9-5 电动洗衣机各版能效标准中波轮式洗衣机能效限定值情况

电动洗衣机能效标识于 2007 年 3 月 1 日开始实施，于 2013 年 10 月 1 日升级。电动洗衣机历年能效结构转变情况如图 9-6 所示，2007～2013 年，1、2 级节能产品占比平稳增加，于 2012 年惠民工程实施前达到峰值，约为 85%。2013 年 6 月惠民工程结束，10 月能效标准标识升级实施，能效要求提高，1、2 级节能产品备案占比回落到新的基准值，并开始了一轮新的能效水平由低到高的渐进提升过程。因此，能效标准标识技术要求升级对洗衣机产品能效水平的提升起到了最重要的作用。总体来说，洗衣机能效标识实施以来，1、2 级节能产品占比由 2007 年较低能效要求下的 20% 增长为 2022 年较高能效要求下的 59%。市场结构优化效应明显。

4. 智能坐便器

智能坐便器是一种结合了传统坐便器与电子智能控制模块的跨界产品，它不仅具备基本的冲水功能，还集成了温水清洗（包括臀洗和妇洗）、坐圈加热、暖风烘干等增强用户体验的功能。2019 年 12 月 31 日，中国发布了首个关于智能坐便器能效和水效的国家标准《智能坐便器能效水效限定值及等级》GB 38448—2019，该标准于 2020 年 7 月 1 日正式实施。这一标准将智能坐便器的能效水效等级划分为三个等级，其中 1 级表示能效水效最高。能效指标是基于单位周期能耗来评定的，即按照标准规定的试验方法和计算公式，实测并计算智能坐便器在 1.5h 试验

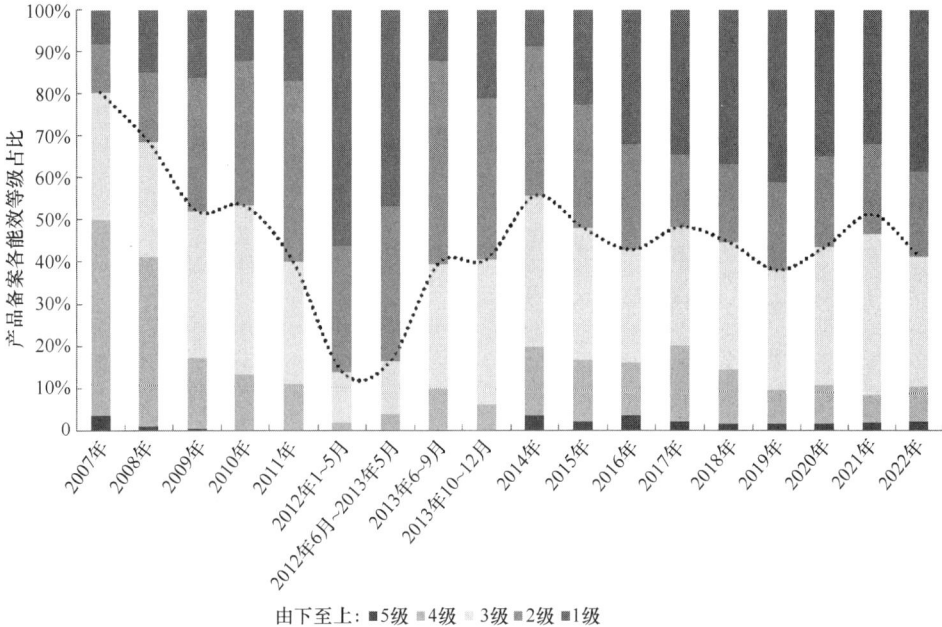

由下至上：■5级　■4级　■3级　■2级　■1级

图 9-6　电动洗衣机历年能效结构转变情况

周期内的耗电量；水效指标是基于冲洗用水量和清洗用水量进行评定的，即按照标准规定的试验方法和计算公式，实测并计算智能坐便器单次的耗水量。

5. 空气净化器

空气净化器作为一种专业改善和解决室内环境空气污染的健康电器产品，使用领域涵盖居室、办公场所、公共场所、工业厂房、医院等室内环境场所中，在治理室内 $PM_{2.5}$、甲醛和 VOC 空气污染方面发挥着积极和有效的作用，也迅速作为特殊用途产品开始走进千家万户，成为日常使用的家用电器之一。2010 年至今，我国空气净化器的年销售量和年销售额一直保持 20％以上的增长，年产量保持 25％以上的增长，产业发展速度相当可观，其增长速度以及随之而带来的能源消耗总量不容忽视。2018 年 11 月 19 日首次发布了能效标准《空气净化器能效限定值及能效等级》GB 36893—2018，并于 2024 年修订了该标准，新标准将于 2025 年 10 月 1 日实施。本标准中空气净化器能效限定值和能效等级中规定的技术指标包括能效比和待机功率，能效等级分为 3 级，其中 1 级能效最高。自标准发布实施并实施能效标识以来，市场上空气净化器能效等级占比变化如图 9-7 所示。

6. 普通照明用室内 LED 产品

2016 年 10 月 1 日起我国开始对非定向自镇流 LED 灯实施能效标识，2020 年

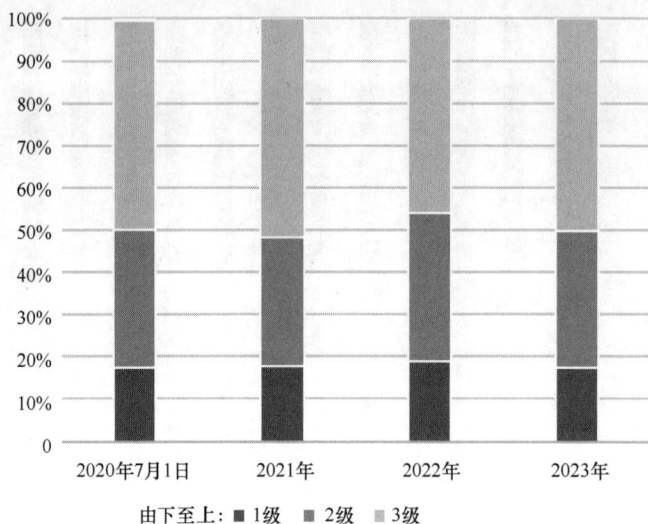

图 9-7　空气净化器各能效等级占比变化

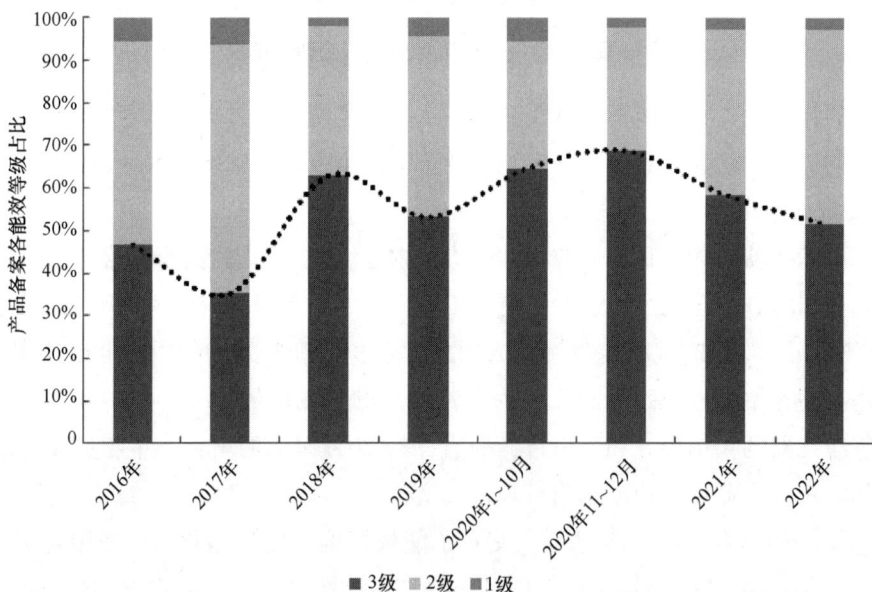

图 9-8　非定向自镇流 LED 灯历年市场能效结构转变情况

11 月 1 日依据新发布的能效标准，对室内照明用 LED 产品（LED 筒灯、定向集成式 LED 灯、非定向自镇流 LED 灯）和道路和隧道照明用 LED 灯具实施能效标识。非定向自镇流 LED 灯目前能效 1 级型号占比约 4%，2 级型号占比约 42%，3 级型号占比约 54%，非定向自镇流 LED 灯历年市场能效结构转变情况如图 9-8 所示，备案型号以能效 3 级为主。从龙头企业技术研发和产品备案情况来看，市场上非定向自镇流 LED 灯领先产品初始光效与国际水平持平；但从行业整体能效备案情况来看，行业整体比较保守，考虑产品质量稳定性以及市场监管等因素，大部分企业以比产品实际能效低的等级来进行标识备案，节能产品占比近年来呈现逐年下降的状况。2020 年 11 月 1 日，新版能效标准标识升级实施，能效要求提高，产品种类增加，节能产品占比略微降低到一个新的基准值，此后两年节能产品占比逐年提升，到 2022 年节能产品占比达 49%。

9.3 展　望

"十五五"期间，中国能效标准标识面临新的发展机遇和挑战。标准的优化和升级发展是永恒的命题，未来将从以下方面开启新篇章。

（1）强化基础研究，优化实施机制。一是持续优化组织管理和实施体系机制，进一步明确各相关方职责，提升实施效果。研究将网络商品交易纳入监管范畴，厘清监管主体、模式和部门分工，切实保障消费者权益；二是完善能效标识实施体系。落实国家深化"放管服"改革精神，持续完善优化能效标识备案信息系统功能和流程设计，服务备案工作，进一步提质增效。加强信息披露，增强能效标识信息可读性和公信力，服务消费者选购高效节能产品、市场监管执法人员提高执法效率；三是持续开展制度评估。总结分析能效标准标识实施范围、实施效率和节能效果，为相关政策实施和项目研究提供数据支持。支撑研究出台配套政策，扩大能效标识采信范围，夯实标识制度实施效果

（2）及时做好标准制修订，扩展标识实施范围。落实《绿色高效制冷行动方案》《建立健全碳达峰碳中和标准计量体系实施方案》《碳达峰碳中和标准体系建设指南》《国家发展改革委等部门关于统筹节能降碳和回收利用 加快重点领域产品设备更新改造的指导意见》（发改环资〔2023〕178 号）、《国家发展改革委 市场监管总局关于进一步加强节能标准更新升级和应用实施的通知》（发改环资规〔2023〕269 号）等文件要求，顺应消费市场和行业发展趋势，加快新增制定冷库、服务器等能效标准，及时做好微型计算机、变压器、高压电机、永磁同步电机、冷水机组、厨房小家电等产品能效标准制修订，促进节能技术应用和行业高质量发展。总结已有能效标识目标产品实施经验，继续研究新产品实施能效标识的可行性，稳步

拓展能效标识覆盖范围。

（3）完善能效标准全流程闭环管理机制，更好发挥标准的基础性、引领性作用。现阶段标准制定实施监督评价全流程管理还存在薄弱环节，更新升级和应用实施不能完全满足"双碳"目标需求，绿色低碳转型综合效益还未完全凸显。应加快健全强制性能效标准制定实施监督评价闭环管理机制。做好强链补链工作，加快建立标准实施情况统计调查监测报告制度，建立节能技术和标准效果评价体系，以及信息反馈触发标准制修订的快速响应机制。基于 PDCA 循环理念，实现标准制定、实施、监督和评价四个环节的顺畅运转、紧密衔接、正反馈循环、系统性迭代提升。各环节通过灵敏、精准的信息反馈和快速的响应改进，及时管控问题，避免发生标准研制更新落后于行业发展、标准实施监管不到位、支撑引领作用发挥不充分等问题，保证标准内容先进、及时升级、有效应用并取得预期效果。

（4）加强实验检测能力建设，推动标识信息符合性提升。加强对检测实验室的管理，提升能力和诚信意识建设，鼓励开展数据一致性比对，推行阳光透明检测，提升标识信息有效性。加快支撑能效标识智慧监管的技术基础建设，推动物联网、区块链、工业互联网等新一代信息技术和智能检测技术在检测机构的综合应用，提速智能联网检测实验室建设，支撑实现检测过程可视化透明化、检测数据可追溯、可核查、检测信息高效汇聚、可信存证，确保检测结果可信度，支撑产品智慧监管。

（5）丰富能效标识信息展示，完善绿色低碳产品推广机制。加快高效终端用能产品节能减碳量系列标准研制，探索制冷产品环保制冷剂替代模式。依托能效标识二维码传递全方位质量信息，开展标识信息解读，增加标识信息易用性，开展产品能效对标"领跑者"工作，研究在标识信息平台增加能效对标信息、绿色低碳性能、年能耗和节电降碳信息、检测机构等级、市场监管结果等信息的展示方法，为消费者比选绿色低碳产品提供更多信息参考，支撑绿色积分、碳普惠等绿色消费市场化机制落地实施。

（6）加强能效标准标识监管，完善监管体系。一是全面落实"双随机、一公开"监督机制，持续开展能效标准标识市场监督检查。加强能效标识监管，强化地方监管、扩大监管范围、加大查处力度。二是研究完善市场监管体系机制，加强各部门沟通协调和资源统筹，推动社会监管活动开展，构建立体监管体系，充分发挥社会监督作用。三是探索完善电商参与能效标识实施的相关模式和法律规定，为制度实施提供重要助力。四是加强监督检查信息公开、结果采用和联动处罚力度。研究建立监管部门和能效标识授权机构监管结果分享机制，便利授权机构开展撤销备案公告等联动处罚，有效震慑违法行为。五是结合物联网、区块链、大数据等新技术，加强智慧市场监管技术研究与应用，搭建信息化平台，推动提升能效标识市场监管现代化和精准化。

（7）开展宣传推广，加强国际合作。一是将宣传推广作为一项重点工作，充分发动行业机构和资源，系统地、长期地、固定地开展。加大宣传推广、提高社会认知是营造有利于高效节能产品推广和技术进步良好氛围，扩大能效标准标识实施效果的重要措施。二是进一步加强国际合作，稳步扩大标准制度型开放。借鉴国际能效标准标识制度最新实践成果，积极开展国际和区域性标准标识协调互认，扩大中国能效标准标识制度国际影响力，为相关企业和机构搭建国际合作交流平台，服务中国高效优质产品融入全球市场。